JN078375

直観的にわかる

道具としての線形代数

LINEAR ALGEBRA

涌井良幸
YOSHIYUKI WAKUI

日本実業出版社

はじめに

いきなりですが、線形代数（*linear algebra*）というときの「線形」とはいったい何を指すのでしょうか？　日常生活ではあまり聞き慣れない言葉です。数学の世界で「線形」とは、x, y の１次式 $ax+by$ や、ベクトル $\boldsymbol{x}, \boldsymbol{y}, \boldsymbol{z}$ の１次式 $a\boldsymbol{x}+b\boldsymbol{y}+c\boldsymbol{z}$ のように基本となるものの和の形に表現されたものを意味します。そしてこの「線形」を冠した線形代数とは線形を保存する世界を扱う数学ということになります。

線形代数では主に次の３つの事柄を扱います。

(1)　数を１次元に配列した**ベクトル**

$$(2,3,5)$$ …ベクトル

(2)　数を２次元に配列した**行列**

$$\begin{pmatrix} 1 & 0 & -9 \\ -2 & 4 & 8 \\ 5 & 7 & 3 \end{pmatrix}$$ …行列

(3)　行列に値をもたせた**行列式**

$$\begin{vmatrix} 1 & 0 & -9 \\ -2 & 4 & 8 \\ 5 & 7 & 3 \end{vmatrix}$$ …行列式

数（実数、ときには複素数）とその計算を知らないと、日常生活はもとより通常の仕事や研究にも支障を来します。現代ではこれに加え、ベクトル、行列、行列式といった上記の道具もいろいろな分野で使われるようになりました。右のような家計簿です

2023年度

	1月	2月	3月
食費	31000	30000	29000
光熱費	25000	28000	26000
住宅費	80050	80000	80100
交際費	40000	35000	38000
遊興費	20000	18000	21000

ら、行列の考え方が使われています。

また、最近、急速に人気が高まった統計学の分野でも線形代数は道具として欠かせません。有名な因子分析は、数学、理科、社会、英語、国語の成績をもとに「理科の成績は理系能力の95%、文系能力の55%が影響している」などと単純な要因で物事を説明します。このとき変量間の相関係数からなる相関**行列**や、因子決定**行列**から得られる**固有値**などをもとにデータの背後に潜む単純な要因を究明しようとします。

成績表

生徒番号	数学	理科	社会	英語	国語
	x	y	u	v	w
1	71	64	83	100	71
2	34	48	67	57	68
3	58	59	78	87	66
4	41	51	70	60	72
5	69	56	74	81	66
14	52	56	82	67	60
15	39	53	78	52	72
16	23	43	63	35	59
17	37	45	67	39	70
18	52	51	74	65	69
19	63	56	79	91	70
20	39	49	73	64	60

相関行列

		数学	理科	社会	英語	国語
		x	y	u	v	w
数学	x	1.000	0.866	0.838	0.881	0.325
理科	y	0.866	1.000	0.810	0.809	0.273
社会	u	0.838	0.810	1.000	0.811	0.357
英語	v	0.881	0.809	0.811	1.000	0.444
国語	w	0.325	0.273	0.357	0.444	1.000

因子決定行列

		数学	理科	社会	英語	国語
		x	y	u	v	w
数学	x	0.857	0.866	0.838	0.881	0.325
理科	y	0.866	0.780	0.810	0.809	0.273
社会	u	0.838	0.810	0.749	0.811	0.357
英語	v	0.881	0.809	0.811	0.820	0.444
国語	w	0.325	0.273	0.357	0.444	0.232

固　　有　　値

$$\lambda_1, \lambda_2, \lambda_3, \lambda_4, \lambda_5$$

紹介した例は２つですが、線形代数は、自然科学はもとより、社会科学などありとあらゆる分野で必要とされ、頻繁に使われている数学なのです。このため、ベクトル、行列、行列式を扱う**線形代数**は**微分・積分**とともに**基礎数学の２本の柱**として重視されています。

ベクトルや行列、行列式は単なる数の羅列で一見単純に見えますが、その使い方や理論を厳密にしっかりと学ぼうとすると、いろいろな困難に見舞われます。論理的に完璧で正しいことを重要視する数学の精神からすると致し方ありません。そのため、線形代数を学ぼうとする多くの人々が挫折感を味わいます。

しかし、一握りの才能に恵まれた専門家だけでは現代のさまざまな科学文明を支えることはできません。現代は、圧倒的に多くの我々普通の人間が高度な数学を短期間で身につけ、それを道具として使いこなすことが要請されています。そのためには、多少の努力をすれば線形代数を身につけられるような実践的な本が必要とされている、と考えられます。そのような人々に向けて、本書は次の主旨で書かれています。

- ＊ **線形代数の世界を一目でわかるように豊富な図で解説**
- ＊ **なぜそうなるのか、の理由が実感できる**
- ＊ **やさしい例を用いて「線形代数という道具」を使えるようにする**

本書で学習することによって、線形代数の基本的な考え方（範囲としては大学の教養課程）が身につくものと思われます。その後は、必要に応じて線形代数の専門書でこの分野の教養を深めてください。はじめから専門書で学ぶより、効率は格段に高まるものと思われます。

なお、線形代数は多くの場合、計算が大変です。そこで「付録」でExcelを使った計算方法を示してあります。有効に活用してください。ただし、線形代数の理論がしっかり身についていないと誤用することもあり得ますので、その点は十分に気をつけてご利用ください。

2023年11月

涌井良幸

Contents

直観的にわかる　道具としての線形代数

はじめに

<基礎編>

第1章　矢線ベクトル

第2章　n 次元数ベクトル

第3章　行列の基本

第4章　行列式の基本

＜応用編＞

第5章　行列の階数

第6章　線形写像

第7章　連立方程式

第8章 行列の固有値

付録

◎カバーデザイン／冨澤　崇
(EBranch)

◎DTP／エムツークリエイト、ダーツ

第1章　矢線ベクトル

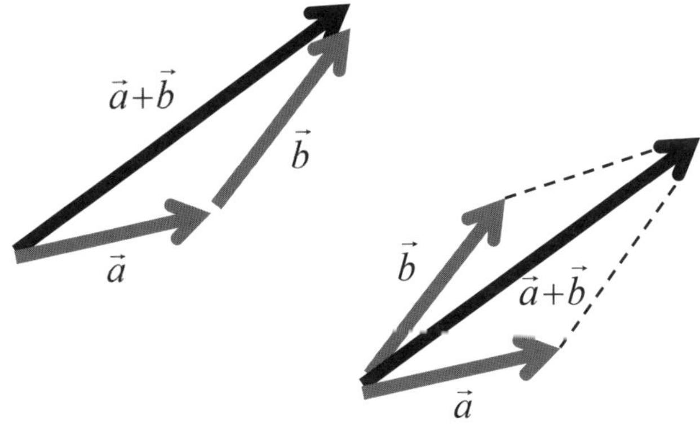

まずは高校数学の復習から始めましょう。高校数学では「大きさ」と「向き」を兼ね備えた量としてベクトルを定義し、これを「矢線」で表現しました。これがベクトルをさらに拡張していくときの基本になります。

1-1 矢線ベクトル

「**大きさ**」と「**向き**」をもつ量を**ベクトル**（*vector*）という。この量を表現する方法の１つに**矢線ベクトル**（**幾何ベクトル**）がある。

レッスン

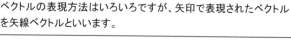

ベクトルの表現方法はいろいろですが、矢印で表現されたベクトルを矢線ベクトルといいます。

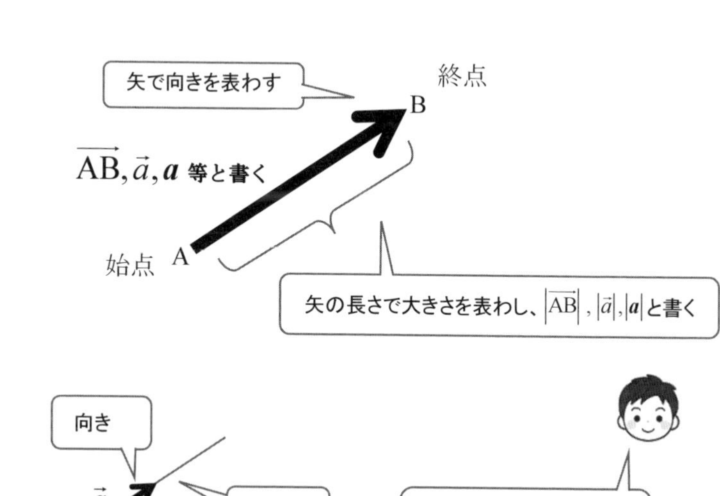

向き

$\vec{a}$

方向

「向き」と「方向」は使い分けるのですね。

〔解説〕　ベクトルは「大きさ」と「向き」の２つに着目した量です。このため、「大きさ」と「向き」が同じである２つのベクトル $\vec{a}, \vec{b}$ は位置が異なっていても等しいということになります。つまり、**平行移動によって重なる２つのベクトルは等しい**のです。このとき等号を使って

$\vec{a}=\vec{b}$　と書くことにします。

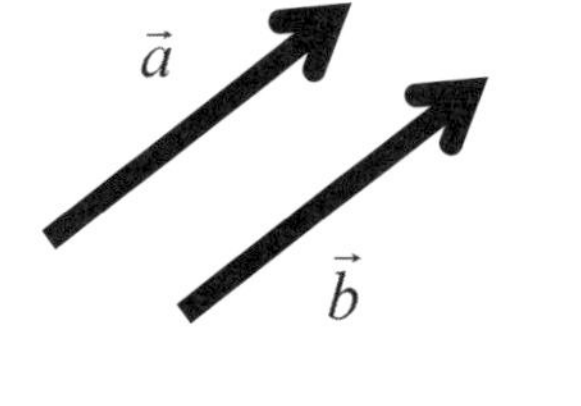

ただし、特殊なベクトルとして、始点を基準の点Oにとるベクトルがあります。このとき、「大きさ」と「向き」が定まればこのベクトルの終点Pはただ1つに決定します。また、点Pに対して基準の点Oを始点とし点Pを終点とするベクトルはただ1つ決まります。そこで、始点を基準の点Oにとって点の位置を表わすベクトルをその点の**位置ベクトル**と呼ぶことにします。

(注)　ベクトルの大きさをノルムといい、記号‖ ‖で表わす方法もあります（§2-10)。本書では併用します。

● スカラーとは

ベクトルに対して単なる数を**スカラー**といいます。これは、実数のように1個の数値で表現される量です。例えば、気温や体重などはスカラーと考えられます。

なお、**スカラーとしては実数の他に複素数が考えられますが、本書では実数を想定しています。**

なお、線形代数学におけるスカラーの一般的な定義については「第2章　n次元数ベクトル」で扱います。

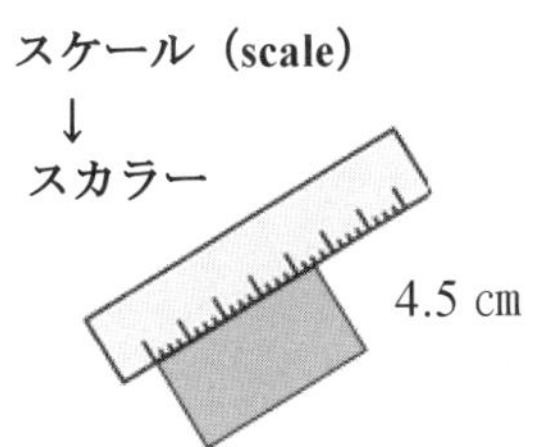

1-2 矢線ベクトルの計算

矢線ベクトルの**和**と**差**と**スカラー倍**が三角形、平行四辺形などを用いて定義されている。

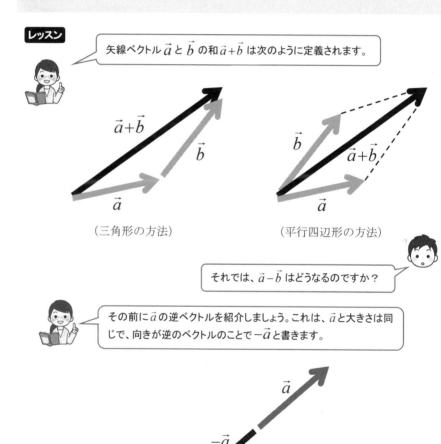

矢線ベクトル $\vec{a}$ と $\vec{b}$ の和 $\vec{a}+\vec{b}$ は次のように定義されます。

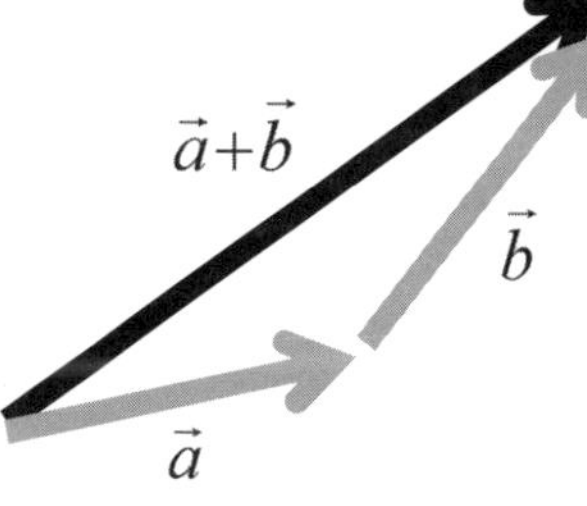

（三角形の方法）

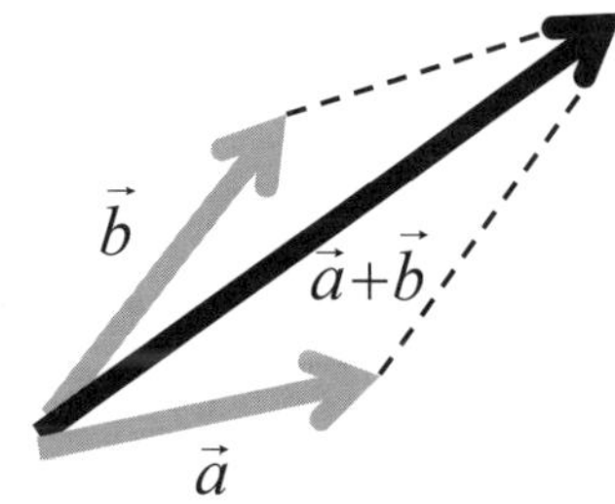

（平行四辺形の方法）

それでは、$\vec{a}-\vec{b}$ はどうなるのですか？

その前に $\vec{a}$ の逆ベクトルを紹介しましょう。これは、$\vec{a}$ と大きさは同じで、向きが逆のベクトルのことで $-\vec{a}$ と書きます。

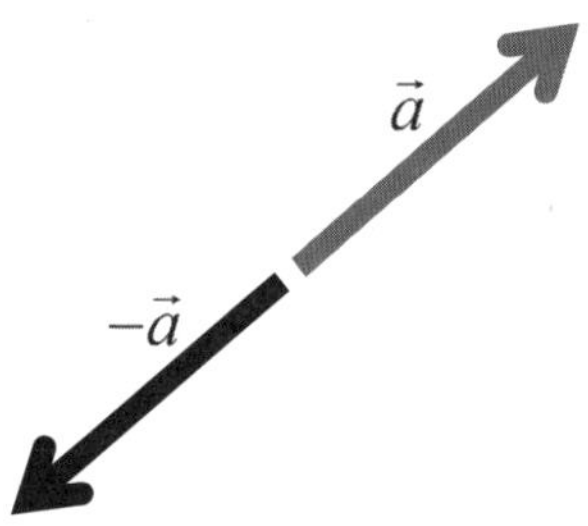

矢線ベクトル$\vec{a}$と$\vec{b}$の差$\vec{a}-\vec{b}$は、$\vec{a}$と$-\vec{b}$の和$\vec{a}+(-\vec{b})$と定義します。つまり、$\vec{a}-\vec{b}=\vec{a}+(-\vec{b})$。

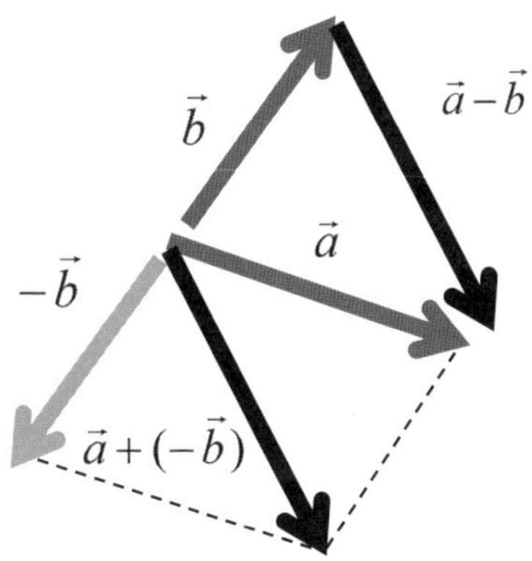

$\vec{a}$と$\vec{b}$の始点を一致させたとき、$-\vec{a}$は$\vec{b}$の終点を始点とし、$\vec{a}$の終点を終点とするベクトルなんですね。

ベクトル$\vec{a}$のk(スカラー：本書では実数を想定)倍については次のように定義します。

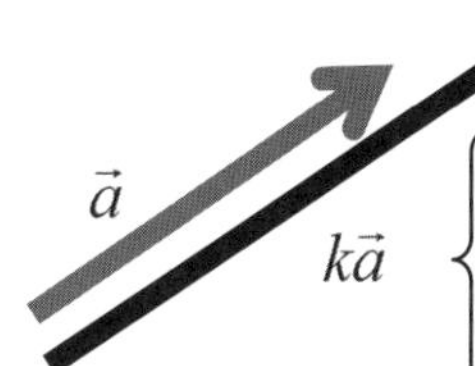

$k>0$のとき$\vec{a}$と同じ向きで大きさk倍
$k=0$のとき零ベクトル
$k<0$のとき逆向きで大きさ$-k$倍

〔解説〕 矢線ベクトルの和と差と実数培の定義を紹介しましたが、すんなり受け入れられると思います。

なお、ベクトルの和（加法）に関して次の計算法則が成り立ちます。

交換法則 $\vec{a}+\vec{b}=\vec{b}+\vec{a}$

結合法則 $\vec{a}+(\vec{b}+\vec{c})=(\vec{a}+\vec{b})+\vec{c}$

● 零(ゼロ)ベクトル

零ベクトルという特殊なベクトルを紹介しましょう。$\vec{a}+(-\vec{a})$を考えるとこれは始点と終点が一致し、その大きさが0となります。これもベクトルとみなし**零(ゼロ)ベクトル**ということにします。ただし、**零ベクトルの向きは任意とします**。

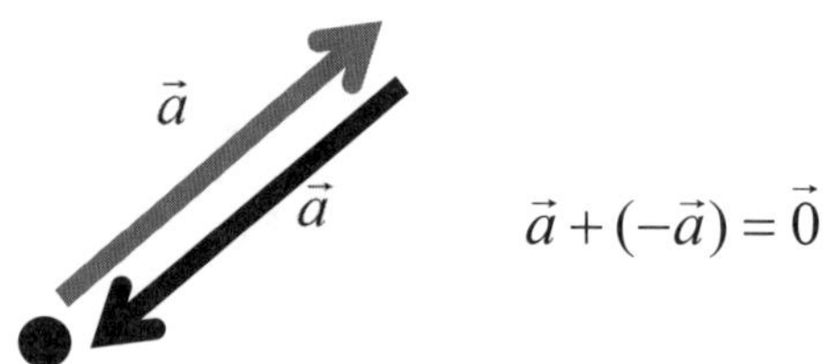

(注)「零ベクトルは向きをもたない」とする考えもありますが、「ベクトルは向きと大きさをもつ量」と定義（§1-1）したので、本書では「零ベクトルは任意の向きをもつ」としました。

● ベクトルの平行

2つの矢線ベクトル$\vec{a}$と$\vec{b}$は向きが一致しているか、または、お互いに逆向きのとき**平行**であるといい、$\vec{a}/\!/\vec{b}$と書きます。これは実数k（スカラー）が存在して一方のベクトルが他方のベクトルのk倍、つまり、$\vec{b}=k\vec{a}$と書けることと同値です。

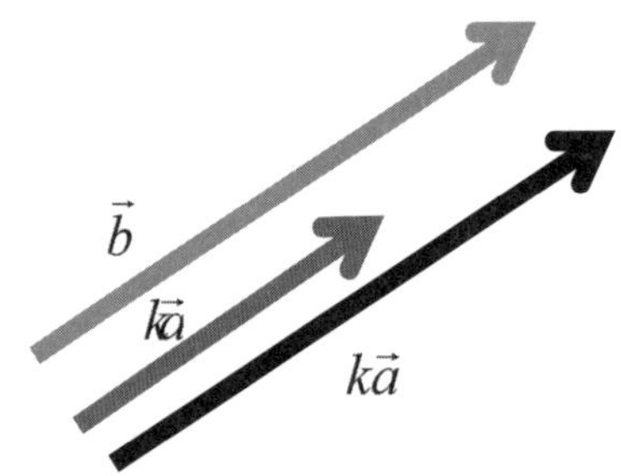

(注)　2つの事柄pとqが**同値**であるということは「pが成り立てばqが成り立ち、かつ、qが成り立てばpが成り立つ」ということを意味します。このとき、**同値記号**⇔を用いてp⇔qと書きます。pとqは表現は違うが内容は同じだということです。

＜MEMO＞　直線上のベクトル

この節では矢線ベクトルの和と差とスカラー（実数）倍等について解説していますが、想定している世界は平面（2 次元）と空間（3 次元）のベクトルのように思われがちです。しかし、ここで紹介したことは直線（1 次元）のベクトルの世界にもあてはまります。例えば、和に関する三角形の方法などは、これを潰して直線の世界とみなせばよいからです。

平面（2 次元）、空間（3 次元）におけるベクトル　　直線（1 次元）上のベクトル

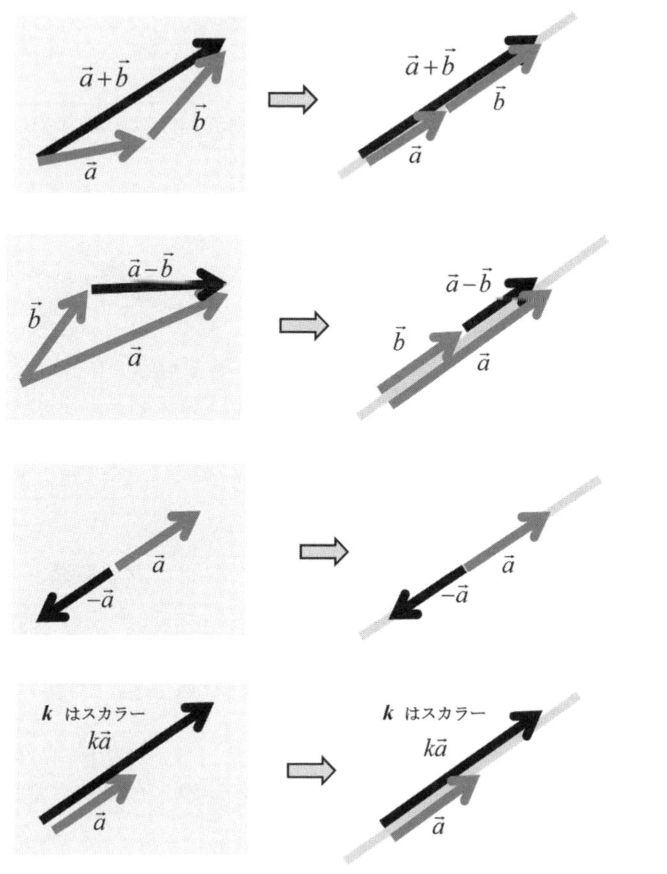

1-3　ベクトルの1次独立・1次従属

いくつかのベクトルがあって、その中のどの１つのベクトルも他の残りのベクトルの実数（スカラー）倍の和の形（１次結合）に書けないとき、それらのベクトルは**1次独立**であるという。１次独立でないとき、つまり、あるベクトルが他のベクトルの実数（スカラー）倍の和の形（１次結合）に書けるとき、それらのベクトルは**1次従属**であるという。

2つのベクトルの1次独立、1次従属を図示すれば次のようになります。

1次独立

$\vec{b}$　同一直線上にない!!　$\vec{b}$

どんな実数 s に対しても $\vec{b} \neq s\vec{a}$

ある実数 s が存在して $\vec{b} = s\vec{a}$

3つのベクトルの1次独立、1次従属を図示すれば次のようになりますね。

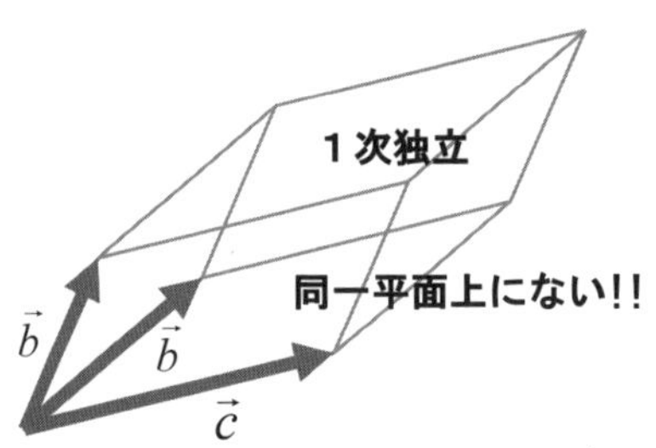

どんな実数 s, t に対しても $\vec{c} \neq s\vec{a} + t\vec{b}$

同様なことが $\vec{b} \neq s\vec{c} + t\vec{a}$ 、$\vec{a} \neq s\vec{b} + t\vec{c}$

についても成立。

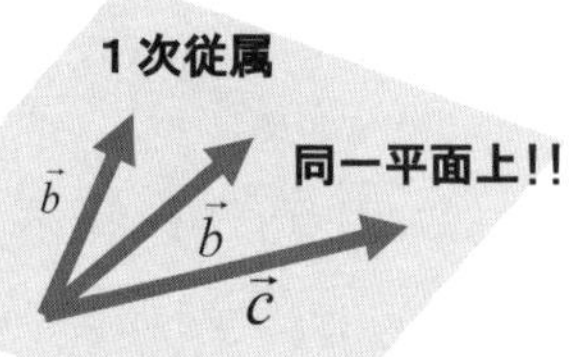

ある実数 s, t が存在して $\vec{c} = s\vec{a} + t\vec{b}$ 、

$\vec{b} = s\vec{c} + t\vec{a}$ 、$\vec{a} = s\vec{b} + t\vec{c}$ のいずれか

が成立。

〔**解説**〕 いくつかのベクトルがあって「その中のどの１つのベクトルも他の残りのベクトルの実数（スカラー）倍の和の形（**1次結合**という）に書けない」ということは、そのベクトルは他のベクトルに依存していない、つまり、**独立している**というイメージがあります。また、あるベクトルが他のベクトルの実数（スカラー）倍の和の形（１次結合）に書けるということは、そのベクトルが他のベクトルに依存している、つまり、**従属している**というイメージがあります。

なお、１次独立、１次従属の冒頭の定義は次のように表現を変えることができます。

> $\vec{0}$ でない２つのベクトルは、始点を一致させたときに同一直線上になければ（つまり、平行でなければ）**1次独立**、あれば**1次従属**です。
> また、$\vec{0}$ でない３つのベクトルは、始点を一致させたときに同一平面上になければ**1次独立**、あれば**1次従属**です。

この定義を図示したのが前ページのベクトルです。

１次独立、１次従属の定義は、さらに次のように言い換えることもできます。

> $s\vec{a}+t\vec{b}=\vec{o}$ （s、t は実数）が成立するのが　$s=t=0$　に限るとき、$\vec{a}$、$\vec{b}$ は**1次独立**である。そうでないとき、**1次従属**である。
> $s\vec{a}+t\vec{b}+u\vec{c}=\vec{o}$ （s、t、u は実数）が成立するのが　$s=t=u=0$　に限るとき $\vec{a}$、$\vec{b}$、$\vec{c}$ は**1次独立**である。そうでないとき**1次従属**である。

ベクトルの１次独立、１次従属の考えは線形代数では非常に大事なことです。なお、**$\vec{o}$ を含むベクトルの組は必ず１次従属です**。例えば、３つのベクトルの組 $\vec{a},\vec{b},\vec{c}$ において、$\vec{c}=\vec{o}$ であれば、$0\vec{a}+0\vec{b}+s\vec{c}=\vec{o}$　$(s\neq 0)$ が成立します。

1-4　基本ベクトル表示

直交座標が設定された平面（空間）において、各軸の正の向きを向きとし、大きさが1であるベクトルを**基本ベクトル**という。任意のベクトルは基本ベクトルの実数（スカラー）倍の和（1次結合）として、ただ1通りに書ける。

レッスン

座標の設定された平面や空間で矢線ベクトルを考えてみます。このときx軸、y軸、z軸に関する基本ベクトル$\vec{i},\vec{j},\vec{k}$ を表示すると下図のようになります。

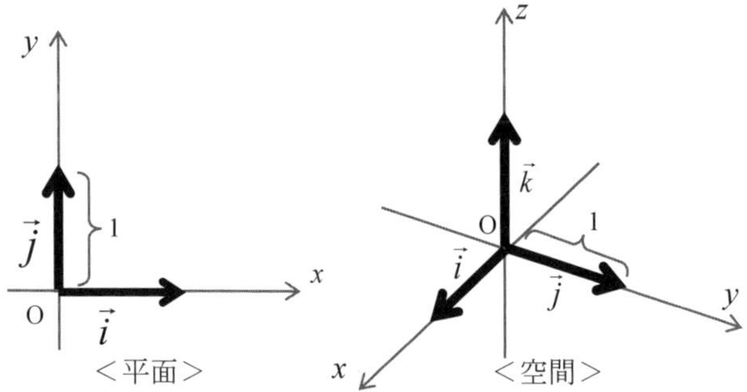

＜平面＞　　＜空間＞

下図から平面の任意のベクトル$\vec{a}$ は基本ベクトルと実数 x､y を用いて$\vec{a}=x\vec{i}+y\vec{j}$ と書けることがわかりますね。

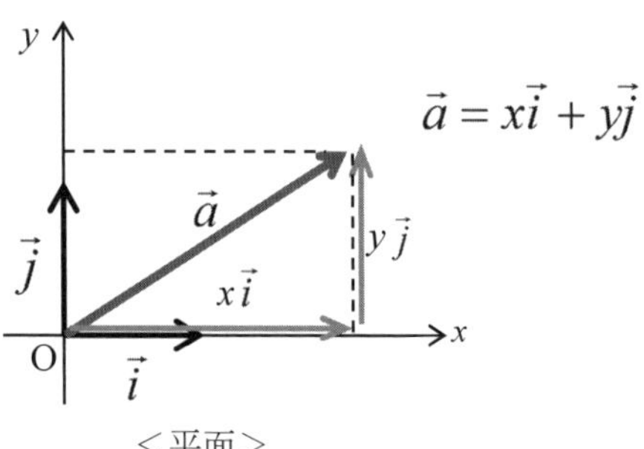

＜平面＞

空間の任意のベクトル $\vec{a}$ も平面のベクトルと同様に基本ベクトルと実数 x、y、z を用いて $\vec{a}=x\vec{i}+y\vec{j}+z\vec{k}$ と書けることがわかりますね。

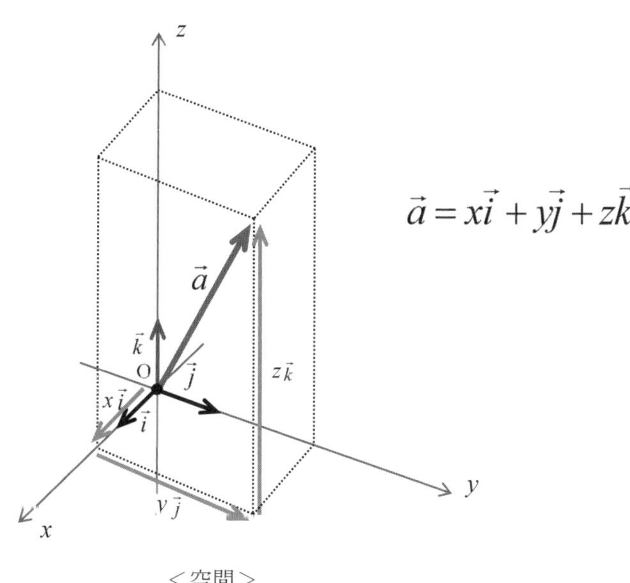

<空間>

〔解説〕 前ページの図からわかるように、xy 直交座標平面の基本ベクトル $\vec{i}, \vec{j}$ を用いれば、この平面上の任意のベクトル $\vec{a}$ は $\vec{i}, \vec{j}$ の実数倍の和の形 $\vec{a}=x\vec{i}+y\vec{j}$ にただ１通りに表わされます。

$\vec{a}=x\vec{i}+y\vec{j}$ …①

また、xyz 直交座標空間の３つの基本ベクトル $\vec{i}, \vec{j}, \vec{k}$ を用いれば、上図からわかるように、任意のベクトル $\vec{a}$ は $\vec{i}, \vec{j}, \vec{k}$ の実数倍の和の形にただ１通りに表わされます。

$\vec{a}=x\vec{i}+y\vec{j}+z\vec{k}$ …②

これら①、②をベクトルの**基本ベクトル表示**といいます。

（注） 基本ベクトルの考え方を発展させたものが第２章の「**直交基底**」の考え方です。

1-5 ベクトルの成分表示

ベクトル$\vec{a}$を基本ベクトル表示したとき、x 方向、y 方向、z 方向の基本ベクトルの係数を順に書きだしてカッコ（ ）でくくってベクトル$\vec{a}$を表現する方法をベクトルの**成分表示**という。

平面のベクトル$\vec{a}=x\vec{i}+y\vec{j}$の成分表示は$\vec{a}=(x,y)$、
空間のベクトル$\vec{a}=x\vec{i}+y\vec{j}+z\vec{k}$の成分表示は$\vec{a}=(x,y,z)$です。

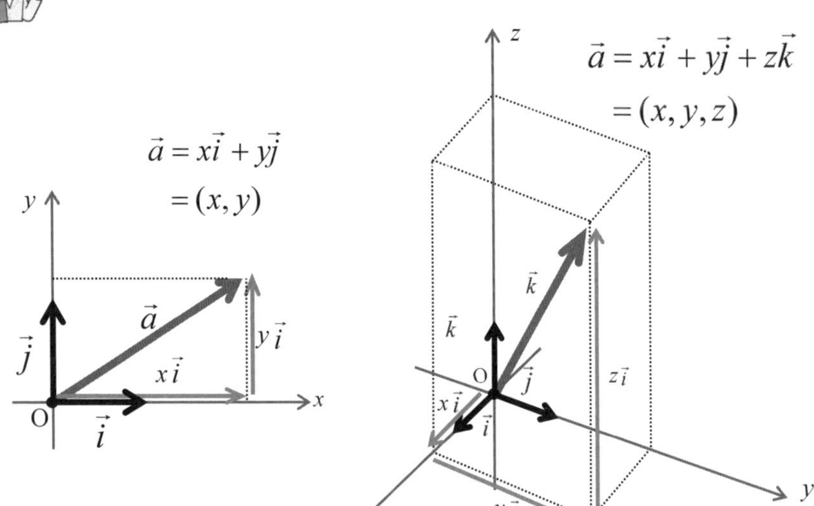

〔解説〕 上図からわかるように、ベクトルの成分表示はベクトルの始点を原点に移動したときの終点の座標と一致します。その理由は、ベクトルは大きさと向きに着目した量で位置は考慮していないからです。したがって、平面において点$A(a_x, a_y)$を始点とし点$B(b_x, b_y)$を終点とするベクトル$\overrightarrow{AB}$は成分表示で$\overrightarrow{AB}=\left(b_x-a_x, b_y-a_y\right)$となります。また、空

間の点 $A(a_x, a_y, a_z)$、$B(b_x, b_y, b_z)$ の場合は、

$$\overrightarrow{AB} = (b_x - a_x, b_y - a_y, b_z - a_z)$$

となります。

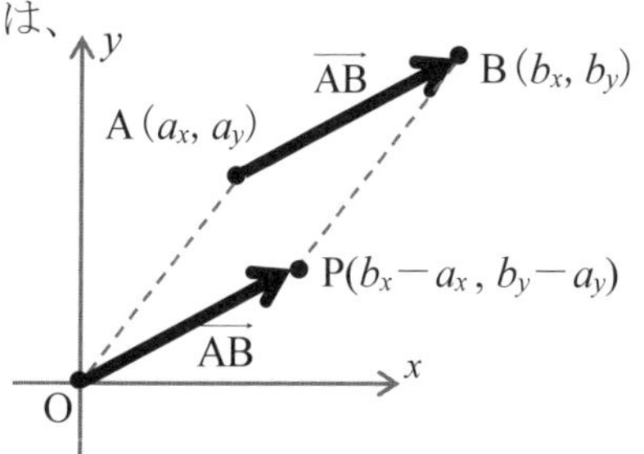

なお、基本ベクトルの成分表示は次のようになります。

平面：$\vec{i} = (1,0)$ 、$\vec{j} = (0,1)$

空間：$\vec{i} = (1,0,0)$ 、 $\vec{j} = (0,1,0)$ 、

$\vec{k} = (0,0,1)$

● 成分表示されたベクトルの計算

２つのベクトル $(a_x, a_y), (b_x, b_y)$ に対し、次のようにベクトルの和、ベクトルの差、ベクトルの実数 s 倍、ベクトルの大きさが計算されます。

(1)　和と差　$(a_x, a_y) \pm (b_x, b_y) = (a_x \pm b_x, a_y \pm b_y)$　　（複号同順）

(2)　実数 s 倍　$s(a_x, a_y) = (sa_x, sa_y)$

(3)　大きさ　$\vec{a} = (a_x, a_y)$ のとき $|\vec{a}| = \sqrt{a_x^2 + a_y^2}$

２つの空間のベクトル $(a_x, a_y, a_z), (b_x, b_y, b_z)$ に対しも同様です。

(1)　和と差　$(a_x, a_y, a_z) \pm (b_x, b_y, b_z) = (a_x \pm b_x, a_y \pm b_y, a_z \pm b_z)$

(2)　ベクトルの s 倍　$s(a_x, a_y, a_z) = (sa_x, sa_y, sa_z)$

(3)　ベクトルの大きさ　$\vec{a} = (a_x, a_y, a_z)$ のとき $|\vec{a}| = \sqrt{a_x^2 + a_y^2 + a_z^2}$

上記(1)～(3)の成立理由は基本ベクトルを用いて矢線ベクトルに置き換えると簡単に理解できます。

（注）　上記(3)の成立は平面でも空間でも座標軸が直交座標軸のときに限ります。つまり、座標軸が直交していない（右図の斜交座標）の場合は成立しません。

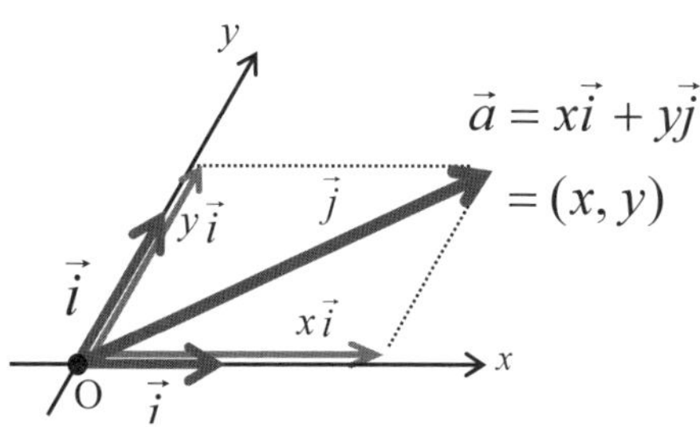

1-6 ベクトルの内積

2つのベクトル$\vec{a}$と$\vec{b}$に対し、$|\vec{a}||\vec{b}|\cos\theta$を$\vec{a}$と$\vec{b}$の**内積**、または、**スカラー積**と呼び、$\vec{a}\cdot\vec{b}$と書く。つまり、$\vec{a}\cdot\vec{b}=|\vec{a}||\vec{b}|\cos\theta$

ただし、θは2つのベクトル$\vec{a}$と$\vec{b}$の**なす角**、つまり、始点を一致させたときにできる角で$0\leqq\theta\leqq\pi$とする。

レッスン

$\vec{a}$、$\vec{b}$、$|\vec{a}|$、$|\vec{b}|$、θを図示すると次のようになります。

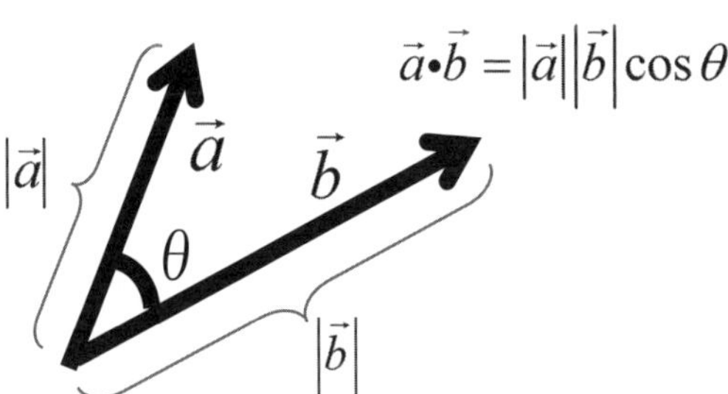

それでは、$\vec{a}$ か $\vec{b}$ の少なくとも一方が$\vec{0}$のときはどうなりますか？

零ベクトルの向きは任意と定義（§1-2）したためθは定まりません。
そこで、次のように決めます。

$$\vec{a}=\vec{o} \text{ または } \vec{b}=\vec{o} \text{ のとき } \vec{a}\cdot\vec{b}=0$$

〔解説〕 内積（*inner product*）はスカラーで、$0 \leqq \theta < \pi/2$ のとき正、$\pi/2 < \theta \leqq \pi$ のとき負となります。

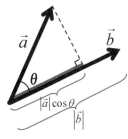

● 内積の成分表示

２つのベクトル$\vec{a}$と$\vec{b}$を成分表示し、三角形 OAB に余弦定理 $AB^2 = OA^2 + OB^2 - 2OA \cdot OB\cos\theta$ をあてはめて式を整理すると、次の式が導かれます。

$\vec{a} = (a_x, a_y)$、$\vec{b} = (b_x, b_y)$ のとき、$\vec{a} \cdot \vec{b} = a_x b_x + a_y b_y$ …①

$\vec{a} = (a_x, a_y, a_z)$、$\vec{b} = (b_x, b_y, b_z)$ のとき、$\vec{a} \cdot \vec{b} = a_x b_x + a_y b_y + a_z b_z$ …②

● 内積の性質

内積の主な性質をまとめておくと次のようになります。

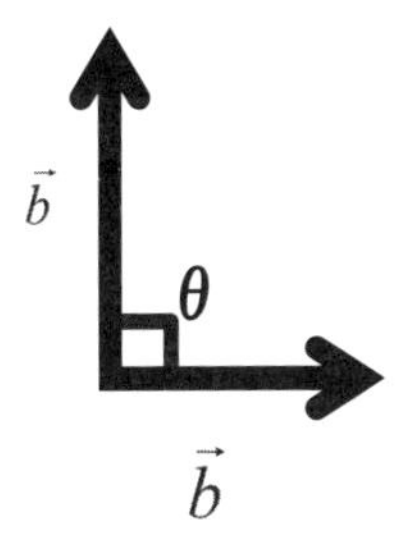

$$\vec{a} \cdot \vec{a} = |\vec{a}|^2、\quad \vec{a} \cdot \vec{b} = \vec{b} \cdot \vec{a} \quad 、\vec{a} \cdot \left(\vec{b} + \vec{c}\right) = \vec{a} \cdot \vec{b} + \vec{a} \cdot \vec{c}$$

$\vec{a} \neq \vec{0}, \vec{b} \neq \vec{0}$ のとき、「$\vec{a} \perp \vec{b} \Leftrightarrow \vec{a} \cdot \vec{b} = 0$」

最後の性質は、$0 \leqq \theta \leqq \pi$ のとき

「$\vec{a} \perp \vec{b} \Leftrightarrow \cos\theta = 0$」であることから導かれます。これは、よく使われる重要な性質です。

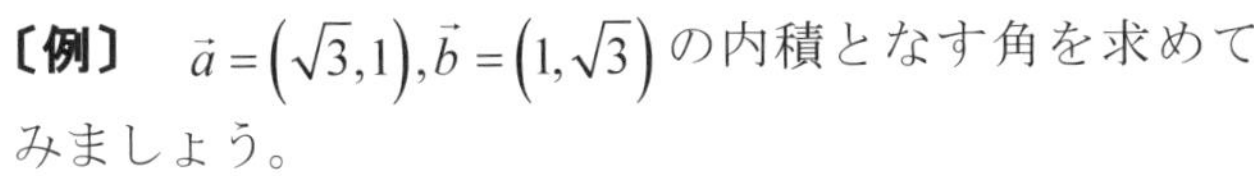

〔例〕 $\vec{a} = \left(\sqrt{3}, 1\right), \vec{b} = \left(1, \sqrt{3}\right)$ の内積となす角を求めてみましょう。

$$\vec{a} \cdot \vec{b} = \sqrt{3} + \sqrt{3} = 2\sqrt{3},\ |\vec{a}| = \sqrt{3+1} = 2,\ |\vec{b}| = \sqrt{1+3} = 2$$

ゆえに、$\cos\theta = \dfrac{\vec{a} \cdot \vec{b}}{|\vec{a}||\vec{b}|} = \dfrac{2\sqrt{3}}{2 \cdot 2} = \dfrac{\sqrt{3}}{2}$ よって $\theta = \dfrac{\pi}{6} \ \left(= 30^\circ\right)$

1-7 ベクトルの外積（その1）

3次元空間の2つのベクトル$\vec{a}$と$\vec{b}$に対して次の大きさと向きをもつベクトルを考える。

- 大きさは$\vec{a}$、$\vec{b}$を2辺とする平行四辺形の面積とする。
- 向きは、この平行四辺形に垂直で、$\vec{a}$から$\vec{b}$の方に右ねじを回すとき（回転角の小さい方をとる）、ネジの進む向きとする。

このベクトルを$\vec{a}$、$\vec{b}$の**外積**（*outer product*）、または、**ベクトル積**（*vector product*）といい、$\vec{a}\times\vec{b}$で表わす。

レッスン

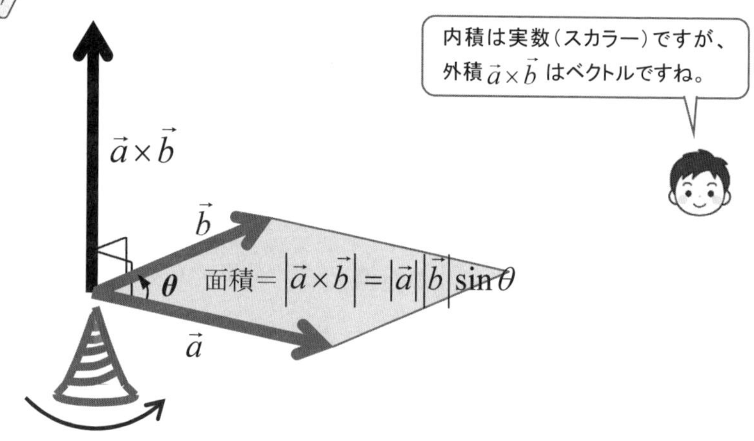

外積 $\vec{a}\times\vec{b}$ を図示すると次のようになります。なお、ベクトル $\vec{a}$ と $\vec{b}$ のなす角をθとすれば、$\vec{a}$、$\vec{b}$ を2辺とする平行四辺形の面積は$|\vec{a}||\vec{b}|\sin\theta$です。
内積は実数（スカラー）ですが、外積 $\vec{a}\times\vec{b}$ はベクトルですね。
$\vec{a}\times\vec{b}$
$\vec{b}$
θ
面積$=|\vec{a}\times\vec{b}|=|\vec{a}||\vec{b}|\sin\theta$
$\vec{a}$

〔解説〕 外積の「外」とは、掛け合わせる2つのベクトルでつくられる平面に垂直、つまり、「平面の外に出る」という捉え方があります。

また、内積に対して外積という捉え方もあります。

捉え方はともかく、2つのベクトル$\vec{b}$と$\vec{b}$の両方に垂直なベクトルである外積はいろいろな分野で利用されます。

(注) 内積はベクトルの次元にかかわらず考えることができますが、**外積は3次元のベクトルに限定されます**。

● 外積の性質

外積には次の性質があります。

(1) $\vec{a}\times\vec{b}=-\vec{b}\times\vec{a}$ （交換法則は不成立）

(2) $\vec{a}\times(\vec{b}+\vec{c})=\vec{a}\times\vec{b}+\vec{a}\times\vec{c}$ 、$(\vec{b}+\vec{c})\times\vec{a}=\vec{b}\times\vec{a}+\vec{c}\times\vec{a}$ （分配法則）

(3) $(s\vec{a})\times\vec{b}=s(\vec{a}\times\vec{b})=\vec{a}\times(s\vec{b})$ ただし、sはスカラー

上記の性質は、すべて外積の定義から導かれます。(1)の成立については、回転の向きがお互いに逆になるので右ネジの進む向きが逆になることからわかります。(2)、(3)については3次元の立体図形を用いて証明されますが、かなり複雑ですので本書では省略します。

● 基本ベクトル同士の外積

x、y、z 軸方向の基本ベクトルをそれぞれ$\vec{i},\vec{j},\vec{k}$とするとき、これらの外積に関して次のことが成立します。

$\vec{i}\times\vec{j}=\vec{k}$ 、$\vec{j}\times\vec{i}=-\vec{k}$

$\vec{j}\times\vec{k}=\vec{i}$ 、$\vec{k}\times\vec{j}=-\vec{i}$

$\vec{k}\times\vec{i}=\vec{j}$ 、$\vec{i}\times\vec{k}=-\vec{j}$

$\vec{i}\times\vec{i}=\vec{j}\times\vec{j}=\vec{k}\times\vec{k}=\vec{0}$

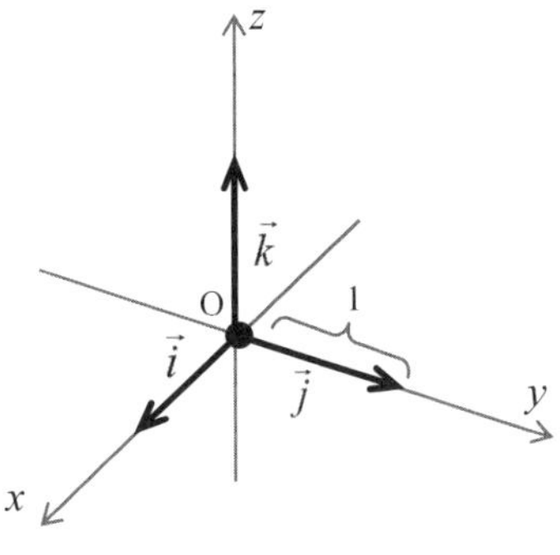

このことは、基本ベクトルは大きさが1で、これらはお互いに垂直であることから明らかです。

1-8 ベクトルの外積（その2）

２つのベクトル $\vec{a}=(a_x, a_y, a_z)$ と $\vec{b}=(b_x, b_y, b_z)$ に対し、外積は次のように成分表示される。

$$\vec{a}\times\vec{b}=(a_yb_z-a_zb_y,\ a_zb_x-a_xb_z,\ a_xb_y-a_yb_x)\quad\cdots①$$

外積 $\vec{a}\times\vec{b}$ は前節でベクトル $\vec{b}$ と $\vec{b}$ のつくる平行四辺形の面積と右ネジの回転を利用して定義しましたが、成分表示で計算がスッキリします。

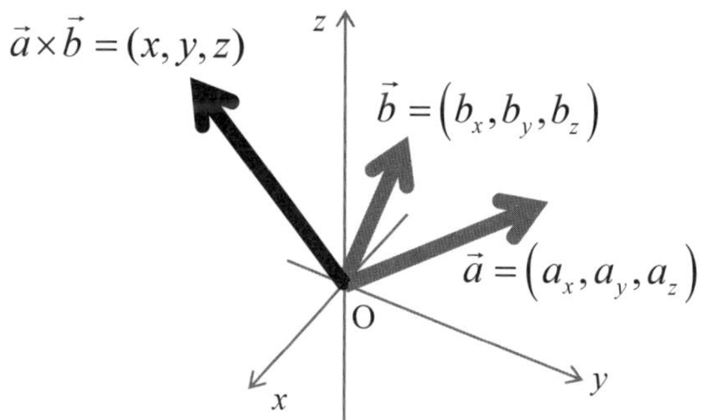

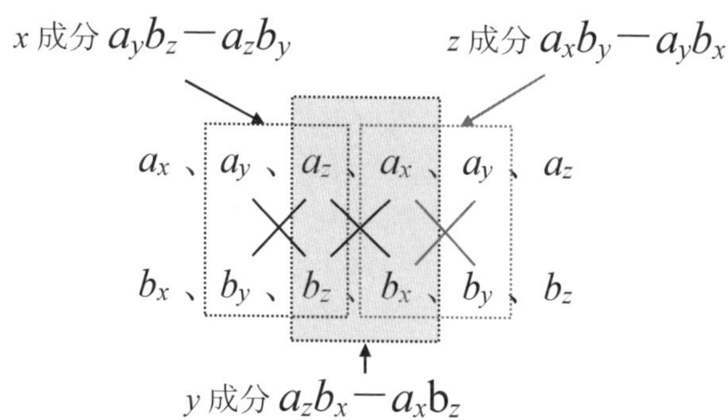

〔解説〕 外積は前節で右図を使って定義しました。このことから①を導くことができます。このことについては<MEMO>を参照。

(注) 逆に、①から前節の外積の定義を導くことができます。つまり、①と前節の定義は同値なのです。

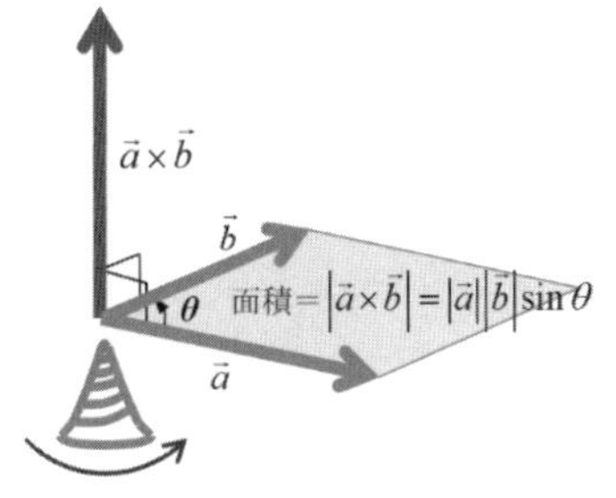

〔例〕 $\vec{a}=(1, 2, 3)$、$\vec{b}=(-2, 3, -5)$ のとき$\vec{a}\times\vec{b}$を求めてみよう。

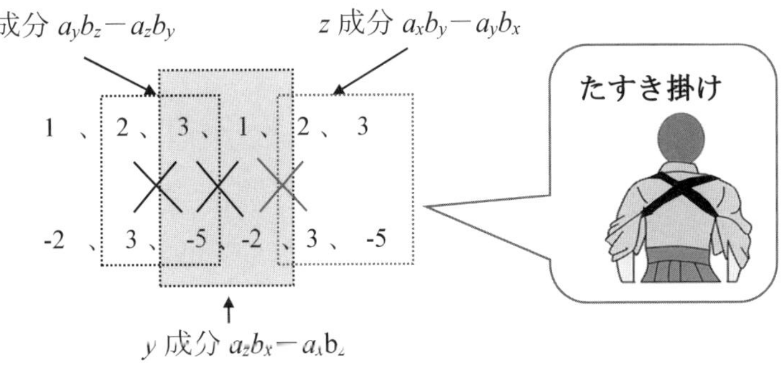

$$\therefore\ \vec{a}\times\vec{b}=\left(2\times(-5)-3\times3\,,\,3\times(-2)-1\times(-5)\,,\,1\times3-2\times(-2)\right)=(-19\,,\,-1\,,\,7)$$

<MEMO> 外積の成分表示を導く

$\vec{a}$と$\vec{b}$を基本ベクトル表示すると次のようになります。

$$\vec{a}=a_x\vec{i}+a_y\vec{j}+a_z\vec{k} \qquad \vec{b}=b_x\vec{i}+b_y\vec{j}+b_z\vec{k}$$

外積の計算では分配法則が成り立つ（前節）ので、先の基本ベクトル同士の外積の性質を利用すると次の計算を得ます。

$$\begin{aligned}\vec{\boldsymbol{a}}\times\vec{\boldsymbol{b}}&=\left(a_x\vec{i}+a_y\vec{j}+a_z\vec{k}\right)\times\left(b_x\vec{i}+b_y\vec{j}+b_z\vec{k}\right)=a_x\vec{i}\times b_x\vec{i}+a_x\vec{i}\times b_y\vec{j}+a_x\vec{i}\times b_z\vec{k}\\&\quad+a_y\vec{j}\times b_x\vec{i}+a_y\vec{j}\times b_y\vec{j}+a_y\vec{j}\times b_z\vec{k}+a_z\vec{k}\times b_x\vec{i}+a_z\vec{k}\times b_y\vec{j}+a_z\vec{k}\times b_z\vec{k}\\&=\left(a_yb_z-a_zb_y\right)\vec{i}+\left(a_zb_x-a_xb_z\right)\vec{j}+\left(a_xb_y-a_yb_x\right)\vec{k}\\&=\left(\boldsymbol{a_yb_z-a_zb_y\,,\,a_zb_x-a_xb_z\,,\,a_xb_y-a_yb_x}\right)\end{aligned}$$

<MEMO>　ベクトルを微分・積分する「ベクトル解析」

数学の専門分野の１つに**ベクトル解析**というものがあります。この分野は主に次の２つからなります。

(1)　ベクトルを使って物事を解明する

(2)　ベクトルを微分、または積分する

いずれも、すでに高校数学でその考え方は体験済みです。

例えば、斜面に置かれた物体が静止している理由は、右の３つのベクトルを加えたものが零ベクトルだからだとベクトルを用いて解釈します。

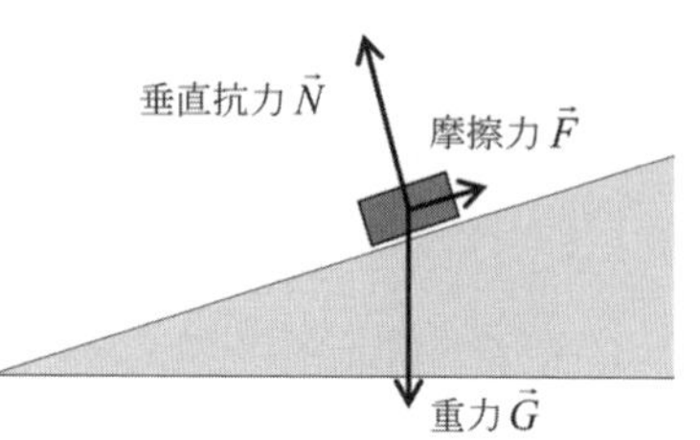

また、例えば、座標平面上の動点Pが放物線上を移動し、時刻 t における位置ベクトル $\vec{r}$ が成分表示で次のように表わされているとします。

$$\vec{r}=\left(t\ ,t^2\right)$$

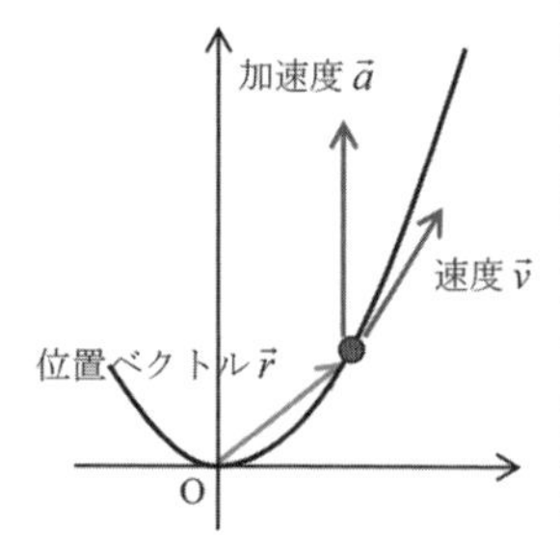

このとき、動点Pの速度ベクトル $\vec{v}$ は位置ベクトル $\vec{r}$ を t で微分して

$\vec{v}=\dfrac{d\vec{r}}{dt}=\left(t',\ \left(t^2\right)'\right)=(1\ ,\ 2t)$ と考えます。

さらに、動点Pの加速度ベクトル $\vec{a}$ は速度ベクトル $\vec{v}$ を t で微分して $\vec{a}=\dfrac{d\vec{v}}{dt}=\left((1)',\ (2t)'\right)=(0\ ,2)$ と考えます。

このような考え方をもっと発展させたのがベクトル解析なのです。その際、線形代数の知識は大いに役立ちます。

第2章　n 次元数ベクトル

V

……

$\boldsymbol{a}=(a_1,a_2,\cdots,a_n)$　……

……　$\boldsymbol{b}=(b_1,b_2,\cdots,b_n)$ ……

$\boldsymbol{c}=(c_1,c_2,\cdots,c_n)$

……　……

n 次元数ベクトルは、n 個の数を横 1 列、または、縦 1 列に並べ、これにベクトルの考えを吹き込んだものです。これはいろいろな分野で、有用な道具として活用されています。

2-1 n 次元数ベクトル

n 個の順序のついた数の組 $(a_1, a_2, a_3, \cdots, a_i, \cdots, a_n)$ を1つのものとみなし、$\boldsymbol{a} = (a_1, a_2, a_3, \cdots, a_i, \cdots, a_n)$ と書き、これを **$\boldsymbol{n}$ 次元数ベクトル**という。このとき、a_i $(i = 1, 2, 3, \cdots, i, \cdots, n)$ をベクトル $\boldsymbol{a}$ の**成分**という

（注） 本書ではベクトルの成分は実数を前提とします。

レッスン

矢線ベクトルの成分表示の考えを拡張してみましょう。

数直線上の矢線ベクトル $\vec{a}$ の成分表示は $\vec{a} = (a_1)$ でした。

成分表示

$\vec{a} = (a_1)$

数直線（1 次元）上のベクトル

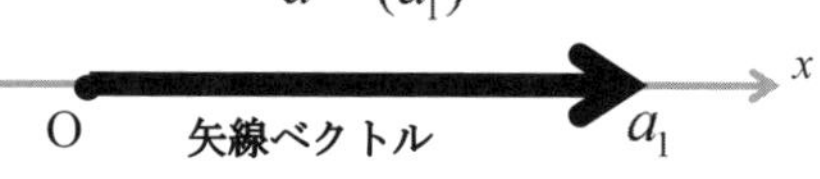

座標平面上の矢線ベクトル $\vec{a}$ の成分表示は
$\vec{a} = (a_1, a_2)$ でしたね。

座標平面（2 次元）上のベクトル

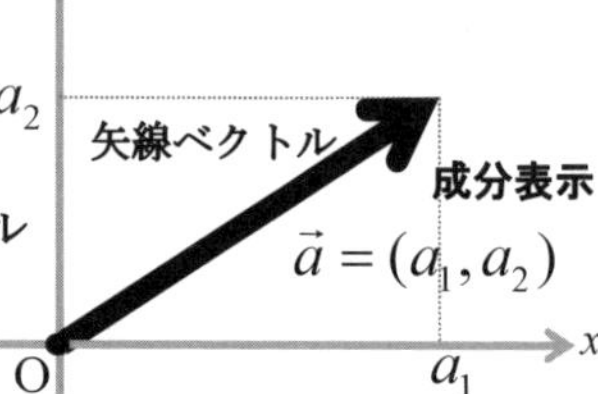

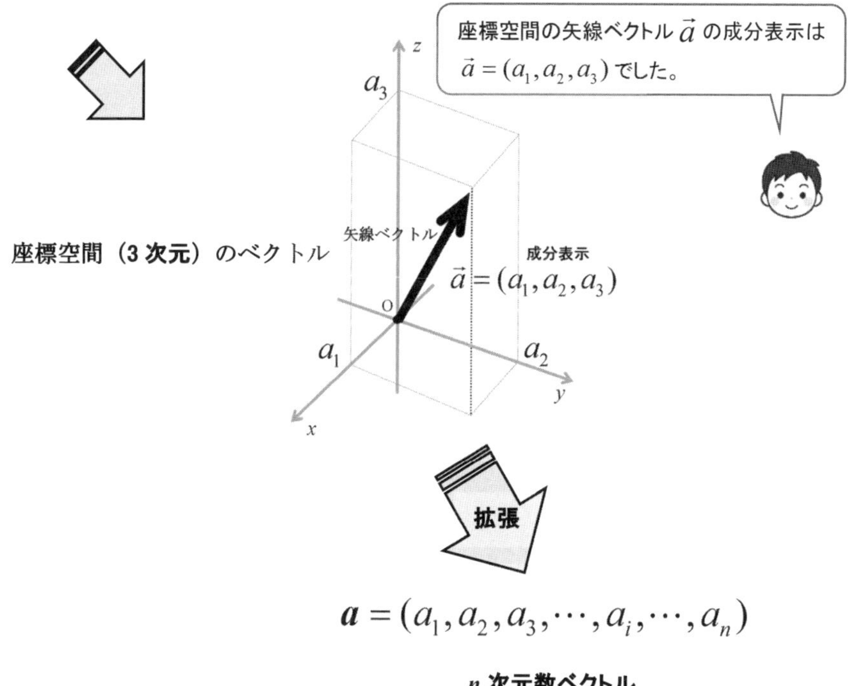

$$\boldsymbol{a}=(a_1, a_2, a_3, \cdots, a_i, \cdots, a_n)$$

***n* 次元数ベクトル**

〔解説〕「大きさ」と「向き」をもつ量をベクトルと定義し、第1章では**矢線ベクトル**という図形を用いて表現しました。しかし、矢線という図形的なものを利用する限り、ベクトルの考えは私たちの生活する空間（3次元空間）止まりとなります。しかし、第1章では矢線だけでなく基本ベクトルをもとにしたベクトルの**成分表示**も調べました。この成分表示を使うとレッスンで示したように次元の制約を取り払うことができます。そこで、**大きさと向きをもった量という概念を離れて**、単なる**順序のついた実数の組**としてベクトルを定義したのが ***n* 次元数ベクトル**です。なお、*n* 次元数ベクトルに1文字で名前をつけるときは $\boldsymbol{a}, \boldsymbol{b}, \boldsymbol{v}$ のようにアルファベットの小文字を太文字のイタリック（ボールドイタリック）にして使うことにします。

2-2 n 次元数ベクトルの計算

$\boldsymbol{a}=(a_1,a_2,\cdots,a_n)$、$\boldsymbol{b}=(b_1,b_2,\cdots,b_n)$ に対し次の定義をする。

(1)　$\boldsymbol{a}=\boldsymbol{b}$ とは　$a_1=b_1,a_2=b_2,\cdots,a_n=b_n$　のことである

(2)　$\boldsymbol{a}+\boldsymbol{b}=(a_1+b_1,a_2+b_2,\cdots,a_n+b_n)$

(3)　$s\boldsymbol{a}=(sa_1,sa_2,\cdots,sa_n)$　　ただし、s はスカラー（数）

レッスン

(1)(2)(3)は第1章の成分表示された直線、平面、空間のベクトルの自然な拡張です。

直線（1 次元）上のベクトル　$\boldsymbol{a}+\boldsymbol{b}=(a_1+b_1)$

平面（2 次元）上のベクトル　$\boldsymbol{a}+\boldsymbol{b}=(a_1+b_1,a_2+b_2)$

空間（3 次元）のベクトル　$\boldsymbol{a}+\boldsymbol{b}=(a_1+b_1,a_2+b_2,a_3+b_3)$

拡張

n 次元数ベクトル　$\boldsymbol{a}+\boldsymbol{b}=(a_1+b_1,a_2+b_2,\cdots\cdots,a_n+b_n)$

ベクトルの差についてはどうなりますか？

$-\boldsymbol{b}=(-1)\boldsymbol{b}$　、$\boldsymbol{a}-\boldsymbol{b}=\boldsymbol{a}+(-\boldsymbol{b})$ と考えれば次のようになります。

$$\boldsymbol{a}-\boldsymbol{b}=(a_1-b_1,a_2-b_2,\cdots,a_n-b_n)$$

$\boldsymbol{a}=\boldsymbol{b}$ のとき $\boldsymbol{a}-\boldsymbol{b}$ の各成分は 0 となり零ベクトルになりますね。

〔**解説**〕 私たちが生活している空間は3次元です。したがって、4次元以上のベクトルを矢印という図形で表現することはできません。しかし、成分表示であれば次元の制約から解放されます。しかも、ベクトルの相等や和、差、スカラー倍については個々の成分ごとの相等、和、差、スカラー倍というわかりやすい定義です。これによってベクトルの汎用性が増すことになります。

また、冒頭の定義により n 次元数ベクトルは矢線ベクトルと同様に次の各法則が成立します。

交換法則 $\boldsymbol{a}+\boldsymbol{b}=\boldsymbol{b}+\boldsymbol{a}$

結合法則 $(\boldsymbol{a}+\boldsymbol{b})+\boldsymbol{c}=\boldsymbol{a}+(\boldsymbol{b}+\boldsymbol{c})$, $s(t\boldsymbol{a})=(st)\boldsymbol{a}$

分配法則 $(s+t)\boldsymbol{a}=s\boldsymbol{a}+t\boldsymbol{a}$, $s(\boldsymbol{a}+\boldsymbol{b})=s\boldsymbol{a}+s\boldsymbol{b}$

ただし、s、t はスカラー（本書では実数）とします。

（注） スカラー（数）としては実数を拡張した複素数とすることがあります。

〔**例**〕 $\boldsymbol{a}=(3,2,-5,1)$ 、$\boldsymbol{b}=(-2,1,4,-2)$ 、$\boldsymbol{c}=(5,3,-1,4)$ のとき、次のベクトルを求めてみましょう。

(1) $\boldsymbol{a}+\boldsymbol{b}+\boldsymbol{c}$

(2) $3\boldsymbol{a}-2\boldsymbol{b}+\boldsymbol{c}$

（解） (1) $\boldsymbol{a}+\boldsymbol{b}+\boldsymbol{c}=(3,2,-5,1)+(-2,1,4,-2)+(5,3,-1,4)$

$$=(3-2+5,2+1+3,-5+4-1,1-2+4)=(6,6,-2,3)$$

(2) $3\boldsymbol{a}-2\boldsymbol{b}+\boldsymbol{c}=3(3,2,-5,1)-2(-2,1,4,-2)+(5,3,-1,4)$

$$=(9+4+5,6-2+3,-15-8-1,3+4+4)=(18,7,-24,11)$$

<MEMO> ベクトルの平行

零ベクトルでない2つの n 次元数ベクトル $\boldsymbol{a}$ 、$\boldsymbol{b}$ に対し、スカラー s が存在して $\boldsymbol{b}=s\boldsymbol{a}$ と書けるとき、矢線ベクトル（§1-2）のときと同様に、2つのベクトル $\boldsymbol{a}$ と $\boldsymbol{b}$ は平行であるといいます。

2-3 n 次元数ベクトル空間

集合 V の要素 $\boldsymbol{a},\boldsymbol{b},\cdots$ に加法 $\boldsymbol{a}+\boldsymbol{b}$ とスカラー s との乗法 $s\boldsymbol{a}$ が定義されているとき、V を**ベクトル空間**といい、要素 $\boldsymbol{a},\boldsymbol{b},\cdots$ を**ベクトル**という。
加法とスカラー倍が定義された n 次元数ベクトル $\boldsymbol{a}=(a_1,a_2,\cdots,a_n)$ の集合はベクトル空間で、これを **n 次元数ベクトル空間**という。

レッスン

n 次元数ベクトル $\boldsymbol{a}=(a_1,a_2,\cdots,a_n)$ に対し、加法とスカラー(s)倍を $\boldsymbol{a}+\boldsymbol{b}=(a_1+b_1,a_2+b_2,\cdots,a_n+b_n)$、$s\boldsymbol{a}=(sa_1,sa_2,\cdots,sa_n)$ と定義しましたね。

だから、集合 $\{\boldsymbol{a}\,|\,\boldsymbol{a}=(a_1,a_2,\cdots,a_n)\}$ はベクトル空間といえるのですね。§2-1 の段階で $\boldsymbol{a}=(a_1,a_2,\cdots,a_n)$ をベクトルといいましたがちょっと厳密性を欠きましたね。

V

……　……

$\boldsymbol{a}=(a_1,a_2,\cdots,a_n)$

$\boldsymbol{b}=(b_1,b_2,\cdots,b_n)$

……　……

$\boldsymbol{c}=(c_1,c_2,\cdots,c_n)$

……　……

n 次元数ベクトル空間

〔解説〕 冒頭でベクトル空間（*vector space*）の定義がありましたが、大事なことは、加法 $\boldsymbol{a}+\boldsymbol{b}$ や数 s との乗法 $s\boldsymbol{a}$ の計算が行なえて初めてベクトル空間になり、その要素をベクトルというのです。厳密には、もう少し条件が加わりますので、ベクトル空間 $\boldsymbol{V}$ の定義の詳細については本節＜MEMO＞を参照してください。

● スカラーと成分がともに実数である n 次元数ベクトル空間 $\boldsymbol{R}^n$

本章では、スカラーは実数、成分は実数（*real number*）からなる n 次元数ベクトル $\boldsymbol{a}=(a_1,a_2,\cdots,a_n)$ を前提にしています。したがって、この n 次元数ベクトル空間 V を直積を使って $\boldsymbol{R}^n$ と書くことにします。

（注） スカラーは複素数で成分が複素数（*complex number*）からなる n 次元数ベクトル空間は $\boldsymbol{C}^n$ と表現されます。

＜MEMO＞ 直積とは

２つの集合 E､F に対し、順序のついた組の集合

$$\{(e,f)|x\in E,y\in F\}$$

を E と F の**直積**といい $\boldsymbol{E\times F}$ と表わします。

例えば、２つの集合 $E=\{p､q\}$ 、$F=\{r､s､t\}$ に対して、直積 $\boldsymbol{E\times F}$ は

$$\{\ (p,r),(p,s),(p,t),(q,r),(q,s),(q,t)\ \}$$

となります。これは、表で示すと下図のようになります。

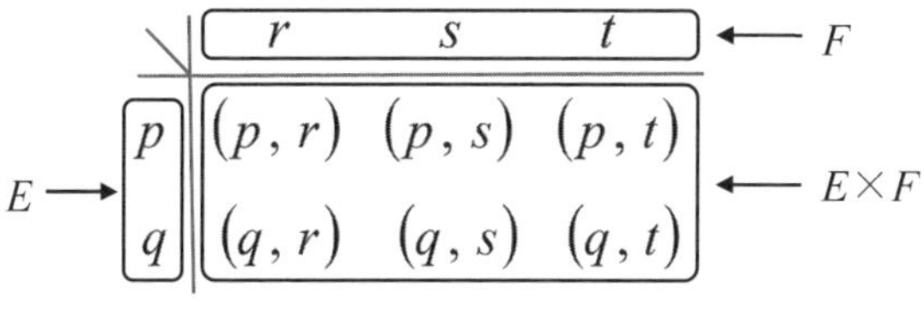

	r	s	t
p	(p,r)	(p,s)	(p,t)
q	(q,r)	(q,s)	(q,t)

E → （行）　← F （列）　← $E\times F$ （組）

直積の定義により、n 個の順序のついた実数の組 $(a_1,a_2,\cdots,a_n)$ の集合

$$\{(a_1,a_2,\cdots,a_n)|a_1\in R,a_2\in R,\cdots,a_n\in R\}$$

は先の直積の記号を用いると $R\times R\times\cdots\times R$ と書けます。また、これを簡単に R^n と書くことにします。つまり、$R^n=R\times R\times\cdots\times R$

<MEMO> ベクトル空間

ベクトル空間 V の一般的な定義を紹介しましょう。矢線ベクトルや n 次元数ベクトルはベクトル空間を構成しますが、この定義によると、他にもいろいろなベクトル空間が存在します（§2-5 参照）。

以下において、集合 K は R（実数全体）または C（複素数全体）とし、$\boldsymbol{a}$、$\boldsymbol{b}$、$\boldsymbol{c} \in V$ および k、$h \in K$ とします。

(1)　$\boldsymbol{a}+\boldsymbol{b} \in V$

(2)　$k\boldsymbol{a} \in V$

また、(1)、(2)について次の計算法則が成り立つとします。

① $\boldsymbol{a}+\boldsymbol{b}=\boldsymbol{b}+\boldsymbol{a}$　……交換法則

② $(\boldsymbol{a}+\boldsymbol{b})+\boldsymbol{c}=\boldsymbol{a}+(\boldsymbol{b}+\boldsymbol{c})$　……結合法則

③ $\boldsymbol{a}+\boldsymbol{0}=\boldsymbol{0}+\boldsymbol{a}=\boldsymbol{a}$ を満たす $\boldsymbol{0} \in V$ が存在する　…零ベクトルの存在

④ 任意の $\boldsymbol{a} \in V$ に対して $\boldsymbol{a}+\boldsymbol{a}'=\boldsymbol{a}'+\boldsymbol{a}=\boldsymbol{0}$ を満たす $\boldsymbol{a}' \in V$ が存在する　……逆ベクトルの存在

⑤ $k(\boldsymbol{a}+\boldsymbol{b})=k\boldsymbol{a}+k\boldsymbol{b}$　……分配法則

⑥ $(k+h)\boldsymbol{a}=k\boldsymbol{a}+h\boldsymbol{a}$　……分配法則

⑦ $(kh)\boldsymbol{a}=k(h\boldsymbol{a})$　……結合法則

⑧ $1\boldsymbol{a}=\boldsymbol{a}$　……単位法則

このとき、集合 V のことを **K 上のベクトル空間**、または単に、**ベクトル空間**（*vector space*）といいます。また、V の要素を**ベクトル**、K の要素を**スカラー**といいます。また、$K=R$ のとき V を**実ベクトル空間**、$K=C$ のとき V を**複素ベクトル空間**といいます。

この章で扱ったスカラーとベクトルの成分が実数である n 次元数ベクトル空間 $\boldsymbol{R}^n$ は、まさに前ページの(1)、(2)、①～⑧を満たすので実ベク

トル空間 V とみなすことができます。その理由を調べてみましょう。

$\boldsymbol{a},\boldsymbol{b}\in R^n$ とすると、$\boldsymbol{a}=(a_1,a_2,\cdots,a_n)$、$\boldsymbol{b}=(b_1,b_2,\cdots,b_n)$ と書けます。ただし、各成分は実数。

和の定義（§2-2）と実数の和が実数であることより

$$\boldsymbol{a}+\boldsymbol{b}=(a_1,a_2,\cdots,a_n)+(b_1,b_2,\cdots,b_n)=(a_1+b_1,a_2+b_2,\cdots,a_n+b_n)\in R^n$$

また、ベクトルのスカラー（実数）倍の定義と実数の積が実数であることより、

$$k\boldsymbol{a}=k(a_1,a_2,\cdots,a_n)=(ka_1,ka_2,\cdots,ka_n)\in R^n \quad \text{ただし、}k\text{は実数。}$$

したがって、(1)、(2) の成立がわかります。

①については

$$\begin{aligned}\boldsymbol{a}+\boldsymbol{b}&=(a_1,a_2,\cdots,a_n)+(b_1,b_2,\cdots,b_n)=(a_1+b_1,a_2+b_2,\cdots,a_n+b_n)\\&=(b_1+a_1,b_2+a_2,\cdots,b_n+a_n)=(b_1,b_2,\cdots,b_n)+(a_1,a_2,\cdots,a_n)=\boldsymbol{b}+\boldsymbol{a}\end{aligned}$$

②については

$$\begin{aligned}(\boldsymbol{a}+\boldsymbol{b})+\boldsymbol{c}&=((a_1,a_2,\cdots,a_n)+(b_1,b_2,\cdots,b_n))+(c_1,c_2,\cdots,c_n)\\&=(a_1+b_1,a_2+b_2,\cdots,a_n+b_n)+(c_1,c_2,\cdots,c_n)\\&=(a_1+b_1+c_1,a_2+b_2+c_2,\cdots,a_n+b_n+c_n)\\&=(a_1,a_2,\cdots,a_n)+(b_1+c_1,b_2+c_2,\cdots,b_n+c_n)\\&=(a_1,a_2,\cdots,a_n)+((b_1,b_2,\cdots,b_n)+(c_1,c_2,\cdots,c_n))\\&=\boldsymbol{a}+(\boldsymbol{b}+\boldsymbol{c})\end{aligned}$$

③については $\mathbf{0}=(0,0,\cdots,0)\in R^n$

④については $\boldsymbol{a}=(a_1,a_2,\cdots,a_n)$ に対して $\boldsymbol{a}'=(-a_1,-a_2,\cdots,-a_n)\in R^n$ であることからわかります。残る⑤～⑧については①、②と同様に実数の性質から、その成立がわかります。

2-4 ベクトルの1次独立、1次従属

ベクトル空間Vの m 個のベクトル$\boldsymbol{a}_1, \boldsymbol{a}_2, \cdots, \boldsymbol{a}_m$について

$$\lambda_1 \boldsymbol{a}_1 + \lambda_2 \boldsymbol{a}_2 + \cdots + \lambda_m \boldsymbol{a}_m = \boldsymbol{0} \quad \cdots\cdots ① \qquad (\lambda_i \text{はスカラー})$$

となるのが $\lambda_1 = \lambda_2 = \cdots = \lambda_m = 0$ の場合に限るとき、$\boldsymbol{a}_1, \boldsymbol{a}_2, \cdots, \boldsymbol{a}_m$ は**1次独立**であるという。そうでないとき$\boldsymbol{a}_1, \boldsymbol{a}_2, \cdots, \boldsymbol{a}_m$は**1次従属**であるという。

（注） ベクトル空間Vは n 次元数ベクトル空間とは限りません。

レッスン

①の左辺を $\boldsymbol{a}_1, \boldsymbol{a}_2, \cdots, \boldsymbol{a}_m$ の1次結合といいます。

$$\lambda_1 \boldsymbol{a}_1 + \lambda_2 \boldsymbol{a}_2 + \cdots + \lambda_m \boldsymbol{a}_m \quad \leftarrow \quad \textbf{1次結合}$$

個々のベクトルを単に定数倍して足したものですね。

$\lambda_1 = \lambda_2 = \cdots = \lambda_m = 0$ のとき①は成り立ちます。
これを自明な関係式といいます。

$$\lambda_1 = \lambda_2 = \cdots = \lambda_m = 0 \quad \textbf{のとき} \quad \lambda_1 \boldsymbol{a}_1 + \lambda_2 \boldsymbol{a}_2 + \cdots + \lambda_m \boldsymbol{a}_m = \boldsymbol{0}$$

← **自明な関係式**

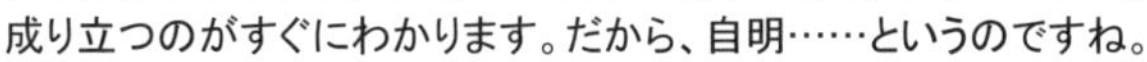

成り立つのがすぐにわかります。だから、自明……というのですね。

この言葉を使って冒頭の定義を言い換えるとどうなりますか？

$\lambda_1 \boldsymbol{a}_1 + \lambda_2 \boldsymbol{a}_2 + \cdots + \lambda_m \boldsymbol{a}_m = \boldsymbol{0}$ が成立するのが自明な関係式に限るとき、m 個のベクトル $\boldsymbol{a}_1, \boldsymbol{a}_2, \cdots, \boldsymbol{a}_m$ は1次独立であるといい、そうでないとき1次従属であるという。

〔**解説**〕　1次独立、1次従属の考え方はすでに「第1章 矢線ベクトル」で触れました。そのときは、お互いに同値な3つの定義を紹介しました。ここでは、その際の1つの定義（下記再掲）に着目します。

(∗)　$s\vec{a}+t\vec{b}=\vec{0}$　（s、t は実数）が成立するのが　$s=t=0$　に限るとき $\vec{a}$、$\vec{b}$ は**1次独立**である。そうでないとき、**1次従属**である。

(∗)　$s\vec{a}+t\vec{b}+u\vec{c}=\vec{0}$　（s、t、u は実数）が成立するのが　$s=t=u=0$　に限るとき、$\vec{a}$、$\vec{b}$、$\vec{c}$ は**1次独立**である。そうでないとき、**1次従属**である。

この定義を一般のベクトル空間 V に拡張したのが冒頭の定義です。

●　「そうでないとき」とは

ここまでの説明で「そうでないとき」という言葉が使われていますが、これは難しい言葉です。

「$\lambda_1=\lambda_2=\cdots=\lambda_m=0$」……②　ということは、

「$(\lambda_1=0)\wedge(\lambda_2=0)\wedge\cdots\wedge(\lambda_m=0)$」……③　ということです。ただし、記号「∧」は「かつ」を意味します。すると、③でないときとは論理に関するド・モルガンの法則より、

「$(\lambda_1\neq 0)\vee(\lambda_2\neq 0)\vee\cdots\vee(\lambda_m\neq 0)$」……④

を意味します。この④は「$(\lambda_1\neq 0)$, $(\lambda_2\neq 0)$, $\cdots$, $(\lambda_m\neq 0)$」の少なくとも1つが成り立つということです。つまり、$\lambda_1,\lambda_2,\cdots,\lambda_m$ の中に少なくとも1つ0でないものがある、ということです。

以上のことから、1次従属の冒頭の定義の「そうでないとき」を丁寧に表現すると次のようになります。

$\lambda_1,\lambda_2,\cdots,\lambda_m$の中に少なくとも１つ０でない$\lambda_i$があって、

$$\lambda_1\boldsymbol{a}_1+\lambda_2\boldsymbol{a}_2+\cdots+\lambda_m\boldsymbol{a}_m=\boldsymbol{0}$$

が成立するとき、m 個のベクトル$\boldsymbol{a}_1,\boldsymbol{a}_2,\cdots,\boldsymbol{a}_m$は**1次従属**であるという。

すると、もし、$\lambda_1\neq 0$とすれば　$\lambda_1\boldsymbol{a}_1+\lambda_2\boldsymbol{a}_2+\cdots+\lambda_m\boldsymbol{a}_m=\boldsymbol{0}$　を$\lambda_1\boldsymbol{a}_1=-\lambda_2\boldsymbol{a}_2-\cdots-\lambda_m\boldsymbol{a}_m$と変形し、この両辺を$\lambda_1(\neq 0)$で割ると

$$\boldsymbol{a}_1=-\frac{\lambda_2}{\lambda_1}\boldsymbol{a}_2-\frac{\lambda_3}{\lambda_1}\boldsymbol{a}_3-\cdots-\frac{\lambda_m}{\lambda_1}\boldsymbol{a}_m$$

となり、$\boldsymbol{a}_1$が残りのベクトル$\boldsymbol{a}_2,\boldsymbol{a}_3,\cdots,\boldsymbol{a}_m$の１次結合となります。したがって、１次独立、１次従属は次のように言い換えることができます。

ベクトル空間Vの m 個のベクトル$\boldsymbol{a}_1,\boldsymbol{a}_2,\cdots,\boldsymbol{a}_m$について

1次従属　⇔　どれか１つが残りのベクトルの１次結合となる。

1次独立　⇔　どの１つも残りのベクトルの１次結合とならない。

この場合、「独立」「従属」の意味がしっくりくることがわかります。

〔例〕 R^3の次の３次元数ベクトルの組は１次独立か調べてみましょう。

(1)　$\boldsymbol{a}=(1,0,0)$

(2)　$\boldsymbol{a}=(1,0,0)$, $\boldsymbol{b}=(0,1,0)$

(3)　$\boldsymbol{a}=(1,0,0)$, $\boldsymbol{b}=(0,1,0)$, $\boldsymbol{c}=(0,0,1)$

(4)　$\boldsymbol{a}=(1,0,0)$, $\boldsymbol{b}=(0,1,0)$, $\boldsymbol{c}=(2,3,0)$

(5)　$\boldsymbol{a}=(1,0,0)$, $\boldsymbol{b}=(0,1,0)$, $\boldsymbol{c}=(0,0,1),\boldsymbol{d}=(1,1,0)$

（解）　(1)　$\lambda \boldsymbol{a} = \lambda(1,0,0) = (\lambda,0,0) = (0,0,0)$ を満たす λ は 0 に限るので 1 次独立。

(2)　$\lambda_1 \boldsymbol{a} + \lambda_2 \boldsymbol{b} = \lambda_1(1,0,0) + \lambda_2(0,1,0) = (\lambda_1,\lambda_2,0) = (0,0,0)$ を満たす λ_1, λ_2 は $\lambda_1 = \lambda_2 = 0$ に限るので 1 次独立。

(3)　$\lambda_1 \boldsymbol{a} + \lambda_2 \boldsymbol{b} + \lambda_3 \boldsymbol{c} = \lambda_1(1,0,0) + \lambda_2(0,1,0) + \lambda_3(0,0,1) = (\lambda_1,\lambda_2,\lambda_3) = (0,0,0)$ を満たす $\lambda_1, \lambda_2, \lambda_3$ は $\lambda_1 = \lambda_2 = \lambda_3 = 0$ に限るので 1 次独立。

(4)
$$\begin{aligned}\lambda_1 \boldsymbol{a} + \lambda_2 \boldsymbol{b} + \lambda_3 \boldsymbol{c} &= \lambda_1(1,0,0) + \lambda_2(0,1,0) + \lambda_3(2,3,0)\\ &= (\lambda_1 + 2\lambda_3, \lambda_2 + 3\lambda_3, 0) = (0,0,0)\end{aligned}$$
を満たす $\lambda_1, \lambda_2, \lambda_3$ は $\lambda_1 = \lambda_2 = \lambda_3 = 0$ 以外にも例えば $\lambda_1 = 2, \lambda_2 = 3, \lambda_3 = -1$ があるので 1 次従属。

(5)
$$\begin{aligned}\lambda_1 \boldsymbol{a} + \lambda_2 \boldsymbol{b} + \lambda_3 \boldsymbol{c} + \lambda_4 \boldsymbol{d} &= \lambda_1(1,0,0) + \lambda_2(0,1,0) + \lambda_3(0,0,1) + \lambda_4(1,1,0)\\ &= (\lambda_1 + \lambda_4, \lambda_2 + \lambda_4, \lambda_3) = (0,0,0)\end{aligned}$$
を満たす $\lambda_1, \lambda_2, \lambda_3, \lambda_4$ は例えば $\lambda_1 = 1, \lambda_2 = 1, \lambda_3 = 0, \lambda_4 = -1$ があるので 1 次従属。

<MEMO>　1次独立、1次従属に関するベクトルの性質

以下に、1 次独立、1 次従属に関する有名な性質を紹介しましょう。

(1)　$\boldsymbol{a}_1, \boldsymbol{a}_2, \cdots, \boldsymbol{a}_m$ が 1 次独立ならば、そのうちのいくつかのベクトルの組も 1 次独立である。

(2)　$\boldsymbol{a}_1, \boldsymbol{a}_2, \cdots, \boldsymbol{a}_m$ が 1 次従属ならば、これを含むベクトルの組 $\boldsymbol{a}_1, \boldsymbol{a}_2, \cdots, \boldsymbol{a}_m, \boldsymbol{a}_{\mathbf{m+1}}, \cdots$ も 1 次従属である。

(3)　$\boldsymbol{a}_1, \boldsymbol{a}_2, \cdots, \boldsymbol{a}_m$ の中に 1 つでも零ベクトルがあれば、これらは 1 次従属である。

(4)　m 個のベクトル $\boldsymbol{a}_1, \boldsymbol{a}_2, \cdots, \boldsymbol{a}_m$ の 1 次結合を $(m+1)$ 個とれば、それらは 1 次従属である。

2-5 ベクトル空間の基底と次元

ベクトル空間 V に1次独立な m 個のベクトル $\boldsymbol{a}_1, \boldsymbol{a}_2, \cdots, \boldsymbol{a}_m$ が存在して V の任意のベクトル $\boldsymbol{v}$ が $\boldsymbol{v} = \lambda_1\boldsymbol{a}_1 + \lambda_2\boldsymbol{a}_2 + \cdots + \lambda_m\boldsymbol{a}_m$（$\lambda_1, \lambda_2, \cdots, \lambda_m$ はスカラー）と表わせるとき、$\boldsymbol{a}_1, \boldsymbol{a}_2, \cdots, \boldsymbol{a}_m$ をベクトル空間 V の**基底**または**基**という。また、m をベクトル空間 V の**次元**（*dimension*）という。

（注）　ベクトル空間 V は n 次元数ベクトル空間とは限りません。

レッスン

世の中には 110 種類以上の原子が存在し、すべての物質はそれらの原子でつくられています。また、光の世界では、いろいろな色が赤、緑、青の3つの光で合成されます。

すべての物質は原子 H、C、O、N、K……で構成される。

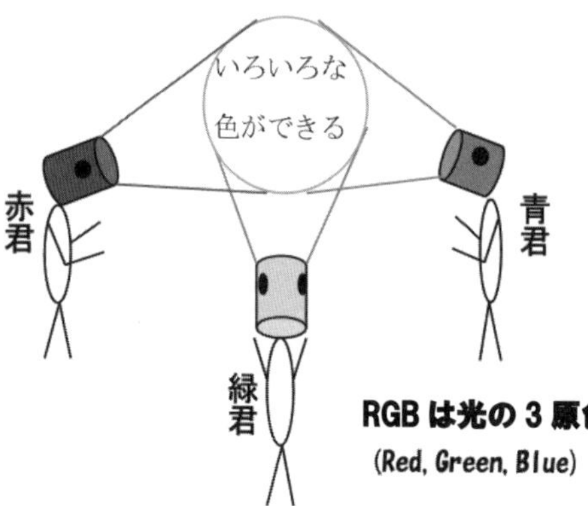

RGB は光の 3 原色
(Red, Green, Blue)

例えば、水は水素原子 2 個と酸素原子 1 個、つまり、H_2O ですね。
また、黄色は赤と緑の光を混ぜあわせたものです。
……そういえば、数にも似たような性質がありました。

すべての正の整数 m は素数
$p_1, p_2, \cdots, p_i, \cdots, p_l, \cdots$
の積で表わせる。

ベクトル空間 V でも、これと同じような性質があります。それが基底という考え方です。つまり、ベクトル空間 V には1次独立なベクトル $\boldsymbol{a}_1, \boldsymbol{a}_2, \cdots, \boldsymbol{a}_m$ が存在して、V の任意のベクトル $\boldsymbol{v}$ はこれらの1次結合で書けるのです。

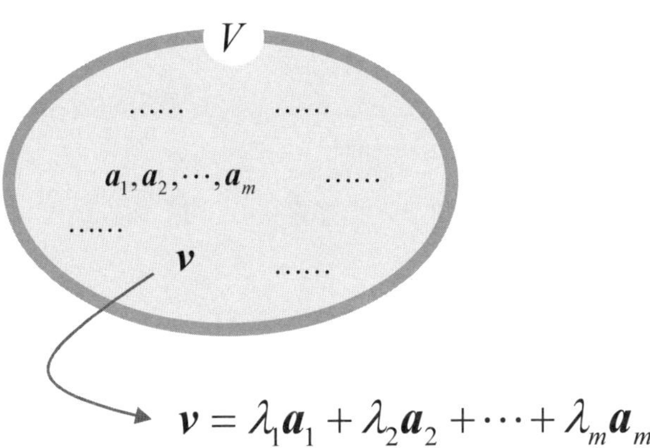

この $\boldsymbol{a}_1, \boldsymbol{a}_2, \cdots, \boldsymbol{a}_m$ がベクトル空間 V の基底で、m がベクトル空間 V の次元ということですね。

〔解説〕 基底の考えは n 次元数ベクトル空間に限ったことではありません。任意のベクトル空間での考えです。例えば、第1章で扱った矢線ベクトルの世界でも、当然、基底が考えられます。

〔例1〕 平面上に1次独立な2つのベクトル $\vec{a}$、$\vec{b}$ があるとき、この平面の任意のベクトル $\vec{r}$ は $\vec{a}$、$\vec{b}$ の1次結合 $\vec{r}=s\vec{a}+t\vec{b}$ としてただ1通りに書くことができます。したがって、2つのベクトル $\vec{a}$、$\vec{b}$ はこの平面におけるベクトルの**基底**または**基**（*base*）となります。

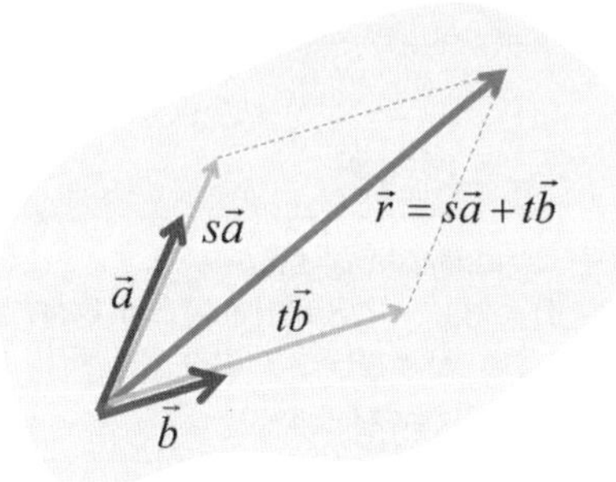

平面のベクトルでは、1次独立な2つのベクトル $\vec{a}$、$\vec{b}$ は基底になる。

〔例2〕 空間における1次独立な 3 つのベクトル $\vec{a}$、$\vec{b}$、$\vec{c}$ があるとき、空間の任意のベクトル $\vec{r}$ は $\vec{a}$、$\vec{b}$、$\vec{c}$ の1次結合 $\vec{r}=s\vec{a}+t\vec{b}+u\vec{c}$ としてただ1通りに書くことができます。したがって、3 つのベクトル $\vec{a}$、$\vec{b}$、$\vec{c}$ はこの空間におけるベクトルの**基底**または**基**（*base*）です。

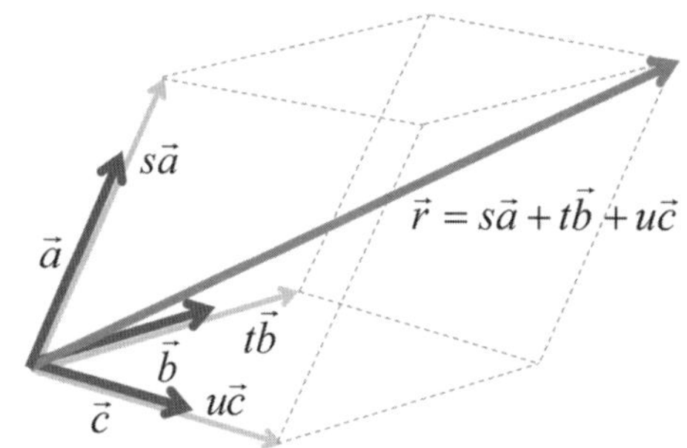

空間のベクトルでは、1次独立な3つのベクトル $\vec{a},\vec{b},\vec{c}$ は基底になる。

〔例3〕 2次以下の関数全体の集合

$$V=\{f(x)|f(x)=a_2x^2+a_1x+a_0\}$$

においてVの要素である2つの関数

$f(x)=a_2x^2+a_1x+a_0$、$g(x)=b_2x^2+b_1x+b_0$

に対し、$f(x)+g(x)=(a_2+b_2)x^2+(a_1+b_1)x+(a_0+b_0)$

$kf(x)=ka_2x^2+ka_1x+ka_0$

と定義すると、集合 V はベクトル空間をなし、$f(x)=a_2x^2+a_1x+a_0$ はベクトルとなります。……§2-3より

このとき、例えば、ベクトル $\boldsymbol{f_0}=\mathbf{1}$, $\boldsymbol{f_1}=\boldsymbol{x}$, $\boldsymbol{f_2}=\boldsymbol{x^2}$ は V の1組の基底となります。なぜならば、

$a_2x^2+a_1x+a_0=a_2\boldsymbol{f_2}+a_1\boldsymbol{f_1}+a_0\boldsymbol{f_0}$ と書けるからです。

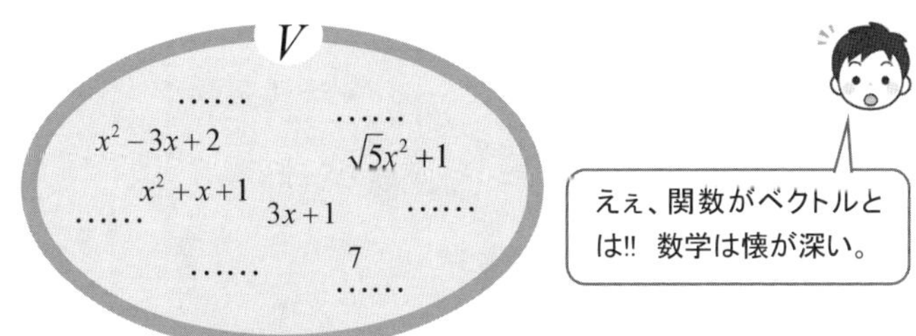
V
x^2-3x+2
$\sqrt{5}x^2+1$
x^2+x+1
$3x+1$
7
えぇ、関数がベクトルとは!! 数学は懐が深い。

（注） 関数は三角関数 sin, cos の無限の和と考えるフーリエ級数の世界では関数全体がベクトル空間をなし、三角関数はその基底となります。

〔例 4〕 複素数全体の集合 $V=\{a+bi|\ a,b\in R\}$ はベクトル空間をなし、個々の複素数 $a+bi$ はベクトルとなります。……§2-3より

このとき、例えば、2つの複素数

$\boldsymbol{c_1}=1$, $\boldsymbol{c_2}=i$ は V の一組の基底となります。なぜならば、$a+bi=a\boldsymbol{c}_1+b\boldsymbol{c}_2$ と書けるからです。

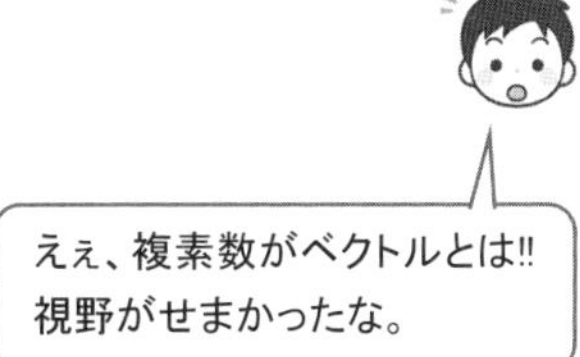
えぇ、複素数がベクトルとは!!
視野がせまかったな。

第2章 n次元数ベクトル

2-6 ベクトル空間の部分空間

ベクトル空間 V の部分集合を W とする。この W が次の２つの条件を満たすとき W はベクトル空間 V の**部分空間**であるという。

(1)　$\boldsymbol{a} \in W$, $\boldsymbol{b} \in W$　ならば　$\boldsymbol{a}+\boldsymbol{b} \in W$

(2)　$\mathbf{a} \in W$　ならば　$\lambda \boldsymbol{a} \in W$　　（λはスカラー、ここでは、実数）

（注）ベクトル空間 V は n 次元数ベクトル空間とは限りません。

レッスン

部分空間というと、もとのベクトル空間の部分集合を想定しますが、その集合は和とスカラー倍に関して閉じている必要があります。

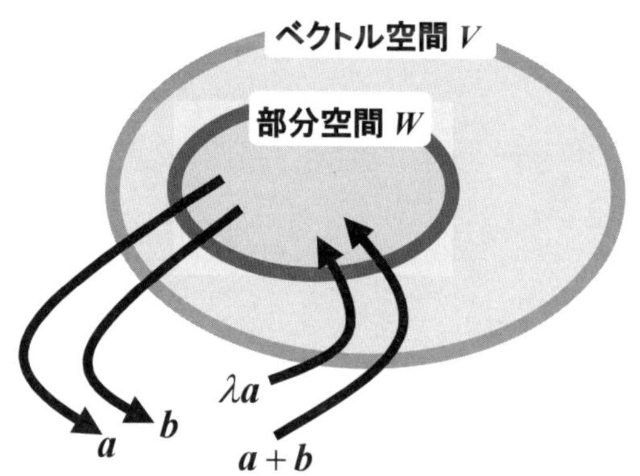

〔解説〕　ベクトル空間 V は集合ですから、この部分集合 W が存在します。しかし W は単なる部分集合ではありません。W の任意の要素を $\boldsymbol{a}, \boldsymbol{b}$ とするとき、それらの和と $\boldsymbol{a}$ のスカラー（数）倍がまた、W の要素になっている必要があります。

この部分空間の定義によると、もとの V 自身も V の部分空間であり、また、零ベクトルだけからなる集合 $\{\mathbf{0}\}$ も V の部分空間となります。

● $\boldsymbol{a}_1,\boldsymbol{a}_2,\cdots,\boldsymbol{a}_m$ から生成された部分空間

ベクトル空間 V のベクトル $\boldsymbol{a}_1,\boldsymbol{a}_2,\cdots,\boldsymbol{a}_m$ の１次結合全体の集合を W とすれば、W は V の部分空間になります。この W を $\boldsymbol{a}_1,\boldsymbol{a}_2,\cdots,\boldsymbol{a}_m$ から生成された部分空間（または、$\boldsymbol{a}_1,\boldsymbol{a}_2,\cdots,\boldsymbol{a}_m$ で張られた部分空間）といい、

$W=\{\boldsymbol{a}_1,\boldsymbol{a}_2,\cdots,\boldsymbol{a}_m\}$ 　と書きます。

● 部分空間の基底と次元

ベクトル空間 V のベクトル $\boldsymbol{a}_1,\boldsymbol{a}_2,\cdots,\boldsymbol{a}_m$ から生成される部分空間を W とします。つまり、$W=\{\boldsymbol{a}_1,\boldsymbol{a}_2,\cdots,\boldsymbol{a}_m\}$ とします。W の中の r 個のベクトル $\boldsymbol{a}_p,\boldsymbol{a}_q,\cdots,\boldsymbol{a}_s$ が１次独立で W のどのベクトルもこれらのベクトルの１次結合で表わされるとき、$\boldsymbol{a}_p,\boldsymbol{a}_q,\cdots,\boldsymbol{a}_s$ を部分空間 W の**基底**といいます。また、r を部分空間 W の**次元**といいます。　（注） $r \leqq m$

〔例〕　3 次元数ベクトル空間 R^3 のベクトル $\boldsymbol{a}_1=(2,0,0),\boldsymbol{a}_2-(0,3,0)$ の１次結合全体の集合 $W=\{\boldsymbol{v}\,|\,\boldsymbol{v}=s\boldsymbol{a}_1+t\boldsymbol{a}_2\ ,s\in R\ ,t\in R\}$ は R^3 の部分空間なので $W=\{\boldsymbol{a}_1,\boldsymbol{a}_2\}$ と書けます。また、$\boldsymbol{a}_1,\boldsymbol{a}_2$ は１次独立なので W の次元は 2 となります。

<MEMO>　閉じている

集合 S と、その中での演算*(+、−など)があって、S の任意の要素 a、b に対して $a*b$ がまた集合 S の要素であるとき、この集合 S は演算*について**閉じている**といいます。

(例)　正の数の集合 S は演算＋に関して閉じています。

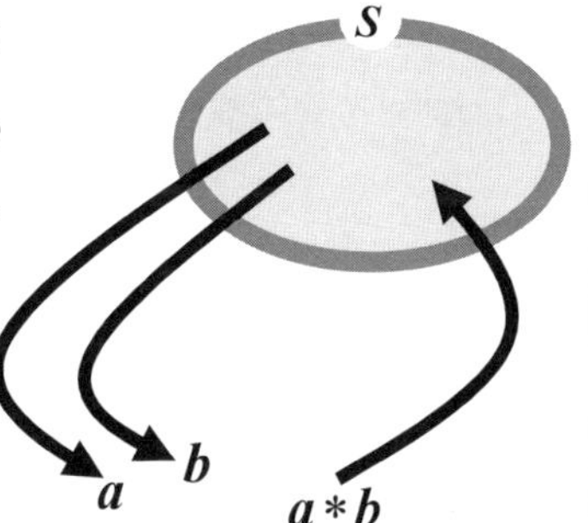

2-7 基底に関するベクトルの成分

ベクトル空間 V の基底を $\boldsymbol{a}_1, \boldsymbol{a}_2, \cdots, \boldsymbol{a}_n$ とすると V の任意のベクトル $\boldsymbol{v}$ は

$$\boldsymbol{v} = x_1\boldsymbol{a}_1 + x_2\boldsymbol{a}_2 + \cdots + x_n\boldsymbol{a}_n$$

と書ける。このとき、係数 $x_1, x_2, \cdots, x_n$ をベクトル $\boldsymbol{v}$ の基底 $\boldsymbol{a}_1, \boldsymbol{a}_2, \cdots, \boldsymbol{a}_n$ に関する**成分**という。

（注） ベクトル空間 V は n 次元数ベクトル空間とは限りません。

レッスン

ベクトル空間 V において基底は一通りではありません。そして基底が異なれば、ベクトル空間 V のベクトル $\boldsymbol{v}$ の基底に関する成分も異なります。

〔解説〕 ベクトル空間 V において、その基底 $\boldsymbol{a}_1, \boldsymbol{a}_2, \cdots, \boldsymbol{a}_n$ に着目すれば、V の任意のベクトル $\boldsymbol{v}$ は基底ベクトルの１次結合、つまり、$\boldsymbol{v} = x_1\boldsymbol{a}_1 + x_2\boldsymbol{a}_2 + \cdots + x_n\boldsymbol{a}_n$ と一意的に表わされます。このとき、係数 $x_1, x_2, \cdots, x_n$ を $\boldsymbol{v}$ の基底 $\boldsymbol{a}_1, \boldsymbol{a}_2, \cdots, \boldsymbol{a}_n$ に関する成分といいます。ベクトル

空間 V において基底は1通りではありません。いろいろ考えられます。したがって、基底が異なれば、ベクトル $\boldsymbol{v}$ の成分も異なります。このことを紹介したのがレッスンに掲載した図です。次の例題でこのことを実感しましょう。

〔例〕 3次元数ベクトル空間 $R^3=\{(x_1,x_2,x_3)|x_1,x_2,x_3\in R\}$ において次のベクトル(1)、(2)はそれぞれこの空間の基底です。

(1)　$\boldsymbol{a}_1=(1,0,0)$, $\boldsymbol{a}_2=(0,1,0)$, $\boldsymbol{a}_3=(0,0,1)$

(2)　$\boldsymbol{a}_1=(0,0,1)$, $\boldsymbol{a}_2=(1,1,0)$, $\boldsymbol{a}_3=(0,1,1)$

そこで、この空間 R^3 のベクトル、例えば $\boldsymbol{v}=(1,2,3)$ に着目し、$\boldsymbol{v}$ の(1)、(2)の基底に関する成分を求めてみましょう。

(1)の場合

$$\begin{aligned}\boldsymbol{v}&=(1,2,3)=(1,0,0)+(0,2,0)+(0,0,3)\\&=(1,0,0)+2(0,1,0)+3(0,0,1)=\boldsymbol{a}_1+2\boldsymbol{a}_2+3\boldsymbol{a}_3\end{aligned}$$

よって　(1)の基底 $\boldsymbol{a}_1,\boldsymbol{a}_2,\boldsymbol{a}_3$ に関する成分は順に $1,2,3$ となり $\boldsymbol{v}$ の成分 $1,2,3$ と変わりません。

(注)　このように $\boldsymbol{v}$ の成分が基底に関する成分と変わらないとき、基底を構成するベクトルを**基本ベクトル**と呼びます（§2-8）。

(2)の場合

$$\begin{aligned}\boldsymbol{v}=(1,2,3)&=x_1a_1+x_2a_2+x_3a_3=x_1(0,0,1)+x_2(1,1,0)+x_3(0,1,1)\\&=(0,0,x_1)+(x_2,x_2,0)+(0,x_3,x_3)=(x_2,x_2+x_3,x_1+x_3)\end{aligned}$$

よって　$x_2=1$, $x_2+x_3=2$, $x_1+x_3=3$

これを解くと　$x_1=2$, $x_2=1$, $x_3=1$

ゆえに、$\boldsymbol{v}=(1,2,3)=2\boldsymbol{a}_1+\boldsymbol{a}_2+\boldsymbol{a}_3$

よって (2)の基底 $\boldsymbol{a}_1,\boldsymbol{a}_2,\boldsymbol{a}_3$ に関する成分は順に $2,1,1$ となります。

第2章 n次元数ベクトル

2-8 n 次元数ベクトル空間 R^n の基底

n 次元数ベクトル空間 R^n には 1 次独立な n 個のベクトル $\boldsymbol{a}_1, \boldsymbol{a}_2, \cdots, \boldsymbol{a}_n$ が存在して R^n の**基底**（*base*）となる。したがって、ベクトル空間 R^n の次元は n となる。

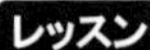

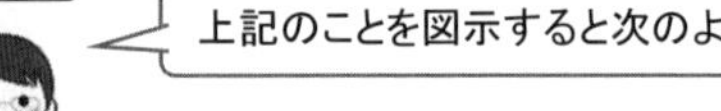

上記のことを図示すると次のようになります。

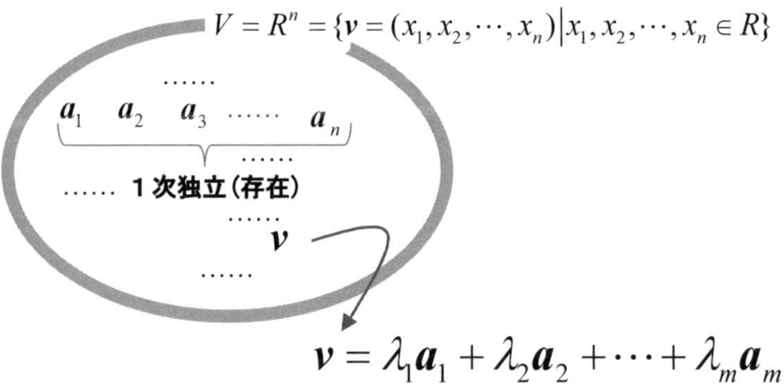

$V = R^n = \{\boldsymbol{v} = (x_1, x_2, \cdots, x_n) | x_1, x_2, \cdots, x_n \in R\}$
$\boldsymbol{a}_1$ $\boldsymbol{a}_2$ $\boldsymbol{a}_3$ …… $\boldsymbol{a}_n$
1 次独立（存在）
$\boldsymbol{v}$
$\boldsymbol{v} = \lambda_1 \boldsymbol{a}_1 + \lambda_2 \boldsymbol{a}_2 + \cdots + \lambda_m \boldsymbol{a}_m$

〔解説〕 n 次元数ベクトル空間 R^n はベクトル空間ですから、当然、基底が存在し任意のベクトルはその 1 次結合で表わされます。このことを実感するには R^n における右の n 個のベクトル $\mathbf{e}_1, \mathbf{e}_2, \mathbf{e}_3, \cdots, \mathbf{e}_n$ を想定するとよいでしょう。

$$
\begin{aligned}
\boldsymbol{e}_1 &= (1, 0, 0, \cdots, 0) \\
\boldsymbol{e}_2 &= (0, 1, 0, \cdots, 0) \\
\boldsymbol{e}_3 &= (0, 0, 1, \cdots, 0) \\
&\cdots\cdots\cdots\cdots \\
\boldsymbol{e}_n &= (0, 0, 0, \cdots, 1)
\end{aligned}
$$

このn個のベクトルは1次独立です。なぜならば、

$\lambda_1 \boldsymbol{e}_1 + \lambda_2 \boldsymbol{e}_2 + \cdots + \lambda_n \boldsymbol{e}_n = \mathbf{0}$　とすると、

$$\lambda_1(1,0,0,\cdots,0)+\lambda_2(0,1,0,\cdots,0)+\lambda_3(0,0,1,\cdots,0)+\cdots+\lambda_n(0,0,0,\cdots,1)$$
$$=(\lambda_1,\lambda_2,\lambda_3,\cdots,\lambda_n)=(0,0,0,\cdots,0)$$

となり、$\lambda_1=\lambda_2=\lambda_3=\cdots=\lambda_n=0$となるからです。

さらに、R^nの任意のベクトルを　$\boldsymbol{v}=(x_1,x_2,\cdots,x_n)$　とすれば、

$$\boldsymbol{v}=(x_1,x_2,\cdots,x_n)=(x_1,0,0,\cdots,0)+(0,x_2,0,\cdots,0)+(0,0,x_3,\cdots,0)+\cdots+(0,0,0,\cdots,x_n)$$
$$=x_1(1,0,0,\cdots,0)+x_2(0,1,0,\cdots,0)+x_3(0,0,1,\cdots,0)+\cdots+x_n(0,0,0,\cdots,1)$$
$$=x_1\boldsymbol{e}_1+x_2\boldsymbol{e}_2+x_3\boldsymbol{e}_3+\cdots+x_n\mathbf{e}_n$$

となり、$\boldsymbol{v}$　は$\boldsymbol{e}_1,\boldsymbol{e}_2,\boldsymbol{e}_3,\cdots,\boldsymbol{e}_n$の1次結合で表わされます。よってn個のベクトル$\boldsymbol{e}_1,\boldsymbol{e}_2,\cdots,\boldsymbol{e}_n$**は**n次元数ベクトル空間$R^n$の基底であることがわかります。

なお、n次元数ベクトル空間R^nの基底は無数にありますが、ここで紹介した基底$\boldsymbol{e}_1,\boldsymbol{e}_2,\cdots,\boldsymbol{e}_n$は$\boldsymbol{v}=(x_1,x_2,\cdots,x_n)$の成分と基底に関する成分が一致するという性質をもっています。そのためベクトル$\boldsymbol{e}_1,\boldsymbol{e}_2,\cdots,\boldsymbol{e}_n$はn次元数ベクトル空間$R^n$の**基本ベクトル**と呼ばれています。また、基底をなすベクトル$\boldsymbol{e}_1,\boldsymbol{e}_2,\cdots,\boldsymbol{e}_n$の個数**はnなので、n次元数ベクトル空間の次元はn**となります（§2-3）。n次元数ベクトル空間と、最初から「n次元」という語句が冠せられていましたが、ベクトル空間の次元の定義（§2-5）からも、まさに、適切な命名だったといえます。

$$\boldsymbol{e}_1=(1,0,0,\cdots,0)$$
$$\boldsymbol{e}_2=(0,1,0,\cdots,0)$$
$$\boldsymbol{e}_3=(0,0,1,\cdots,0)$$
$$\cdots\cdots\cdots\cdots\cdots$$
$$\boldsymbol{e}_n=(0,0,0,\cdots,1)$$

基本ベクトルと呼ばれ、n次元数ベクトル空間では大事な役を演じます。

〔例〕 $\boldsymbol{a}_1=(1,1,1), \boldsymbol{a}_2=(1,2,3), \boldsymbol{a}_3=(1,3,6)$ は、3 次元数ベクトル空間 R^3 の基底となることを示しましょう。

（解） まずは、$\boldsymbol{a}_1=(1,1,1), \boldsymbol{a}_2=(1,2,3), \boldsymbol{a}_3=(1,3,6)$ が 1 次独立であることを調べましょう。

$$x\boldsymbol{a}_1+y\boldsymbol{a}_2+z\boldsymbol{a}_3=\boldsymbol{0} \qquad (x、y、z \text{ は実数})$$

とすると、$x(1,1,1)+y(1,2,3)+z(1,3,6)=(0,0,0)$ より

$$x+y+z=0 \ , \ x+2y+3z=0 \ , \ x+3y+6z=0$$

これより、$x=y=z=0$ を得ます。よって、$\boldsymbol{a}_1, \boldsymbol{a}_2, \boldsymbol{a}_3$ は 1 次独立です。

次に、R^3 の任意のベクトルを $\boldsymbol{v}=(x,y,z)$ とし、

$$\boldsymbol{v}=p\boldsymbol{a}_1+q\boldsymbol{a}_2+r\boldsymbol{a}_3$$

を満たす p、q、r の存在を調べましょう。

$$(x,y,z)=p(1,1,1)+q(1,2,3)+r(1,3,6)=(p+q+r, p+2q+3r, p+3q+6r)$$

より、$\begin{cases} p+q+r=x \\ p+2q+3r=y \\ p+3q+6r=z \end{cases}$ となります。

これを p、q、r について解くと $\begin{cases} p=3x-3y+z \\ q=-3x+5y-2z \\ r=x-2y+z \end{cases}$ を得ます。

この p、q、r は x, y, z に対して 1 通りに決まります。

よって、$\boldsymbol{a}_1=(1,1,1), \boldsymbol{a}_2=(1,2,3), \boldsymbol{a}_3=(1,3,6)$ は R^3 の基底となります。

（注 1） 第 1 章の矢線ベクトルでは、平面の場合 xy 直交座標が、空間の場合 xyz 直交座標が設定されていることを前提にしましたが、n 次元数ベクトル空間では、座標は設定されていません。単なる n 個の数を成分とするベクトルにすぎないのです。

（注 2） 第 3 章で行列を、第 4 章で行列式を学ぶと、ベクトルの組が基底となるかどうかを簡単に判定できるようになります。

● n 次元数ベクトル空間 R^n の基底に関する性質

n 次元数ベクトル空間 R^n の基底についてよく使われる性質をまとめておきましょう。

(1)　R^n の基底をなすベクトルの個数は n に限る。

(2)　R^n の n 個の１次独立なベクトルは基底となる。

(3)　$\boldsymbol{a}_1, \boldsymbol{a}_2, \cdots, \boldsymbol{a}_n$ が R^n の基底ならば、R^n の任意のベクトルをこの基底の１次結合として表わす方法は１通りである。

ここでは、(3)について、その理由を調べてみましょう。

「１通りである」ことを示すには、「２通りあればそれらは一致」という論法を使います。

R^n の任意のベクトル $\boldsymbol{v}$ が $\boldsymbol{a}_1, \boldsymbol{a}_2, \cdots, \boldsymbol{a}_n$ を用いて、２通りに

$\boldsymbol{v} = \lambda_1\boldsymbol{a}_1 + \lambda_2\boldsymbol{a}_2 + \cdots + \lambda_n\boldsymbol{a}_n \cdots$①　、　$\boldsymbol{v} = \mu_1\boldsymbol{a}_1 + \mu_2\boldsymbol{a}_2 + \cdots + \mu_n\boldsymbol{a}_n \cdots$②

と表わされたとします。すると、

$$\boldsymbol{v} = \lambda_1\boldsymbol{a}_1 + \lambda_2\boldsymbol{a}_2 + \cdots + \lambda_n\boldsymbol{a}_n = \mu_1\boldsymbol{a}_1 + \mu_2\boldsymbol{a}_2 + \cdots + \mu_n\boldsymbol{a}_n$$

より、$(\lambda_1 - \mu_1)\boldsymbol{a}_1 + (\lambda_2 - \mu_2)\boldsymbol{a}_2 + \cdots + (\lambda_n - \mu_n)\boldsymbol{a}_n = \boldsymbol{0}$　となります。

$\boldsymbol{a}_1, \boldsymbol{a}_2, \cdots, \boldsymbol{a}_n$ は基底で１次独立なので、

$$(\lambda_1 - \mu_1) = (\lambda_2 - \mu_2) = \cdots = (\lambda_n - \mu_n) = 0$$

よって、$\lambda_1 = \mu_1$, $\lambda_2 = \mu_2$, $\cdots$, $\lambda_n = \mu_n$ となり、①と②は一致します。

ぼくは世界でたった１人しかいないということを説明するには、もし、２人いたとすれば、一致してしまうことをいえばいいわけですね。

第2章　n次元数ベクトル

2-9 n 次元数ベクトルの内積

n 次元数ベクトル空間 R^n の２つのベクトル $\boldsymbol{a}=(a_1,a_2,\cdots,a_i,\cdots,a_n)$、$\boldsymbol{b}=(b_1,b_2,\cdots,b_i,\cdots,b_n)$ について $a_1b_1+a_2b_2+\cdots+a_ib_i+\cdots+a_nb_n$ を $\boldsymbol{a}$ と $\boldsymbol{b}$ の**内積**といい、$\boldsymbol{a}\cdot\boldsymbol{b}$ または $(\boldsymbol{a},\boldsymbol{b})$ で表わす。つまり、

$$\boldsymbol{a}\cdot\boldsymbol{b}=a_1b_1+a_2b_2+\cdots+a_ib_i+\cdots+a_nb_n$$

レッスン

矢線ベクトル（第 1 章）を成分表示したときの内積は、対応する成分同士の積の和でした。

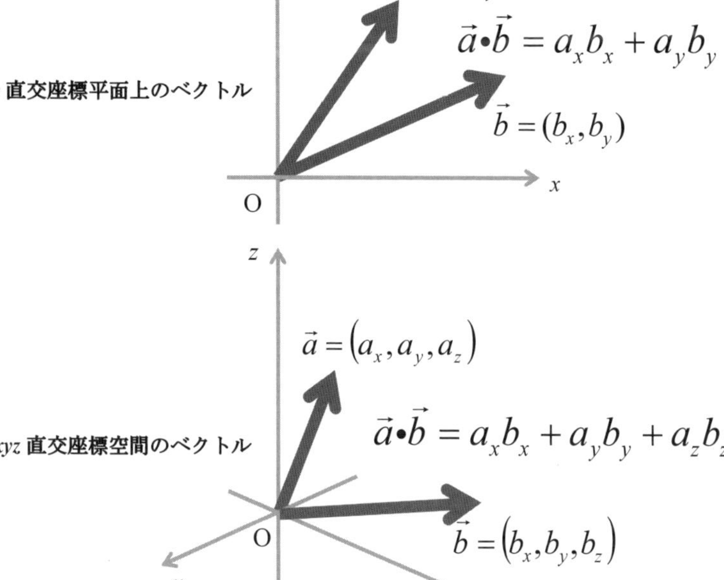

これらの内積をモデルにして、n 次元数ベクトル空間 R^n 内の2つのベクトル $\boldsymbol{a}$ と $\boldsymbol{b}$ の内積 $\boldsymbol{a}\cdot\boldsymbol{b}$ を次のように定義するのですね。

V

$\boldsymbol{a} = (a_1, a_2, \cdots, a_n)$

$\boldsymbol{b} = (b_1, b_2, \cdots, b_n)$

$$\boldsymbol{a} \bullet \boldsymbol{b} \underset{\text{定義}}{=} a_1 b_1 + a_2 b_2 + \cdots + a_i b_i + \cdots + a_n b_n$$

〔解説〕 平面や空間において、「大きさ」と「向き」をもった量として図形的に表現された矢線ベクトルに対し、その大きさとなす角 θ をもとに内積を次のように定義しました。

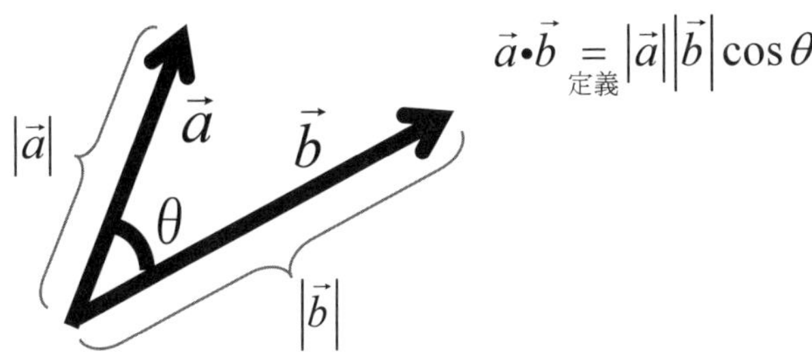

また、矢線ベクトルを座標の導入された世界で考えることによりベクトルの成分表示が可能になりました（§1-5）。すると、直交座標の設定された世界（前ページ）ではピタゴラスの定理が使えるので、三角形の余弦定理を内積の定義 $\vec{a} \bullet \vec{b} = |\vec{a}||\vec{b}|\cos\theta$ に適用することにより、内積が成

分で表現されることがわかりました（§1-6）。しかし、n 次元数ベクトル空間 R^n 内では、長さ（距離）や角の概念がありません。n 次元数ベクトルは単なる順序のついた数の組にすぎないからです。そのため、n 次元数ベクトルに対しては、長さや角を使って内積を定義することはできません。

そこで、冒頭のように、対応する成分同士の積の和として内積を定義することからスタートし、その後、この定義をもとに n 次元数ベクトルの「大きさ」や「なす角」を定義することになります。つまり、矢線ベクトル（第１章）と n 次元数ベクトルでは内積の定義の仕方が真逆なのです。

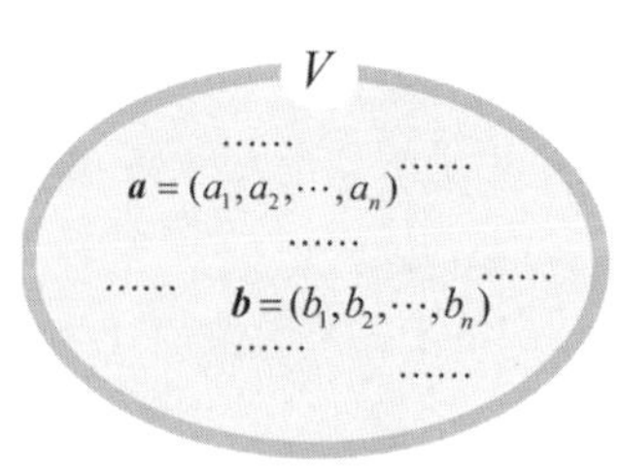

n 次元数ベクトル空間 R^n 内ではベクトルの大きさ（長さ）も2つのベクトルのなす角も定義されていません。本節で定義した内積を用いて次節で定義することになります。

〔例〕　n 次元数ベクトル空間 R^n 内の２つのベクトル $\boldsymbol{a}$，$\boldsymbol{b}$ の**内積**を求めてみましょう。

（1）$\boldsymbol{a}=(1,2,3,4)$、$\boldsymbol{b}=(4,3,2,1)$

（2）$\boldsymbol{a}=(1,1,-2,4,-1)$、$\boldsymbol{b}=(-1,6,1,5,-3)$

（3）$\boldsymbol{a}=(1,0,0,0,0,0)$、$\boldsymbol{b}=(0,1,0,0,0,0)$

（解）（1）$\boldsymbol{a}\cdot\boldsymbol{b}=1\cdot4+2\cdot3+3\cdot2+4\cdot1=20$

（2）$\boldsymbol{a}\cdot\boldsymbol{b}=1\cdot(-1)+1\cdot6+(-2)\cdot1+4\cdot5+(-1)\cdot(-3)=26$

（3）$\boldsymbol{a}\cdot\boldsymbol{b}=1\cdot0+0\cdot1+0\cdot0+0\cdot0+0\cdot0+0\cdot0=0$

<MEMO>　一般のベクトル空間における内積の定義

n 次元数ベクトル空間 R^n における内積の定義を紹介しましたが、ここでは、一般のベクトル空間 V における内積の定義を紹介しましょう。

V を K（$K=R$ または $K=C$）上のベクトル空間とします。V の任意のベクトル $\boldsymbol{a}$，$\boldsymbol{b}$ に対し $\boldsymbol{a}\bullet\boldsymbol{b}$ が定まり、次の 4 つの条件が満たされるとき $\boldsymbol{a}\bullet\boldsymbol{b}$ を $\boldsymbol{a}$，$\boldsymbol{b}$ の**内積**といいます。

$\boldsymbol{a},\boldsymbol{b},\boldsymbol{c}\in V$　、$h\in K$　に対して

(1)	$\boldsymbol{a}\bullet\boldsymbol{b}=\boldsymbol{b}\bullet\boldsymbol{a}$
(2)	$(\boldsymbol{a}+\boldsymbol{b})\bullet\boldsymbol{c}=\boldsymbol{a}\bullet\boldsymbol{c}+\boldsymbol{b}\bullet\boldsymbol{c}$
(3)	$(h\boldsymbol{a})\bullet\boldsymbol{b}=h(\boldsymbol{a}\bullet\boldsymbol{b})$
(4)	$\mathbf{a}\bullet\mathbf{a}\geqq 0$

R 上の n 次元数ベクトル空間 $\boldsymbol{R}^n$ の場合、$\boldsymbol{a}=(a_1,a_2,\cdots,a_i,\cdots,a_n)$、$\boldsymbol{b}=(b_1,b_2,\cdots,b_i,\cdots,b_n)$ に対し $\boldsymbol{a}\bullet\boldsymbol{b}$ を

$$\boldsymbol{a}\bullet\boldsymbol{b}=a_1b_1+a_2b_2+\cdots+a_ib_i+\cdots+a_nb_n \quad \cdots①$$

と定義しました。すると、これは上記(1)～(4)の性質を満たすので $\boldsymbol{a}\bullet\boldsymbol{b}$ は内積となります。

なお、参考までに n 次元数ベクトル空間 $\boldsymbol{C}^n$ の場合、つまり、$\boldsymbol{a}=(a_1,a_2,\cdots,a_i,\cdots,a_n)$、$\boldsymbol{b}=(b_1,b_2,\cdots,b_i,\cdots,b_n)$ において、各成分が複素数である場合には、内積 $\boldsymbol{a}\bullet\boldsymbol{b}$ を次のように定義します。

$$\boldsymbol{a}\bullet\boldsymbol{b}=a_1\overline{b_1}+a_2\overline{b_2}+\cdots+a_i\overline{b_i}+\cdots+a_n\overline{b_n} \quad \cdots②$$

ここで、$\overline{b_i}$ は b_i（$i=1,2,\cdots,i,\cdots n$）の共役複素数を表わします。このとき、②で定義された $\boldsymbol{a}\bullet\boldsymbol{b}$ は上記(1)～(4)の性質を満たします。

(注)　n 次元数ベクトル空間 $\boldsymbol{C}^n$ の場合に、①で内積を定義しようとすると(4)が成立しません。

2-10 n 次元数ベクトルのノルムとなす角

内積の定義された n 次元数ベクトル空間 R^n において、ベクトルの**ノルム**（**大きさ**）と**なす角**を次のように定義する。

(1) $\boldsymbol{a}=(a_1,a_2,\cdots,a_i,\cdots,a_n)$ のとき、$\sqrt{\boldsymbol{a}\cdot\boldsymbol{a}}$ を $\boldsymbol{a}$ の**ノルム**（**大きさ**）といい、$\|\boldsymbol{a}\|$（または、$|\boldsymbol{a}|$）で表わす。すなわち、

$$\|\boldsymbol{a}\|=\sqrt{\boldsymbol{a}\cdot\boldsymbol{a}}=\sqrt{{a_1}^2+{a_2}^2+\cdots+{a_i}^2+\cdots {a_n}^2}$$

(2) $\boldsymbol{a}=(a_1,a_2,\cdots,a_i,\cdots,a_n)\neq\boldsymbol{0}$、$\boldsymbol{b}=(b_1,b_2,\cdots,b_i,\cdots,b_n)\neq\boldsymbol{0}$ のとき、次の式を満たす θ を **$\boldsymbol{a}$，$\boldsymbol{b}$ のなす角**という。

$$\cos\theta=\frac{\boldsymbol{a}\cdot\boldsymbol{b}}{\|\boldsymbol{a}\|\|\boldsymbol{b}\|}=\frac{a_1b_1+a_2b_2+\cdots+a_ib_i+\cdots+a_nb_n}{\sqrt{{a_1}^2+{a_2}^2+\cdots+{a_i}^2+\cdots+{a_n}^2}\sqrt{{b_1}^2+{b_2}^2+\cdots+{b_i}^2+\cdots+{b_n}^2}}$$

ただし、$0\leqq\theta\leqq\pi$ とする。

レッスン

n 次元数ベクトル空間 R^n におけるベクトルは順序のついた実数の組にすぎません。だから、このベクトルには大きさ（長さ）とか、なす角という概念がありません。

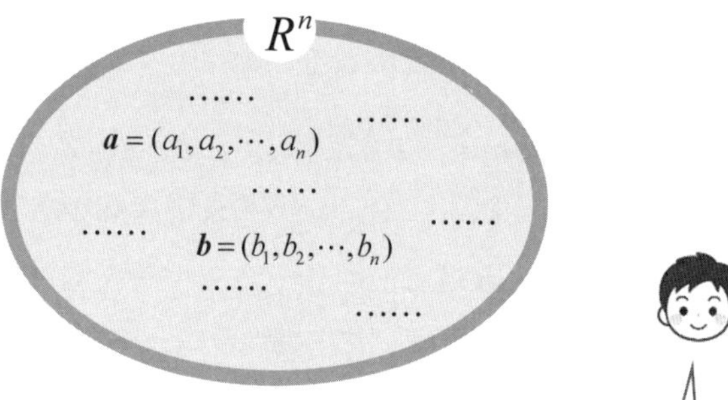

$\boldsymbol{a}=(a_1,a_2,\cdots,a_n)$ は順序のついた単なる実数の組にすぎないですからね。

n 次元数ベクトル空間 R^n のベクトルにおいてベクトルの大きさ(長さ)となす角 θ を考えるには前節で定義した内積 $\boldsymbol{a}\bullet\boldsymbol{b}$(下記再掲)を用います。

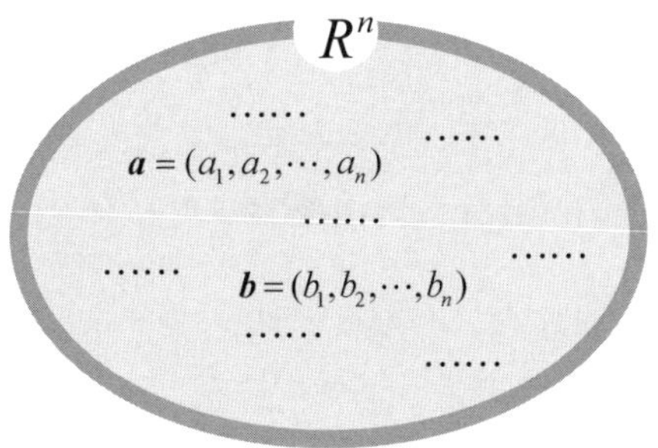

n 次元数ベクトル　$\boldsymbol{a}=(a_1,a_2,\cdots,a_i,\cdots,a_n)$

n 次元数ベクトル　$\boldsymbol{b}=(b_1,b_2,\cdots,b_i,\cdots,b_n)$

内積　$\boldsymbol{a}\bullet\boldsymbol{b} \underset{\text{定義}}{=} a_1b_1+a_2b_2+\cdots+a_ib_i+\cdots+a_nb_n$

内積 $\boldsymbol{a}\bullet\boldsymbol{b}=a_1b_1+a_2b_2+\cdots+a_ib_i+\cdots+a_nb_n$ を用いて、ベクトルの大きさとなす角 θ を次のように定義(*definition*)するのですね。

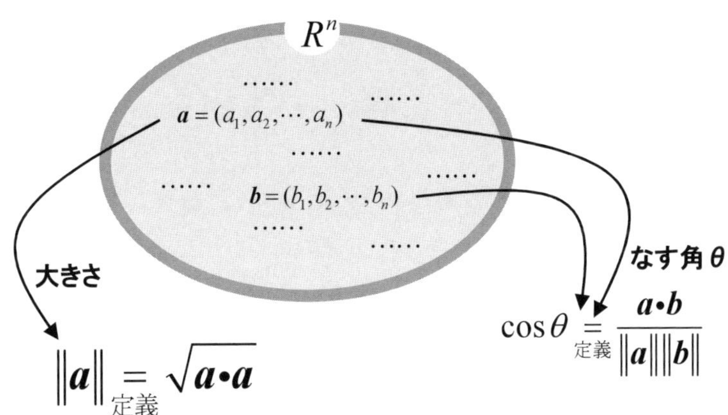

〔解説〕 n 次元数ベクトル空間 R^n（§2-3）には、ベクトルの大きさ（長さ）や、２つのベクトルのなす角という考えはありません。しかし、ベクトルの内積を定義し、これを利用すると、矢線ベクトルのときと同じように、この空間にもベクトルの大きさ（長さ）やなす角といった計量性を持ち込むことができます。内積の威力は大変強力であり、内積が導入されたベクトル空間は**計量ベクトル空間**と呼ばれ、大事にされています。

（注１） 今後、本書では、計量ベクトル空間におけるベクトル $\boldsymbol{a}$ の大きさは $|\boldsymbol{a}|$ よりも $\|\boldsymbol{a}\|$ を多用することにします。読み方は**ノルム**です。

（注２） 任意の n 次元数ベクトルについて $-1 \leqq \dfrac{\boldsymbol{a}\cdot\boldsymbol{b}}{\|\boldsymbol{a}\|\|\boldsymbol{b}\|} \leqq 1$ が満たされなければ $\cos\theta = \dfrac{\boldsymbol{a}\cdot\boldsymbol{b}}{\|\boldsymbol{a}\|\|\boldsymbol{b}\|}$ を満たす θ は存在しません。この不等式の成立は２次関数の理論を使って証明されます。

● 2つのベクトルの直交

内積が定義された n 次元数ベクトル空間 R^n における２つのベクトル $\boldsymbol{a}=(a_1,a_2,\cdots,a_i,\cdots,a_n)$、$\boldsymbol{b}=(b_1,b_2,\cdots,b_i,\cdots,b_n)$ のなす角 θ は

$$\cos\theta = \frac{\boldsymbol{a}\cdot\boldsymbol{b}}{\|\boldsymbol{a}\|\|\boldsymbol{b}\|} = \frac{a_1b_1+a_2b_2+\cdots+a_ib_i+\cdots+a_nb_n}{\sqrt{{a_1}^2+{a_2}^2+\cdots+{a_i}^2+\cdots+{a_n}^2}\sqrt{{b_1}^2+{b_2}^2+\cdots+{b_i}^2+\cdots+{b_n}^2}}$$

を満たす角と定義しました。すると、

$\boldsymbol{a}\cdot\boldsymbol{b} = a_1b_1+a_2b_2+\cdots+a_ib_i+\cdots+a_nb_n=0$ のとき、$\cos\theta=0$ となり、$\theta=\dfrac{\pi}{2}$ となります。そこで、このとき、矢線ベクトルと同様に、２つのベクトル $\boldsymbol{a}$，$\boldsymbol{b}$ **は直交する**といい、$\boldsymbol{a}\perp\boldsymbol{b}$ などと書くことにします。

これは、今後よく使われるので下記のようにまとめておきましょう。

$$\boldsymbol{a}\perp\boldsymbol{b} \quad \Leftrightarrow \quad \boldsymbol{a}\cdot\boldsymbol{b} = a_1b_1+a_2b_2+\cdots+a_ib_i+\cdots+a_nb_n=0$$

（注） $\boldsymbol{a},\boldsymbol{b}$ のなす角が $\theta=\pi/2$ のとき $\boldsymbol{a},\boldsymbol{b}$ は**垂直**というべきでしょうが、ここでは、あえて**直交**（垂直に交わる）という言葉を使っています。

〔例〕 内積の定義された 4 次元数ベクトル空間 R^4 の次の２つのベクトル $\boldsymbol{a}$, $\boldsymbol{b}$ のなす角 θ を求めてみましょう。

（1） $\boldsymbol{a}=(1,2,3,4)$ 、 $\boldsymbol{b}=(4,3,2,1)$

（2） $\boldsymbol{a}=(1,0,0,0,0)$ 、 $\boldsymbol{b}=(0,1,0,0,0)$

（3） $\boldsymbol{a}=(1,2,3,1)$ 、 $\boldsymbol{b}=(-3,1,-2,7)$

（解）

（1） $\cos\theta=\dfrac{\boldsymbol{a}\bullet\boldsymbol{b}}{\|\boldsymbol{a}\|\|\boldsymbol{b}\|}=\dfrac{20}{\sqrt{30}\sqrt{30}}=0.666666\cdots\cdots$

よって、 $\theta=0.841069\cdots$ ラジアン （逆三角関数表などを利用）

度数法になおすと $\theta=48.18969\cdots^\circ$

（2） $\boldsymbol{a}\bullet\boldsymbol{b}=0$ より $\theta=90^\circ$

（3） $\boldsymbol{a}\bullet\boldsymbol{b}=0$ より $\theta=90^\circ$

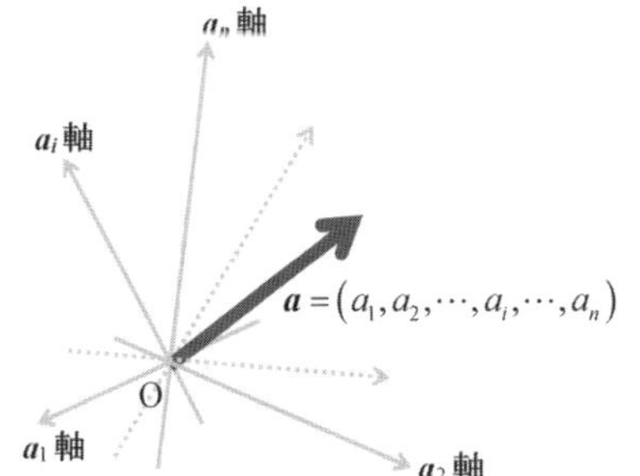

あくまでも、ぼくの勝手な想像だけど、n次元数ベクトル空間R^nに適当にn本の座標軸を設定すれば矢線ベクトルのような幾何ベクトルがイメージできるのでは？

なお、「内積が定義された n 次元数ベクトル空間」という表現は少し冗長なので、**第 3 章以降では、「n 次元数ベクトル空間」といえば、内積が定義されているものとします**。

2-11 正規直交基底

ベクトル$\boldsymbol{a}_1, \boldsymbol{a}_2, \cdots, \boldsymbol{a}_n$を計量ベクトル空間 V の基底とする。このとき、$\boldsymbol{a}_1, \boldsymbol{a}_2, \cdots, \boldsymbol{a}_n$が互いに直交していれば、この基底を**直交基底**という。また$\boldsymbol{a}_1, \boldsymbol{a}_2, \cdots, \boldsymbol{a}_n$が、直交基底で、しかも、各ベクトルのノルム（大きさ）が1であるとき、この基底を**正規直交基底**という。

レッスン

第1章で紹介した矢線ベクトルの世界で直交基底、正規直交基底を視覚化すれば次のようになります。

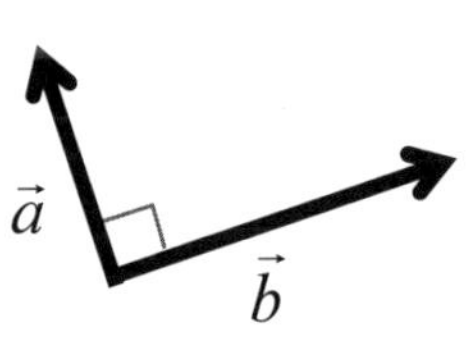

＜平面での**直交基底**＞

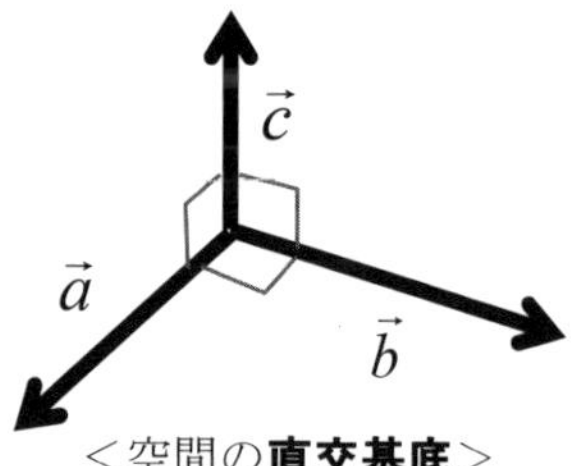

＜空間の**直交基底**＞

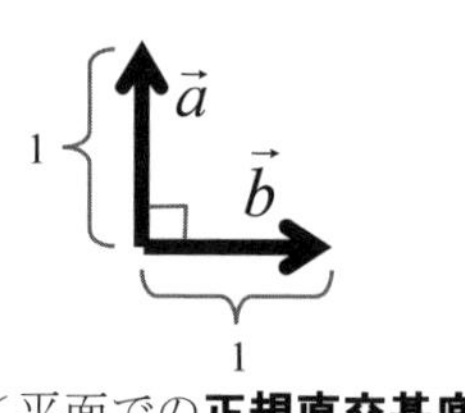

＜平面での**正規直交基底**＞

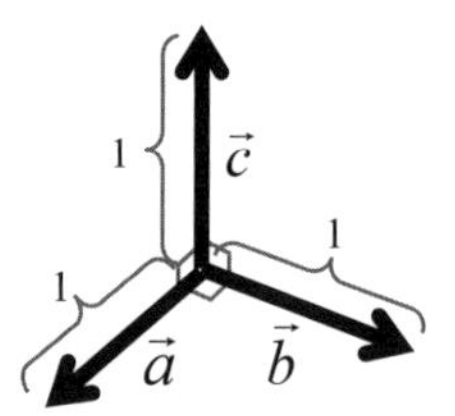

＜空間の**正規直交基底**＞

冒頭の定義は、一般の「計量ベクトル空間 V」についての話ですね。つまり、「内積が定義された n 次元数ベクトル空間 R^n」に限りませんね。

〔**解説**〕 ベクトル$\boldsymbol{a}_1, \boldsymbol{a}_2, \cdots, \boldsymbol{a}_n$が計量ベクトル空間$V$の基底であっても、これらのベクトルは互いに直交しているとは限りません。そこで、互いに直交している特殊な基底を**直交基底**ということにします。零ベクトルでない2つのベクトルが直交する条件は内積が0なので、直交基底は内積がお互いに0である基底と言い換えることができます。

計量ベクトル空間 V

直交基底 $\boldsymbol{a}_1, \boldsymbol{a}_2, \cdots, \boldsymbol{a}_n$

$$\boldsymbol{a}_i \cdot \boldsymbol{a}_j = 0 \quad (i \neq j)$$

直交基底でさらに各ベクトルの大きさが1である特殊な基底を「**正規直交基底**」といいます。この基底は扱いやすいだけでなく、応用上も重要な役割を果たします。

計量ベクトル空間 V

正規直交基底 $\boldsymbol{a}_1, \boldsymbol{a}_2, \cdots, \boldsymbol{a}_n$

$$\boldsymbol{a}_i \cdot \boldsymbol{a}_j = 0 \quad (i \neq j) \ \text{かつ}$$

$$\|\boldsymbol{a}_i\| = 1 \quad (i = 1, 2, \cdots, n)$$

〔**例**〕 内積が定義されたn次元数ベクトル空間R^nにおいて§2-8で紹介したn個のベクトル$\boldsymbol{e}_1, \boldsymbol{e}_2, \boldsymbol{e}_3, \cdots, \boldsymbol{e}_i, \cdots, \boldsymbol{e}_n$（次ページ）は正規直交基底になります。

$$\left.\begin{aligned} \boldsymbol{e}_1 &= (1,0,\cdots,0,\cdots,0) \\ \boldsymbol{e}_2 &= (0,1,\cdots,0,\cdots,0) \\ &\cdots\cdots\cdots\cdots\cdots \\ \boldsymbol{e}_i &= (0,0,\cdots,1,\cdots,0) \\ &\cdots\cdots\cdots\cdots\cdots \\ \boldsymbol{e}_n &= (0,0,\cdots,0,\cdots,1) \end{aligned}\right\} \textbf{正規直交基底}$$

なぜならば、これらのベクトルは

$$\|\boldsymbol{e}_i\| = \sqrt{0\cdot 0+\cdots+1\cdot 1+\cdots+0\cdot 0} = \sqrt{1} = 1 \qquad (i=1,2,\cdots,n)$$

$$\boldsymbol{e}_i\cdot\boldsymbol{e}_j = 0\cdot 0+\cdots+1\cdot 0+\cdots+0\cdot 1+\cdots+0\cdot 0 = 0 \qquad (i\neq j)$$

を満たすからです。

この基底を利用すると、n 次元数ベクトル空間 R^n の任意のベクトル $v=(x_{1,}x_2,\cdots,x_i,\cdots,x_n)$ は $\boldsymbol{v}=x_1\boldsymbol{e}_1+x_2\boldsymbol{e}_2+\cdots x_i\boldsymbol{e}_i+\cdots x_n\boldsymbol{e}_n$ と書けるので、$\boldsymbol{v}$ の基底 $\boldsymbol{e}_1,\boldsymbol{e}_2,\boldsymbol{e}_3,\cdots,\boldsymbol{e}_i,\cdots,\boldsymbol{e}_n$ に関する成分 $x_{1,}x_2,\cdots,x_i,\cdots,x_n$ と $\boldsymbol{v}$ の成分が一致します。したがって、n 次元数ベクトル空間 R^n の場合、正規直交基底を使うとベクトルの表現がすごく簡単であることがわかります。

（注） 3 次元数ベクトル空間 R^3 において次の 3 つのベクトルは 1 次独立なのでこの空間の基底です。$\boldsymbol{a}_1=(0,0,1)$, $\boldsymbol{a}_2=(1,1,0)$, $\boldsymbol{a}_3=(0,1,1)$

このとき、このベクトル空間のベクトル $\boldsymbol{v}=(1,2,3)$ は $\boldsymbol{v}=(1,2,3)=2\boldsymbol{a}_1+\boldsymbol{a}_2+\boldsymbol{a}_3$ と書けるので、$\boldsymbol{v}=(1,2,3)$ の基底 $\boldsymbol{a}_1,\boldsymbol{a}_2,\boldsymbol{a}_3$ に関する成分は順に $2,1,1$ となります。これは $\boldsymbol{v}$ の成分 $1,2,3$ とは違ったものになっています。

なお、第 1 章の矢線ベクトルの成分表示は、n 次元数ベクトル空間 R^n の正規直交基底と同じ向きに座標軸を設定したときのベクトルの表示方法と考えられます。このとき、$\boldsymbol{e}_1,\boldsymbol{e}_2,\boldsymbol{e}_3$ を基底という言葉を使わずに基本ベクトルと呼びました。つまり、**第1章における基本ベクトルは正規直交基底と同じもの**です。

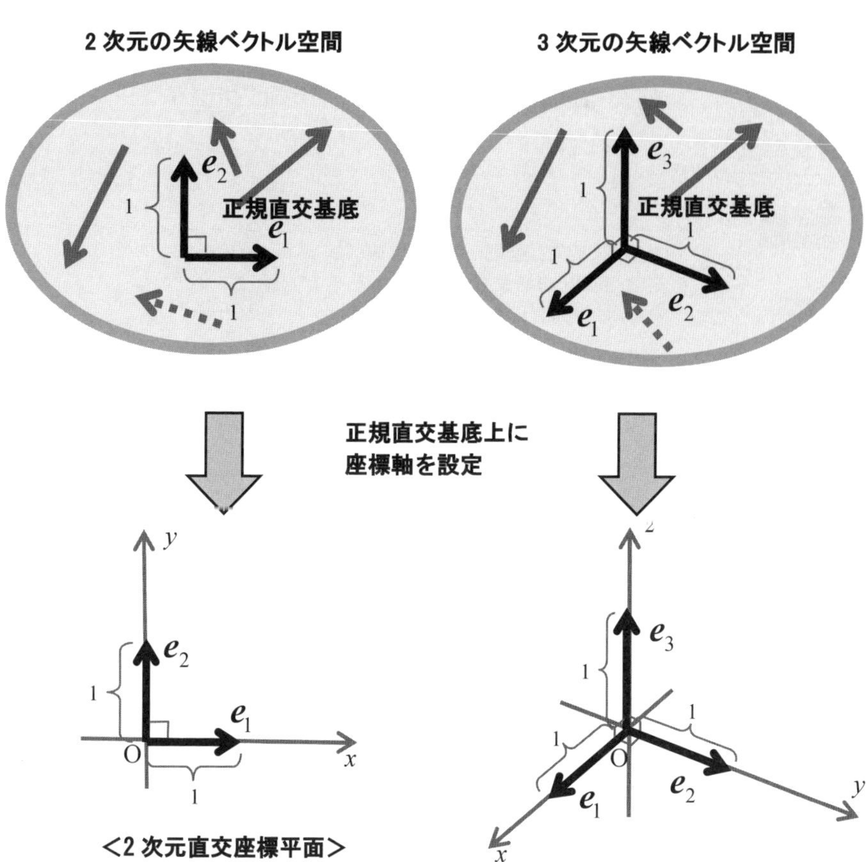

2-12 グラムシュミットの直交化法

1 次独立な n 個のベクトルから、お互いに直交する n 個のベクトルをつくり出す方法を**直交化法**という。直交化法としては**グラムシュミットの直交化法**がよく使われる。

レッスン

1次独立な 3 次元空間の 3 つの矢線ベクトル $\boldsymbol{v}_1, \boldsymbol{v}_2, \boldsymbol{v}_3$ で直交化、正規化の概念を図示しましょう。

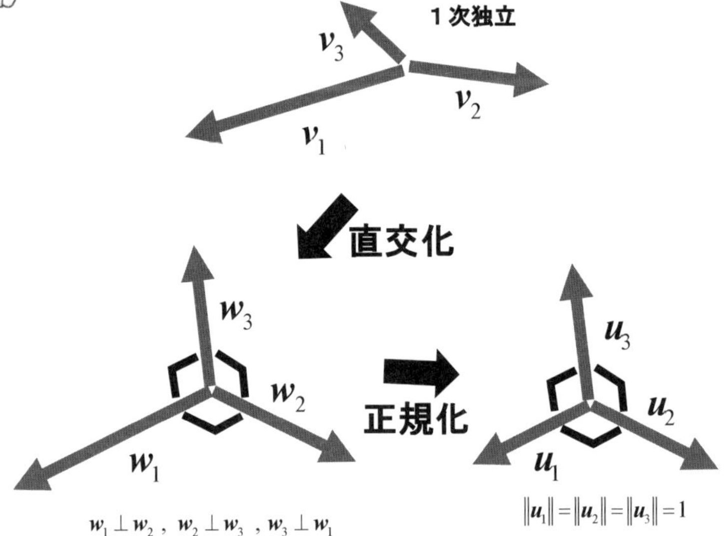

上記の $\boldsymbol{v}_1, \boldsymbol{v}_2, \boldsymbol{v}_3$ から $\boldsymbol{u}_1, \boldsymbol{u}_2, \boldsymbol{u}_3$ をグラムシュミットの直交化法で導く手順を示すと次のようになります。このことは n 個のベクトルでも同様です。

<ステップ 1>

$$u_1 = \frac{v_1}{\|v_1\|}$$ …… **正規化**

<ステップ 2>

$$w_2 = v_2 - (v_2 \cdot u_1)u_1$$ …… **直交化**（$w_2 \perp u_1$）

$$u_2 = \frac{w_2}{\|w_2\|}$$ …… **正規化**

<ステップ 3>

$$w_3 = v_3 - (v_3 \cdot u_1)u_1 - (v_3 \cdot u_2)u_2$$ …… **直交化**（$w_3 \perp u_1$, $w_3 \perp u_2$ ）

$$u_3 = \frac{w_3}{\|w_3\|}$$ …… **正規化**

見えてきました。$u_1, u_2, \cdots, u_k$ から u_{k+1} を導く手順は次のようになりますか？

$$w_{k+1} = v_{k+1} - (v_{k+1} \cdot u_1)u_1 - (v_{k+1} \cdot u_2)u_2 - \cdots\cdots - (v_{k+1} \cdot u_k)u_k$$

……**直交化**

$$u_{k+1} = \frac{w_{k+1}}{\|w_{k+1}\|}$$ …… **正規化**

そのとおりです。これを繰り返し使えば n 個のベクトルを正規直交化できますね。

〔解説〕 先のステップ 1、2、3 の手順で1次独立な 3 つのベクトル $\boldsymbol{v}_1, \boldsymbol{v}_2, \boldsymbol{v}_3$ がなぜ直交化できるのかを調べてみましょう。

<ステップ 1>について

ここで $\boldsymbol{v}_1$ を正規化し大きさ1のベクトル $\boldsymbol{u}_1 = \dfrac{\boldsymbol{v}_1}{\|\boldsymbol{v}_1\|}$ を得ました。

<ステップ 2>について

$\boldsymbol{w}_2 = \boldsymbol{v}_2 + a_1\boldsymbol{u}_1$ として、この $\boldsymbol{w}_2$ が $\boldsymbol{u}_1$ に直交する、つまり、$\mathbf{w}_2 \bullet \mathbf{u}_1 = 0$ であることから a_1 を求めます。

$$\boldsymbol{w}_2 \bullet \boldsymbol{u}_1 = (\boldsymbol{v}_2 + a_1\boldsymbol{u}_1) \bullet \boldsymbol{u}_1 = \boldsymbol{v}_2 \bullet \boldsymbol{u}_1 + a_1\boldsymbol{u}_1 \bullet \boldsymbol{u}_1 = \boldsymbol{v}_2 \bullet \boldsymbol{u}_1 + a_1$$

ここで、$\boldsymbol{w}_2 \bullet \boldsymbol{u}_1 = 0$ より

$$a_1 = -\boldsymbol{v}_2 \bullet \boldsymbol{u}_1$$

よって、

$$\begin{aligned} \boldsymbol{w}_2 &= \boldsymbol{v}_2 + a_1 \bullet \boldsymbol{u}_1 \\ &= \boldsymbol{v}_2 - (\boldsymbol{v}_2 \bullet \boldsymbol{u}_1)\boldsymbol{u}_1 \end{aligned}$$

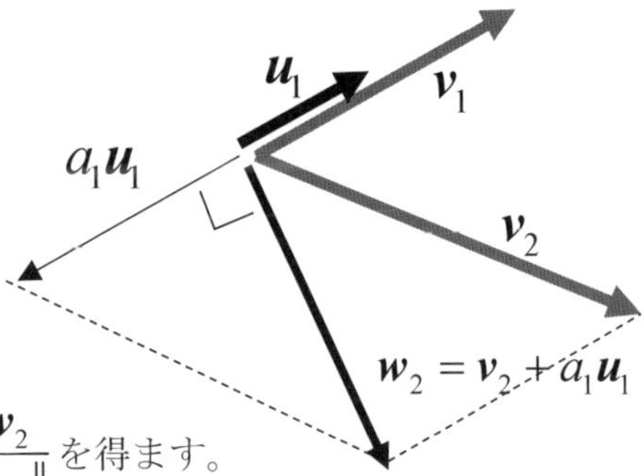

この $\boldsymbol{w}_2$ を正規化して $\boldsymbol{u}_2 = \dfrac{\boldsymbol{w}_2}{\|\boldsymbol{w}_2\|}$ を得ます。

<ステップ 3>について

$\boldsymbol{w}_3 = \boldsymbol{v}_3 + a_1\boldsymbol{u}_1 + a_2\boldsymbol{u}_2$ として、この $\boldsymbol{w}_3$ が $\boldsymbol{u}_1$ と $\boldsymbol{u}_2$ に直交する、つまり、$\mathbf{w}_3 \bullet \mathbf{u}_1 = 0$ と $\mathbf{w}_3 \bullet \mathbf{u}_2 = 0$ から a_1, a_2 を求めます。

$$\begin{aligned} \boldsymbol{w}_3 \bullet \boldsymbol{u}_1 &= (\boldsymbol{v}_3 + a_1\boldsymbol{u}_1 + a_2\boldsymbol{u}_2) \bullet \boldsymbol{u}_1 = \boldsymbol{v}_3 \bullet \boldsymbol{u}_1 + a_1\boldsymbol{u}_1 \bullet \boldsymbol{u}_1 + a_2\boldsymbol{u}_2 \bullet \boldsymbol{u}_1 \\ &= \boldsymbol{v}_3 \bullet \boldsymbol{u}_1 + a_1 + 0 = \boldsymbol{v}_3 \bullet \boldsymbol{u}_1 + a_1 \end{aligned}$$

ここで、$\boldsymbol{w}_3 \bullet \boldsymbol{u}_1 = 0$ より　$a_1 = -\boldsymbol{v}_3 \bullet \boldsymbol{u}_1$

$$\boldsymbol{w}_3 \bullet \boldsymbol{u}_2 = (\boldsymbol{v}_3 + a_1\boldsymbol{u}_1 + a_2\boldsymbol{u}_2) \bullet \boldsymbol{u}_2 = \boldsymbol{v}_3 \bullet \boldsymbol{u}_2 + a_1\boldsymbol{u}_1 \bullet \boldsymbol{u}_2 + a_2\boldsymbol{u}_2 \bullet \boldsymbol{u}_2$$
$$= \boldsymbol{v}_3 \bullet \boldsymbol{u}_2 + 0 + a_2 = \boldsymbol{v}_3 \bullet \boldsymbol{u}_2 + a_2$$

$\boldsymbol{w}_3 \bullet \boldsymbol{u}_2 = 0$　より　$a_2 = -\boldsymbol{v}_3 \bullet \boldsymbol{u}_2$

よって $\boldsymbol{w}_3 = \boldsymbol{v}_3 + a_1\boldsymbol{u}_1 + a_2\boldsymbol{u}_2 = \boldsymbol{v}_3 - (\boldsymbol{v}_3 \bullet \boldsymbol{u}_1)\boldsymbol{u}_1 - (\boldsymbol{v}_3 \bullet \boldsymbol{u}_2)\boldsymbol{u}_2$

この $\boldsymbol{w}_3$ を正規化して $\boldsymbol{u}_3 = \dfrac{\boldsymbol{w}_3}{\|\boldsymbol{w}_3\|}$ を得ます。

ここでは、1次独立な 3 つのベクトル $\boldsymbol{v}_1, \boldsymbol{v}_2, \boldsymbol{v}_3$ を直交化しましたが、以上のことを繰り返せば、1次独立な n 個のベクトルを直交化できます。

〔例〕　2つの1次独立なベクトル $\boldsymbol{v}_1 = \begin{pmatrix} -2 \\ 1 \\ 0 \end{pmatrix}$、$\boldsymbol{v}_2 = \begin{pmatrix} -2 \\ 0 \\ 1 \end{pmatrix}$ をグラムシュミットの直交化法で直交化してみましょう。

$\boldsymbol{v}_1$ を正規化したベクトルを $\boldsymbol{u}_1$ とすると、$\boldsymbol{u}_1 = \dfrac{\boldsymbol{v}_1}{\|\boldsymbol{v}_1\|} = \begin{pmatrix} -2/\sqrt{5} \\ 1/\sqrt{5} \\ 0 \end{pmatrix}$

よって、$\boldsymbol{v}_2 \bullet \boldsymbol{u}_1 = 4/\sqrt{5}$

ゆえに、　$\boldsymbol{w}_2 = \boldsymbol{v}_2 - (\boldsymbol{v}_2 \bullet \boldsymbol{u}_1)\boldsymbol{u}_1 = \begin{pmatrix} -2 \\ 0 \\ 1 \end{pmatrix} - \dfrac{4}{\sqrt{5}}\begin{pmatrix} -2/\sqrt{5} \\ 1/\sqrt{5} \\ 0 \end{pmatrix} = \begin{pmatrix} -2/5 \\ -4/5 \\ 1 \end{pmatrix}$

$\boldsymbol{w}_2$ を正規化したベクトルを $\boldsymbol{u}_2$ とすると、

$$\boldsymbol{u}_2 = \frac{\boldsymbol{w}_2}{\|\boldsymbol{w}_2\|} = \frac{1}{\frac{\sqrt{45}}{5}}\begin{pmatrix} -2/5 \\ -4/5 \\ 1 \end{pmatrix} = \begin{pmatrix} -2/\sqrt{45} \\ -4/\sqrt{45} \\ 5/\sqrt{45} \end{pmatrix}$$

<MEMO>　相関係数とベクトル

個体番号	変量 x	変量 y
1	x_1	y_1
2	x_2	y_2
3	x_3	y_3
…	…	…
n	x_n	y_n
平均値	$\overline{x}$	$\overline{y}$

統計学において相関係数は最もポピュラーな統計量です。これは右の２つの変量x､yの相関の度合いを示す指標で次の式で定義されます。

$$\text{相関係数} r_{xy} = \frac{S_{xy}}{S_x S_y} = \frac{\text{変量}x\text{､}y\text{の共分散}}{\text{変量}x\text{の標準偏差}\times\text{変量}y\text{の標準偏差}}$$

ただし、$S_{xy} = \dfrac{(x_1-\overline{x})(y_1-\overline{y})+(x_2-\overline{x})(y_2-\overline{y})+\cdots+(x_n-\overline{x})(y_n-\overline{y})}{n}$

$S_x = \sqrt{\dfrac{(x_1-\overline{x})^2+(x_2-\overline{x})^2+\cdots+(x_n-\overline{x})^2}{n}}$、$S_y = \sqrt{\dfrac{(y_1-\overline{y})^2+(y_2-\overline{y})^2+\cdots+(y_n-\overline{y})^2}{n}}$

（注）　0.6≦r_{xy}のとき高い正の相関、−0.2＜r_{xy}＜0.2のとき無相関　などと判定されます。

ここで、$\boldsymbol{x} = (x_1-\overline{x}, x_2-\overline{x}, \cdots, x_n-\overline{x})$　……　n次元偏差ベクトル

$\boldsymbol{y} = (y_1-\overline{y}, y_2-\overline{y}, \cdots, y_n-\overline{y})$　……　n次元偏差ベクトル

とすれば、相関係数r_{xy}はベクトルの内積を用いて次のように書けます。

$$r_{xy} = \frac{\boldsymbol{x}\cdot\boldsymbol{y}}{\|\boldsymbol{x}\|\|\boldsymbol{y}\|} = \cos\theta$$

右図は、n次元数ベクトルを強引に矢線ベクトルで表示したものです。

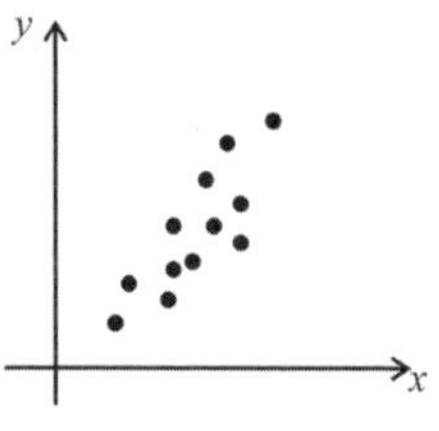

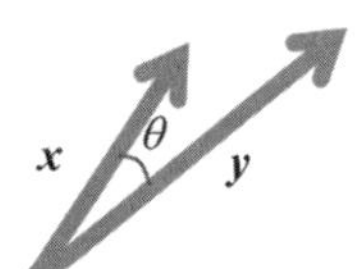

cosθが１に近い
（正相関）

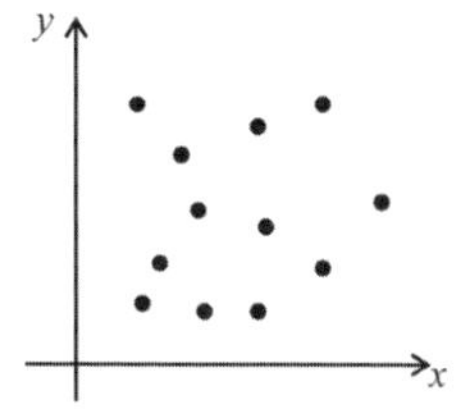

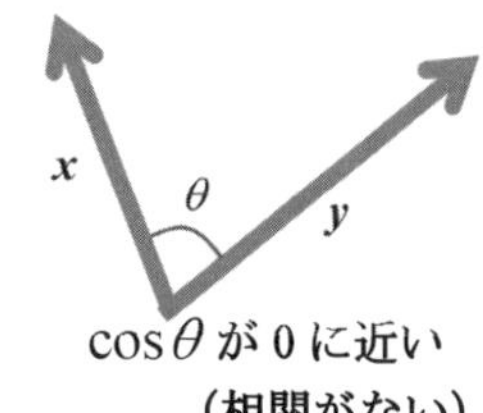

cosθが０に近い
（相関がない）

第3章　行列の基本

$$\begin{pmatrix} a_{11} & a_{12} & \cdots & a_{1n} \\ a_{21} & a_{22} & \cdots & a_{2n} \\ \vdots & \vdots & \vdots & \vdots \\ a_{m1} & a_{m2} & \cdots & a_{mn} \end{pmatrix}$$

「数ベクトルは数を直線状に並べたもの」ですが、「行列は数を長方形状に並べたもの」です。これに演算規則等を吹き込むことで、行列はいろいろな問題を解決するときの強力な道具に変身します。現代の科学では、「行列」は欠かせないツールです。

3-1 行列とは

数を下図のように長方形状に並べたものを**行列**（*matrix*）という。数の範囲を明確にするため、通常、下記のようにカッコ（　）でくくる。また、行列を構成する個々の数を行列の**成分**（**要素、元**）という。

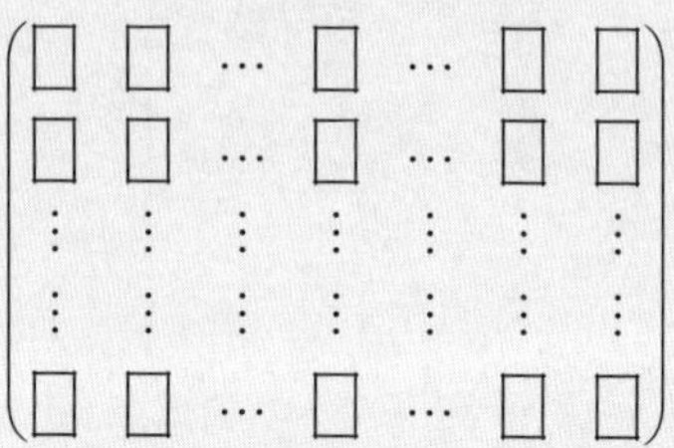

（注）　上記の行列において□は１つの数を表わすものとする。

レッスン

mn 個の数 a_{ij} を下図のように m 行 n 列（ただし、横が行、縦が列）に配置したものを m 行 n 列型の行列、あるいは $m \times n$ 行列といいます。
なお、行列に名前をつけるときにはアルファベットの大文字がよく使われます。

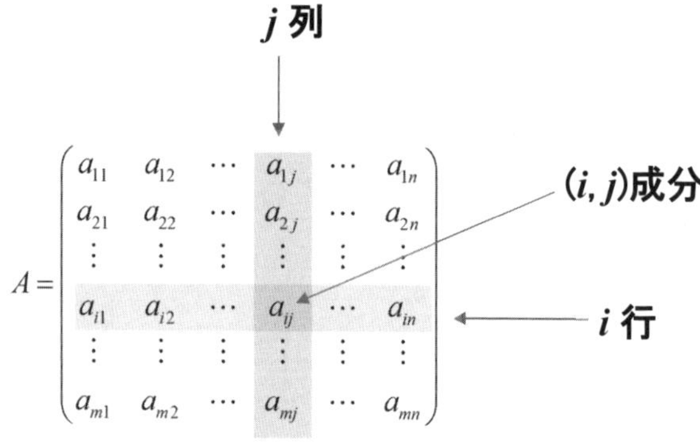

$$A = \begin{pmatrix} a_{11} & a_{12} & \cdots & a_{1j} & \cdots & a_{1n} \\ a_{21} & a_{22} & \cdots & a_{2j} & \cdots & a_{2n} \\ \vdots & \vdots & \vdots & \vdots & \vdots & \vdots \\ a_{i1} & a_{i2} & \cdots & a_{ij} & \cdots & a_{in} \\ \vdots & \vdots & \vdots & \vdots & \vdots & \vdots \\ a_{m1} & a_{m2} & \cdots & a_{mj} & \cdots & a_{mn} \end{pmatrix}$$

$m \times n$ 行列

行列の表現は場所をとります。簡単に書く方法はありませんか？

i 行目 j 列目の成分、つまり、(i,j)成分 a_{ij} を使って次のように書くことがあります。

$$A=(a_{ij})\quad (i=1,2,\cdots,m\ ,\ j=1,2,\cdots,n)$$

それにしても、行(*row*)と列(*column*)はこんがらがります。

行と列については有名な覚え方があります。それは、行列の漢字の一部に着目する方法です。

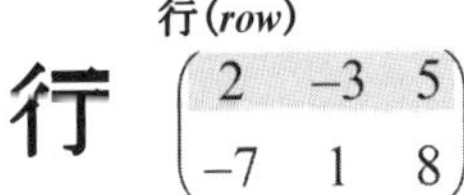

列(*column*)

列 $\begin{pmatrix} 2 & -3 & 5 \\ -7 & 1 & 8 \end{pmatrix}$

〔解説〕 数（実数または複素数）を長方形状に並べたものをひとまとめにして扱おうというのが行列の発想です。数については、そこに四則計算などの演算規則を導入することによって、実に豊かな応用が可能になりました。行列についても、単に、数を長方形状に並べたものと捉えるだけでなく、そこに、演算規則を導入することにより、いろいろな現象を解明する強力な道具に変身します。

なお、成分が実数である行列を**実行列**、複素数である行列を**複素行列**といいますが、本書では行列の成分が実数である実行列を基本的には想定しています。

3-2 行ベクトル、列ベクトル

$m \times n$ 行列において行で構成されるベクトルを**行ベクトル**、列で構成されるベクトルを**列ベクトル**という。

$m \times n$ 行列の場合、行ベクトルは n 次元数ベクトル、列ベクトルは m 次元数ベクトルと考えられます。

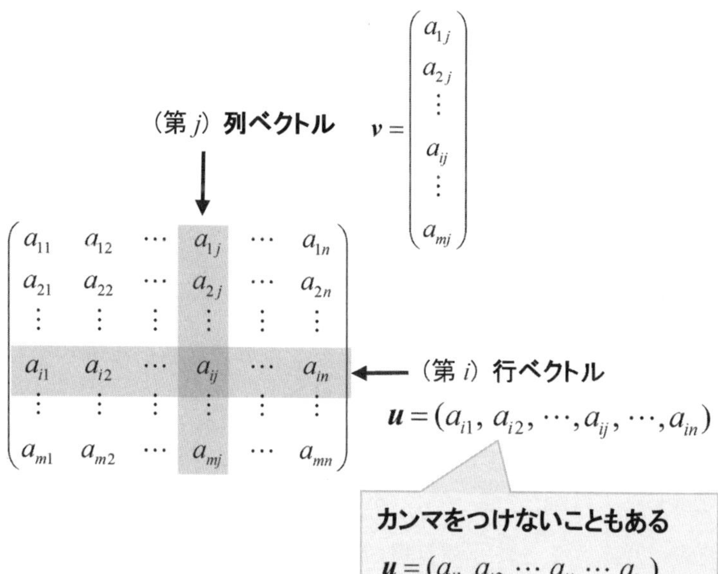

（第 j）列ベクトル
$\boldsymbol{v} = \begin{pmatrix} a_{1j} \\ a_{2j} \\ \vdots \\ a_{ij} \\ \vdots \\ a_{mj} \end{pmatrix}$
$\begin{pmatrix} a_{11} & a_{12} & \cdots & a_{1j} & \cdots & a_{1n} \\ a_{21} & a_{22} & \cdots & a_{2j} & \cdots & a_{2n} \\ \vdots & \vdots & \vdots & \vdots & \vdots & \vdots \\ a_{i1} & a_{i2} & \cdots & a_{ij} & \cdots & a_{in} \\ \vdots & \vdots & \vdots & \vdots & \vdots & \vdots \\ a_{m1} & a_{m2} & \cdots & a_{mj} & \cdots & a_{mn} \end{pmatrix}$
（第 i）行ベクトル
$\boldsymbol{u} = (a_{i1}, a_{i2}, \cdots, a_{ij}, \cdots, a_{in})$
カンマをつけないこともある
$\boldsymbol{u} = (a_{i1}\ a_{i2}\ \cdots\ a_{ij}\ \cdots\ a_{in})$

〔解説〕 $m \times n$ 行列は m 個の行で構成され、各行は n 個の数が並んでいます。したがって各行は n 次元数ベクトルとみなせます。そこで、これら m 個の行の各々を**行ベクトル**といいます。とくに i 行目であることを

強調するときには**第 i 行ベクトル**といいます。行ベクトルは $1\times n$ 行列とも考えられます。同様に、各列は m 次元数ベクトルとみなせるので**列ベクトル**、**第 j 列ベクトル**が考えられます。また、列ベクトルは $m\times 1$ 行列とも考えられます。

なお、行列 $A=\begin{pmatrix} a_{11} & a_{12} & \cdots & a_{1n} \\ a_{21} & a_{22} & \cdots & a_{2n} \\ \vdots & \vdots & \vdots & \vdots \\ a_{m1} & a_{m2} & \cdots & a_{mn} \end{pmatrix}$ の m 個の行ベクトルを例えば

$$\begin{cases} \boldsymbol{a}_1=(a_{11},a_{12},\cdots,a_{1n}) \\ \boldsymbol{a}_2=(a_{21},a_{22},\cdots,a_{2n}) \\ \cdots\cdots\cdots\cdots\cdots\cdots\cdots\cdots \\ \boldsymbol{a}_m=(a_{m1},a_{m2},\cdots,a_{mn}) \end{cases}$$ とするとき、

行列 A を $\boldsymbol{a}_1,\boldsymbol{a}_2,\cdots,\boldsymbol{a}_m$ を使って

$A=\begin{pmatrix} \boldsymbol{a}_1 \\ \boldsymbol{a}_2 \\ \vdots \\ \boldsymbol{a}_m \end{pmatrix}$ と表わすことがあります。また、n 個の列ベクトルを例えば

$\boldsymbol{a}_1{}^*=\begin{pmatrix} a_{11} \\ a_{21} \\ \vdots \\ a_{m1} \end{pmatrix}$, $\boldsymbol{a}_2{}^*=\begin{pmatrix} a_{12} \\ a_{22} \\ \vdots \\ a_{m2} \end{pmatrix}$, $\cdots$, $\boldsymbol{a}_n{}^*=\begin{pmatrix} a_{1n} \\ a_{2n} \\ \vdots \\ a_{mn} \end{pmatrix}$ とするとき、行列 A を

$\boldsymbol{a}^*{}_1,\boldsymbol{a}^*{}_2,\cdots,\boldsymbol{a}^*{}_m$ を使って $A=\left(\boldsymbol{a}_1{}^*, \boldsymbol{a}_2{}^*, \cdots, \boldsymbol{a}_n{}^*\right)$ とか、区切りがハッキリしているときにはカンマをつけずに　$A=\left(\boldsymbol{a}_1{}^* \ \boldsymbol{a}_2{}^* \ \cdots \ \boldsymbol{a}_n{}^*\right)$ と表わすこともあります。

3-3 いろいろな行列

行列は型やその成分の特徴によっていろいろな名称がつけられている。

転置行列、対称行列、交代行列、零行列、単位行列、…

レッスン

行列 A に対して、その行と列をそっくり交換してできる行列を A の転置行列（*transposed matrix*）といい、${}^tA$ または A' などと書きます。A と ${}^tA$ は互いに転置行列なんですね。

$$A=\begin{pmatrix} a_{11} & a_{12} & a_{13} \\ a_{21} & a_{22} & a_{23} \end{pmatrix} \text{のとき}\ \textbf{転置行列}\ {}^tA=\begin{pmatrix} a_{11} & a_{21} \\ a_{12} & a_{22} \\ a_{13} & a_{23} \end{pmatrix}$$

転置とは下図の対角線を中心に折り返すことですね。

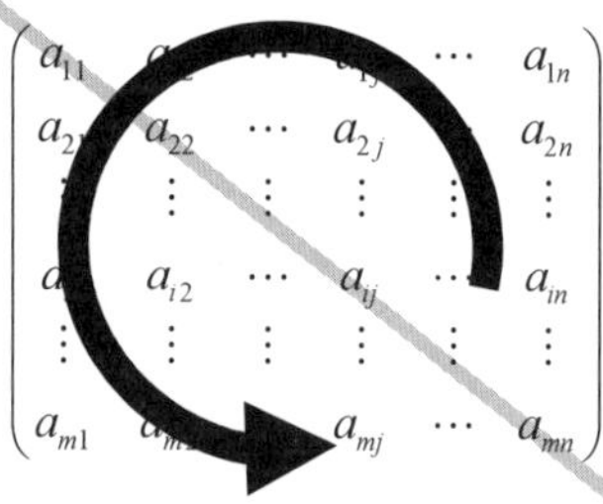

行列において、すべての成分が 0 である行列を零（ぜろ）行列といい、簡単に O と表わします。一口に零行列といっても、いろいろな型の零行列があります。

$$\begin{pmatrix}0&0&0\\0&0&0\end{pmatrix}\ \begin{pmatrix}0&0\\0&0\\0&0\end{pmatrix}\ \begin{pmatrix}0&0\\0&0\end{pmatrix}\ \begin{pmatrix}0&0&0\\0&0&0\\0&0&0\end{pmatrix}\ \begin{pmatrix}0&0&0&0\end{pmatrix}\ \cdots\cdots\cdots$$

数の世界の 0 に相当する行列ですね。

行列をいろいろな分野に応用する際、行数と列数が等しい行列がよく使われます。つまり、$n \times n$ 行列です。この行列を n 次の**正方行列**といいます。

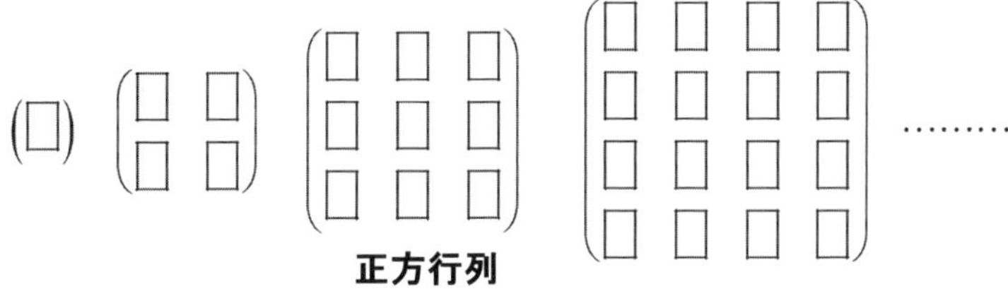

正方行列

正方行列の中で、${}^tA=A$ を満たす行列を対称行列といいます。

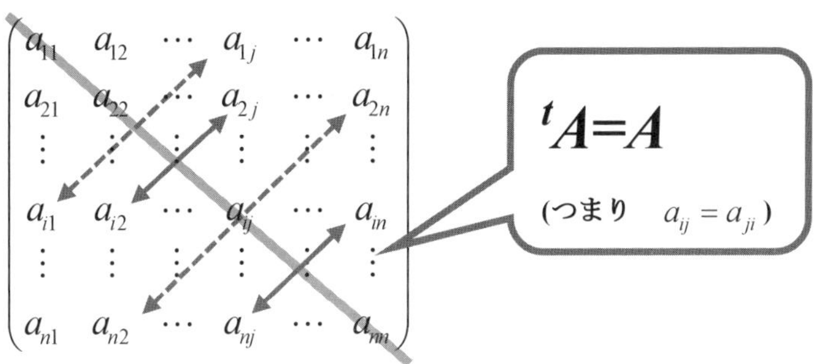

対称行列

対角線上の成分 a_{ii} $(i=1,2,\cdots,n)$ のことを**対角成分**というそうです。

下図のように対角成分以外がすべて 0 である正方行列を対角行列といい、対角行列で対角成分がすべて 1 である行列を単位行列といい E または I と書きます。

$$\begin{pmatrix} a_{11} & 0 & \cdots & 0 & \cdots & 0 \\ 0 & a_{22} & \cdots & 0 & \cdots & 0 \\ 0 & 0 & \ddots & 0 & \vdots & 0 \\ 0 & 0 & \cdots & a_{ij} & \cdots & 0 \\ 0 & 0 & \vdots & 0 & \ddots & 0 \\ 0 & 0 & \cdots & 0 & \cdots & a_{nn} \end{pmatrix} \qquad E = \begin{pmatrix} 1 & 0 & \cdots & 0 & \cdots & 0 \\ 0 & 1 & \cdots & 0 & \cdots & 0 \\ 0 & 0 & \ddots & 0 & \vdots & 0 \\ 0 & 0 & \cdots & 1 & \cdots & 0 \\ 0 & 0 & \vdots & 0 & \ddots & 0 \\ 0 & 0 & \cdots & 0 & \cdots & 1 \end{pmatrix}$$

対角行列

単位行列
（対角行列の特殊なもの）

対角成分の上側、または、下側の成分がすべて 0 である正方行列を**三角行列**といいます。

$$\begin{pmatrix} a_{11} & a_{12} & \cdots & a_{1j} & \cdots & a_{1n} \\ 0 & a_{22} & \cdots & a_{2j} & \cdots & a_{2n} \\ 0 & 0 & \ddots & \vdots & \vdots & \vdots \\ 0 & 0 & \cdots & a_{ij} & \cdots & a_{in} \\ 0 & 0 & \vdots & 0 & \ddots & \vdots \\ 0 & 0 & \cdots & 0 & \cdots & a_{nn} \end{pmatrix} \qquad \begin{pmatrix} a_{11} & 0 & \cdots & 0 & \cdots & 0 \\ a_{21} & a_{22} & \cdots & 0 & \cdots & 0 \\ \vdots & \vdots & \ddots & 0 & \vdots & 0 \\ a_{i1} & a_{i2} & \cdots & a_{ij} & \vdots & 0 \\ \vdots & \vdots & \vdots & \vdots & \ddots & 0 \\ a_{n1} & a_{n2} & \cdots & a_{nj} & \cdots & a_{nn} \end{pmatrix}$$

上三角行列
（$a_{ij}=0$　ただし、$i>j$）

下三角行列
（$a_{ij}=0$　ただし、$i<j$）

〔解説〕 レッスンで紹介した行列はよく使われるので覚えておきましょう。なお、行列のある部分（領域）のすべての成分が 0 である行列はよく使われます。このとき、本書では、そこの部分に0を大書して1文字で表現することがあります。例えば先の対角行列、上三角行列は下記の右辺のように表現します。

$$\begin{pmatrix} a_{11} & 0 & \cdots & 0 & \cdots & 0 \\ 0 & a_{22} & \cdots & 0 & \cdots & 0 \\ 0 & 0 & \ddots & 0 & \vdots & 0 \\ 0 & 0 & \cdots & a_{ij} & \cdots & 0 \\ 0 & 0 & \vdots & 0 & \ddots & 0 \\ 0 & 0 & \cdots & 0 & \cdots & a_{nn} \end{pmatrix} = \begin{pmatrix} a_{11} & & & & \\ & a_{22} & & \Huge{0} & \\ & & \ddots & & \\ & & & a_{ij} & \\ & \Huge{0} & & & \ddots & \\ & & & & & a_{nn} \end{pmatrix}$$

$$\begin{pmatrix} a_{11} & a_{12} & \cdots & a_{1j} & \cdots & a_{1n} \\ 0 & a_{22} & \cdots & a_{2j} & \cdots & a_{2n} \\ 0 & 0 & \ddots & \vdots & \vdots & \vdots \\ 0 & 0 & 0 & a_{ij} & \cdots & a_{in} \\ 0 & 0 & 0 & 0 & \ddots & \vdots \\ 0 & 0 & 0 & 0 & 0 & a_{nn} \end{pmatrix} = \begin{pmatrix} a_{11} & a_{12} & \cdots & a_{1j} & \cdots & a_{1n} \\ & a_{22} & \cdots & a_{2j} & \cdots & a_{2n} \\ & & \ddots & \vdots & \vdots & \vdots \\ & & & a_{ij} & \cdots & a_{in} \\ & \Huge{0} & & & \ddots & \vdots \\ & & & & & a_{nn} \end{pmatrix}$$

また、行列のある部分の成分がどんな値でもよいとき、そこの部分を本書では＊を大書して1文字で表現することがあります。例えば上三角行列は下記の右辺のように表現します。

$$\begin{pmatrix} a_{11} & a_{12} & \cdots & a_{1j} & \cdots & a_{1n} \\ 0 & a_{22} & \cdots & a_{2j} & \cdots & a_{2n} \\ 0 & 0 & \ddots & \vdots & \vdots & \vdots \\ 0 & 0 & 0 & a_{ij} & \cdots & a_{in} \\ 0 & 0 & 0 & 0 & \ddots & \vdots \\ 0 & 0 & 0 & 0 & 0 & a_{nn} \end{pmatrix} = \begin{pmatrix} a_{11} & & & & \\ & a_{22} & & \Huge{*} & \\ & & \ddots & & \\ & & & a_{ij} & \\ & \Huge{0} & & & \ddots & \\ & & & & & a_{nn} \end{pmatrix}$$

なお、単位行列（*unit matrix*）は1文字でEとかIと表現されます。とくに、n次の単位行列であることを明記するためにE_nとかI_nと表わされることがあります。

3-4 行列の和とスカラー倍

行列はたんに数を長方形状に配置したものにすぎませんが、和とスカラー倍を導入することにより便利な道具になります。

レッスン

同じ型の2つの行列 $A=(a_{ij})$, $B=(b_{ij})$ に対してのみ、その和 $A+B$ を対応する成分同士の和、つまり、$A+B=(a_{ij}+b_{ij})$ と定義します。

$$\begin{pmatrix} a_{11} & a_{12} & a_{13} \\ a_{21} & a_{22} & a_{23} \end{pmatrix}+\begin{pmatrix} b_{11} & b_{12} & b_{13} \\ b_{21} & b_{22} & b_{23} \end{pmatrix}=\begin{pmatrix} a_{11}+b_{11} & a_{12}+b_{12} & a_{13}+b_{13} \\ a_{21}+b_{21} & a_{22}+b_{22} & a_{23}+b_{23} \end{pmatrix}$$

行列の和 $A+B$

型が違えば和の計算はできませんね。

行列 (a_{ij}) のスカラー(実数、または、複素数)倍は、各成分のスカラー倍ときめます。つまり、k をスカラーとすると、$k(a_{ij})=(ka_{ij})$

$$k\begin{pmatrix} a_{11} & a_{12} & a_{13} \\ a_{21} & a_{22} & a_{23} \end{pmatrix}=\begin{pmatrix} ka_{11} & ka_{12} & ka_{13} \\ ka_{21} & ka_{22} & ka_{23} \end{pmatrix}$$

行列のスカラー倍 kA

行列の引き算はどうなりますか?

$A-B$ を $A+(-B)$ 、つまり、$A-B=A+(-B)$ と定義すれば、$A-B$ は対応する成分同士の差の行列となります。

$$\begin{pmatrix} a_{11} & a_{12} & a_{13} \\ a_{21} & a_{22} & a_{23} \end{pmatrix} - \begin{pmatrix} b_{11} & b_{12} & b_{13} \\ b_{21} & b_{22} & b_{23} \end{pmatrix} = \begin{pmatrix} a_{11}-b_{11} & a_{12}-b_{12} & a_{13}-b_{13} \\ a_{21}-b_{21} & a_{22}-b_{22} & a_{23}-b_{23} \end{pmatrix}$$

行列の差 $A-B$

和、差に関して $A+O=A$, $A-A=O$ が成立しますね。

〔解説〕 同じ型同士の行列の和、差、スカラー倍の定義は違和感なく素直に受け入れることができます。なお、違う型の行列は違う行列なので、それらの和の定義は行ないません。

(注) スカラーとは数のことで、実数の場合とそれを含む複素数の場合があります。本書ではベクトルの章で述べたように、基本的には実数を想定しています。

〔例〕 次の等式が成り立つことを確認しましょう。

$$\begin{pmatrix} 1 & 4 \\ 2 & 5 \\ 3 & 6 \end{pmatrix} + \begin{pmatrix} -1 & -4 \\ -2 & -5 \\ -3 & -6 \end{pmatrix} = \begin{pmatrix} 0 & 0 \\ 0 & 0 \\ 0 & 0 \end{pmatrix} = O$$

$$\begin{pmatrix} 1 & 4 \\ 2 & 5 \\ 3 & 6 \end{pmatrix} - \begin{pmatrix} -1 & -4 \\ -2 & -5 \\ -3 & -6 \end{pmatrix} = \begin{pmatrix} 2 & 8 \\ 4 & 10 \\ 6 & 12 \end{pmatrix}$$

$$2\begin{pmatrix} 1 & 4 \\ 2 & 5 \\ 3 & 6 \end{pmatrix} - 5\begin{pmatrix} -1 & -4 \\ -2 & -5 \\ -3 & -6 \end{pmatrix} = \begin{pmatrix} 7 & 28 \\ 14 & 35 \\ 21 & 42 \end{pmatrix}$$

$$\begin{pmatrix} 1 & 4 \\ 2 & 5 \\ 3 & 6 \end{pmatrix} + \begin{pmatrix} 1 & 2 & 3 \\ 4 & 5 & 6 \end{pmatrix}$$ **＝計算できない**

<MEMO> 行列もベクトル？

m 行 n 列型のすべての行列の集合を V とし、行列同士の和とスカラー倍を先のように定義すると、§2-3 で紹介した「**<MEMO> ベクトル空間**」の条件をすべて満たすので、V はベクトル空間となります。したがって、このとき、$m \times n$ 行列をベクトルと見なすことができます。なお、このことについては§3-10 の<MEMO>も参考にしてください。

3-5 行列の積

$m \times n$ 行列 A と $n \times l$ 行列 B の積 AB は $m \times l$ 行列とし、その(i,j)成分は A の第 i 行ベクトルと B の第 j 列ベクトルの内積とする。

レッスン

行列の積はややこしいので図示してみましょう。

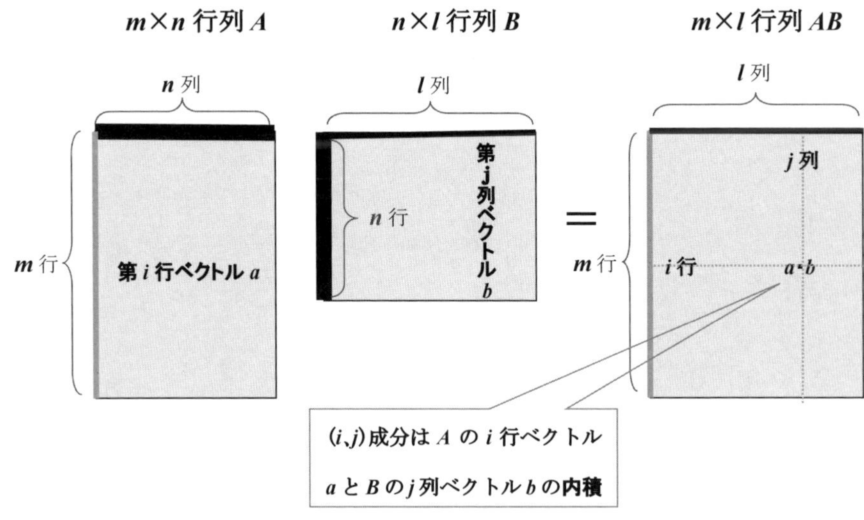

A の行ベクトル $\boldsymbol{a}$ と B の列ベクトル $\boldsymbol{b}$ の成分の数が一致しないと内積 $\boldsymbol{a}\cdot\boldsymbol{b}$ の計算ができないのですね。それにしても手の込んだ定義ですね。

初めて学ぶと難しく感じますが、慣れてしまえば簡単です。それに、使い始めると、この定義の素晴らしさに驚かされます。

〔解説〕 初めて行列を学ぶ人は　行列の積を和のときと同様に、対応する成分の積だと思ってしまいがちです。

$$\begin{pmatrix} a_{11} & a_{12} & a_{13} \\ a_{21} & a_{22} & a_{23} \end{pmatrix}\begin{pmatrix} b_{11} & b_{12} & b_{13} \\ b_{21} & b_{22} & b_{23} \end{pmatrix} \overset{?}{=} \begin{pmatrix} a_{11}b_{11} & a_{12}b_{12} & a_{13}b_{13} \\ a_{21}b_{21} & a_{22}b_{22} & a_{23}b_{23} \end{pmatrix}$$

もちろん、これをもって行列の積の定義だとしても間違いではありません。ただ、このように定義してしまうと、今後の行列の理論や応用で発展性がなくなってしまいます。初めは少し違和感がありますが、内積を利用した行列の積の定義のスゴさを徐々に実感できます。連立方程式を解明したり、集合から集合への対応の規則である写像を論じたり……。

なお、行列の成分を使って、積の定義をしっかり表現すると次のようになります。ややこしそうですね。こんなものかと眺めるだけでかまいません。

$$\begin{pmatrix} a_{11} & a_{12} & \cdots & a_{1j} & \cdots & a_{1n} \\ \vdots & \vdots & \vdots & \vdots & \vdots & \vdots \\ a_{i1} & a_{i2} & \cdots & a_{ij} & \cdots & a_{in} \\ \vdots & \vdots & \vdots & \vdots & \vdots & \vdots \\ a_{m1} & a_{m2} & \cdots & a_{mj} & \cdots & a_{mn} \end{pmatrix}\begin{pmatrix} b_{11} & b_{12} & \cdots & b_{1j} & \cdots & b_{1l} \\ b_{21} & b_{22} & \cdots & b_{2j} & \cdots & b_{2l} \\ \vdots & \vdots & \vdots & \vdots & \vdots & \vdots \\ b_{i1} & b_{i2} & \cdots & b_{ij} & \cdots & b_{il} \\ \vdots & \vdots & \vdots & \vdots & \vdots & \vdots \\ b_{n1} & b_{n2} & \cdots & b_{nj} & \cdots & b_{ml} \end{pmatrix}$$

$$= \begin{pmatrix} \sum_{k=1}^{n} a_{1k}b_{k1} & \sum_{k=1}^{n} a_{1k}b_{k2} & \cdots & \sum_{k=1}^{n} a_{1k}b_{kj} & \cdots & \sum_{k=1}^{n} a_{1k}b_{kl} \\ \vdots & \vdots & \vdots & \vdots & \vdots & \vdots \\ \sum_{k=1}^{n} a_{ik}b_{k1} & \sum_{k=1}^{n} a_{ik}b_{k2} & \cdots & \sum_{k=1}^{n} a_{ik}b_{kj} & \cdots & \sum_{k=1}^{n} a_{ik}b_{kl} \\ \vdots & \vdots & \vdots & \vdots & \vdots & \vdots \\ \sum_{k=1}^{n} a_{mk}b_{k1} & \sum_{k=1}^{n} a_{mk}b_{k2} & \cdots & \sum_{k=1}^{n} a_{mk}b_{kj} & \cdots & \sum_{k=1}^{n} a_{mk}b_{kl} \end{pmatrix}$$

行ベクトルと列ベクトルの内積

こんな式、すぐにわかるわけないよね。慣れが必要です。

しかし、和の記号Σは複雑な事柄を簡潔に表現することができるので、線形代数では頻繁に使われます。慣れるには時間がかかりますが、焦らないでください。

(注) Σは和を表わす記号で $\sum_{k=1}^{n} a_k = a_1 + a_2 + \cdots + a_n$ を意味します。

まずは、下記の具体例で行列の積に慣れてください。

〔例〕 $A=\begin{pmatrix} 1 & 2 & 0 \\ -1 & 3 & 4 \end{pmatrix}$, $B=\begin{pmatrix} 1 & 4 \\ 3 & 0 \\ -1 & 1 \end{pmatrix}$, $C=\begin{pmatrix} 1 & -1 & 0 \\ 2 & 3 & 1 \\ -1 & 2 & 1 \end{pmatrix}$ に対して次の行列を求めてみましょう。

(1) AB　(2) BA　(3) $A(CB)$　(4) BC

(解) (1) A は 2×3 行列で、B は 3×2 行列なので、AB は次の 2×2 行列になります。

$$AB=\begin{pmatrix} 1 & 2 & 0 \\ -1 & 3 & 4 \end{pmatrix}\begin{pmatrix} 1 & 4 \\ 3 & 0 \\ -1 & 1 \end{pmatrix}$$

$$=\begin{pmatrix} 1\times1+2\times3+0\times(-1) & 1\times4+2\times0+0\times1 \\ (-1)\times1+3\times3+4\times(-1) & (-1)\times4+3\times0+4\times1 \end{pmatrix}=\begin{pmatrix} 7 & 4 \\ 4 & 0 \end{pmatrix}$$

(2) B は 3×2 行列で、A は 2×3 行列なので、BA は次の 3×3 行列になります。

$$BA=\begin{pmatrix} 1 & 4 \\ 3 & 0 \\ -1 & 1 \end{pmatrix}\begin{pmatrix} 1 & 2 & 0 \\ -1 & 3 & 4 \end{pmatrix}$$

$$=\begin{pmatrix} 1\times1+4\times(-1) & 1\times2+4\times3 & 1\times0+4\times4 \\ 3\times1+0\times(-1) & 3\times2+0\times3 & 3\times0+0\times4 \\ (-1)\times1+1\times(-1) & (-1)\times2+1\times3 & (-1)\times0+1\times4 \end{pmatrix}=\begin{pmatrix} -3 & 14 & 16 \\ 3 & 6 & 0 \\ -2 & 1 & 4 \end{pmatrix}$$

(3) $A(CB)=\begin{pmatrix}1&2&0\\-1&3&4\end{pmatrix}\left\{\begin{pmatrix}1&-1&0\\2&3&1\\-1&2&1\end{pmatrix}\begin{pmatrix}1&4\\3&0\\-1&1\end{pmatrix}\right\}$

$$=\begin{pmatrix}1&2&0\\-1&3&4\end{pmatrix}\begin{pmatrix}1\times1+(-1)\times3+0\times(-1)&1\times4+(-1)\times0+0\times1\\2\times1+3\times3+1\times(-1)&2\times4+3\times0+1\times1\\(-1)\times1+2\times3+1\times(-1)&(-1)\times4+2\times0+1\times1\end{pmatrix}$$

$$=\begin{pmatrix}1&2&0\\-1&3&4\end{pmatrix}\begin{pmatrix}-2&4\\10&9\\4&-3\end{pmatrix}$$

$$=\begin{pmatrix}1\times(-2)+2\times10+0\times4&1\times4+2\times9+0\times(-3)\\(-1)\times(-2)+3\times10+4\times4&(-1)\times4+3\times9+4\times(-3)\end{pmatrix}=\begin{pmatrix}18&22\\48&11\end{pmatrix}$$

(4) $BC=\begin{pmatrix}1&4\\3&0\\-1&1\end{pmatrix}\begin{pmatrix}1&-1&0\\2&3&1\\-1&2&1\end{pmatrix}$

行ベクトルと列ベクトルの成分の個数が違うため内積計算ができない。積の行列はない。

<MEMO>　積の行列の転置行列について ${}^t(AB)={}^tB\,{}^tA$ が成立する

A が $l\times m$ 行列、B が $m\times n$ 行列のとき ${}^t(AB)={}^tB\,{}^tA$ が成立します。例えば $A=\begin{pmatrix}a_{11}&a_{12}\\a_{21}&a_{22}\end{pmatrix}$ 、$B=\begin{pmatrix}b_{11}&b_{12}&b_{13}\\b_{21}&b_{22}&b_{23}\end{pmatrix}$ のとき調べてみると、

$${}^t(AB)={}^t\begin{pmatrix}a_{11}b_{11}+a_{12}b_{21}&a_{11}b_{12}+a_{12}b_{22}&a_{11}b_{13}+a_{12}b_{23}\\a_{21}b_{11}+a_{22}b_{21}&a_{21}b_{12}+a_{22}b_{22}&a_{21}b_{13}+a_{22}b_{23}\end{pmatrix}=\begin{pmatrix}a_{11}b_{11}+a_{12}b_{21}&a_{21}b_{11}+a_{22}b_{21}\\a_{11}b_{12}+a_{12}b_{22}&a_{21}b_{12}+a_{22}b_{22}\\a_{11}b_{13}+a_{12}b_{23}&a_{21}b_{13}+a_{22}b_{23}\end{pmatrix}$$

$${}^tB\,{}^tA=\begin{pmatrix}b_{11}&b_{21}\\b_{12}&b_{22}\\b_{13}&b_{23}\end{pmatrix}\begin{pmatrix}a_{11}&a_{21}\\a_{12}&a_{22}\end{pmatrix}=\begin{pmatrix}a_{11}b_{11}+a_{12}b_{21}&a_{21}b_{11}+a_{22}b_{21}\\a_{11}b_{12}+a_{12}b_{22}&a_{21}b_{12}+a_{22}b_{22}\\a_{11}b_{13}+a_{12}b_{23}&a_{21}b_{13}+a_{22}b_{23}\end{pmatrix}$$

より、${}^t(AB)={}^tB\,{}^tA$ が成立することがわかります。

3-6 行列の積の性質

２つの行列 A、B の積については、慣れ親しんだ「数の積に関するいろいろな性質」が使えないことがある。そのため、行列の積に関しては、細心の注意を必要とする。

レッスン

AB と BA は等しいとは限りません。つまり、交換法則は成り立たない。

$$A=\begin{pmatrix}1 & 2\\ 3 & 4\end{pmatrix},\ B=\begin{pmatrix}4 & 3\\ 2 & 1\end{pmatrix}\ \text{のとき}\quad AB\neq BA$$

反例は1つで十分ですね。2 つの数 a、b については、いつでも $ab=ba$ でしたから、行列の積は気を遣いますね。

しかも、AB が存在しても BA が存在するとは限らないのです。

$$A=\begin{pmatrix}1 & 2\\ 3 & 4\end{pmatrix},\ B=\begin{pmatrix}2\\ 1\end{pmatrix}\quad \text{のとき}$$

$$AB=\begin{pmatrix}1 & 2\\ 3 & 4\end{pmatrix}\begin{pmatrix}2\\ 1\end{pmatrix}=\begin{pmatrix}1\times 2+2\times 1\\ 3\times 2+4\times 1\end{pmatrix}=\begin{pmatrix}4\\ 10\end{pmatrix}$$

でも、$BA=\begin{pmatrix}2\\ 1\end{pmatrix}\begin{pmatrix}1 & 2\\ 3 & 4\end{pmatrix}=$ **無理**

やっかいですね。

それに「$A \neq O$ かつ $B \neq O$ ならば $AB \neq O$」…①が成立しません。つまり、「$A \neq O$ かつ $B \neq O$」なのに「$AB = O$」となることがあります。このような A、B を**「零因子」**(れいいんし)といいます。

$$A = \begin{pmatrix} 1 & 2 \\ 2 & 4 \end{pmatrix},\ B = \begin{pmatrix} 2 & -2 \\ -1 & 1 \end{pmatrix} \text{のとき}$$

$$\begin{aligned} AB &= \begin{pmatrix} 1 & 2 \\ 2 & 4 \end{pmatrix}\begin{pmatrix} 2 & -2 \\ -1 & 1 \end{pmatrix} \\ &= \begin{pmatrix} 1\times2+2\times(-1) & 1\times(-2)+2\times1 \\ 2\times2+4\times(-1) & 2\times(-2)+4\times1 \end{pmatrix} = \begin{pmatrix} 0 & 0 \\ 0 & 0 \end{pmatrix} \end{aligned}$$

つまり、「$AB = O$ ならば $A = O$ または $B = O$」(①の対偶)とはいえないのですね。これは十分気をつけないといけないなぁ。

〔解説〕 行列の積に関しては数の積と同じように次の法則が成立します。ただし、行列 A、B、C はそれぞれ下記の計算が可能な型とします。

(1) $A(B+C) = AB + AC$, $(A+B)C = AC + BC$ ……分配法則

(2) $(AB)C = A(BC)$ ……結合法則

(3) $(kA)B = k(AB) = A(kB)$ ただし、k はスカラー

2つの行列 A、B の積については一方の行ベクトルと他方の列ベクトルの内積と定義したため、今まで扱ってきた数の掛け算の感覚で計算することができないことがあります。最も注意しなければいけないことは積に関して「**交換法則が成立しない**」、「**零因子が存在する**」ということです。

3-7 逆行列

正方行列 A に対して　$AX = XA = E$　となる行列 X があれば、それを行列 A の**逆行列**といい A^{-1} と書く。ただし、E は単位行列。なお、逆行列をもつ行列は**正則である**といい、正則である行列を**正則行列**という。

レッスン

E は単位行列だから、逆行列は数の世界の逆数に相当するものですね。

$$\begin{pmatrix} a_{11} & a_{12} & \cdots & a_{1n} \\ a_{21} & a_{22} & \cdots & a_{2n} \\ \vdots & \vdots & \vdots & \vdots \\ a_{m1} & a_{m2} & \cdots & a_{mn} \end{pmatrix} \begin{pmatrix} x_{11} & x_{12} & \cdots & x_{1n} \\ x_{21} & x_{22} & \cdots & x_{2n} \\ \vdots & \vdots & \vdots & \vdots \\ x_{n1} & x_{n2} & \cdots & x_{nn} \end{pmatrix} = \begin{pmatrix} 1 & 0 & \cdots & 0 \\ 0 & 1 & \cdots & 0 \\ \vdots & \vdots & \ddots & \vdots \\ 0 & 0 & \cdots & 1 \end{pmatrix}$$

$$\begin{pmatrix} x_{11} & x_{12} & \cdots & x_{1n} \\ x_{21} & x_{22} & \cdots & x_{2n} \\ \vdots & \vdots & \vdots & \vdots \\ x_{n1} & x_{n2} & \cdots & x_{nn} \end{pmatrix} = \begin{pmatrix} a_{11} & a_{12} & \cdots & a_{1n} \\ a_{21} & a_{22} & \cdots & a_{2n} \\ \vdots & \vdots & \vdots & \vdots \\ a_{m1} & a_{m2} & \cdots & a_{mn} \end{pmatrix}^{-1}$$

$$ax = 1$$

$$x = a^{-1}$$

a=0 のとき a の逆数は存在しません。逆行列も存在するとは限りませんね。

〔解説〕　数 a に対して $ax = 1$　を満たす数 x を a の**逆数**といい a^{-1}　と書きました。逆行列も数の場合と同様に、冒頭のように定義しました。数 a に対して逆数が存在するとは限らない（a=0 のとき）ように、行列 A

に対しても逆行列は存在するとは限りません。

ただし、存在する場合には、その求め方について§3-10と§4-13で紹介します。§3-10では行列Aに対し、その特性に応じて行列Aを変形しながら逆行列を求める方法であり、§4-13については、まさしく、逆行列の公式を利用する方法です。この場合には行列だけでなく行列式（第4章）の考えも必要になります。

なお、逆行列について次の性質があります。

(1)　A が正則ならば A^{-1} も正則

(2)　$(A^{-1})^{-1} = A$

(3)　A、B が正則ならば AB も正則

(4)　A、B が正則ならば $(AB)^{-1} = B^{-1}A^{-1}$

行列については和、差、定数倍、積という計算を定義してきましたが、割り算（商）については未定義でした。その理由は主に積に関して交換法則が成立しないことにありますが、詳しいことは§7-2の<MEMO>を参照してください。

〔例〕　$A = \begin{pmatrix} 1 & 2 \\ 3 & 4 \end{pmatrix}$ の逆行列は $A^{-1} = \begin{pmatrix} -2 & 1 \\ \frac{3}{2} & -\frac{1}{2} \end{pmatrix}$

<MEMO>　$XA = E$ ならば $AX = E$

本節の冒頭において$AX = XA = E$となる行列Xがあれば、それを行列Aの**逆行列**といいA^{-1}と書くことにしましたが、この条件は厳しすぎます。なぜならば、$XA = E$ならば$AX = E$が成立するからです。また、この逆も成立します（理由は§4-13)。したがって、冒頭の定義は「正方行列Aに対して　$AX = E$　となる行列Xがあれば、それを行列Aの**逆行列**といいA^{-1}　と書く」としてもよいのです。

3-8 連立方程式の解法と行列

連立１次方程式を解く操作は行列の操作に置き換えられる。

レッスン

連立方程式を掃き出し法（加減法）を使って解く操作(下記左側)は、係数でつくる行列の各行を足したり引いたりする操作(下記右側)に対応しています。

$$\begin{cases} x + y + z = 2 & \cdots ① \\ 3x + 2y - 2z = 1 & \cdots ② \\ 2x - y + 3z = 5 & \cdots ③ \end{cases}$$

↔

x, y, z の係数行列			右辺	
1	1	1	2	…①
3	2	-2	1	…②
2	-1	3	5	…③

②−①×3 を② 、③−①×2 を③とする

$$\begin{cases} x + y + z = 2 & \cdots ① \\ -y - 5z = -5 & \cdots ② \\ -3y + z = 1 & \cdots ③ \end{cases}$$

↔

②−①×3 を② 、③−①×2 を③とする ↓

1	1	1	2	…①
0	-1	-5	-5	…②
0	-3	1	1	…③

(③−3×②)÷16 を③とする

$$\begin{cases} x + y + z = 2 & \cdots ① \\ -y - 5z = -5 & \cdots ② \\ z = 1 & \cdots ③ \end{cases}$$

↔

(③−3×②)÷16 を③とする ↓

1	1	1	2	…①
0	-1	-5	-5	…②
0	0	1	1	…③

(②+5×③)×(−1) を②とする

$$\begin{cases} x + y + z = 2 & \cdots ① \\ y = 0 & \cdots ② \\ z = 1 & \cdots ③ \end{cases}$$

↔

(②+5×③)×(−1) を②とする ↓

1	1	1	2	…①
0	1	0	0	…②
0	0	1	1	…③

①−②−③ を①とする

$$\begin{cases} x = 1 & \cdots ① \\ y = 0 & \cdots ② \\ z = 1 & \cdots ③ \end{cases}$$

↔

①−②−③ を①とする ↓

1	0	0	1	…①
0	1	0	0	…②
0	0	1	1	…③

〔解説〕 連立方程式を解く有名な方法に**掃き出し法**（**加減法**）があります。この方法は連立方程式を構成する式に適当な定数を掛け、これを他の式に加えたり、引いたりして未知数を求める方法です。前ページからわかるように、この方法においては、未知数の係数から作られる行列こそが大事なのです。つまり、係数で作られた行列の行ベクトルを定数倍したり、それをある行ベクトルに加えたり引いたりして単位行列の形を導くことによって解を得るのです。未知数名 x, y, z は本質ではありません。

そこで、連立方程式の左辺の未知数の係数からなる行列を**係数行列**、右辺の定数も含めた行列を**拡大係数行列**（**添加行列**）と名付けることにします。この用語を用いて前ページで使われた掃き出し法の原理をまとめると次のようになります。

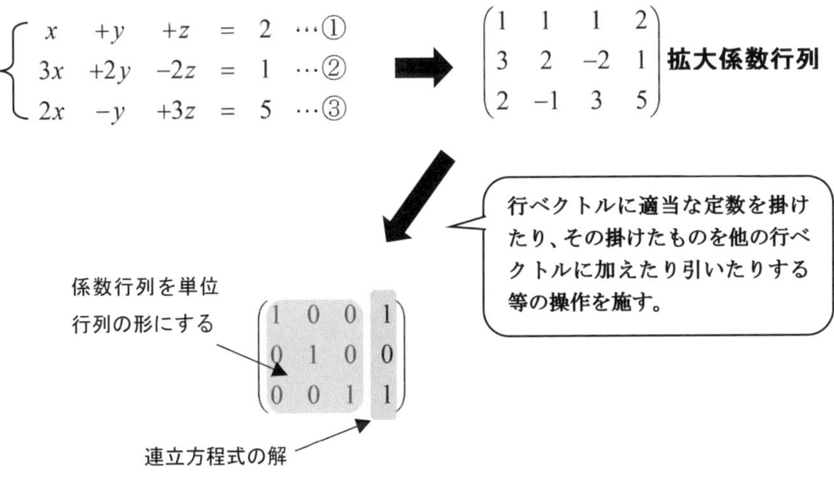

（注） 上記の変形によって係数行列が単位行列にならない場合があります。この場合には解が不定、または、不能になります。このことについては「第７章連立方程式」で扱います。

● 拡大係数行列を変形して係数行列を単位行列にする手順

連立方程式を解くには、拡大係数行列の行ベクトルに適当な数を掛け、それを他の行ベクトルに加えたり引いたりして、係数行列部分が単位行列になるように拡大係数行列を変形します。このときの大まかな変形手順は次のようになります(これはあくまでも変形の目安にすぎません)。

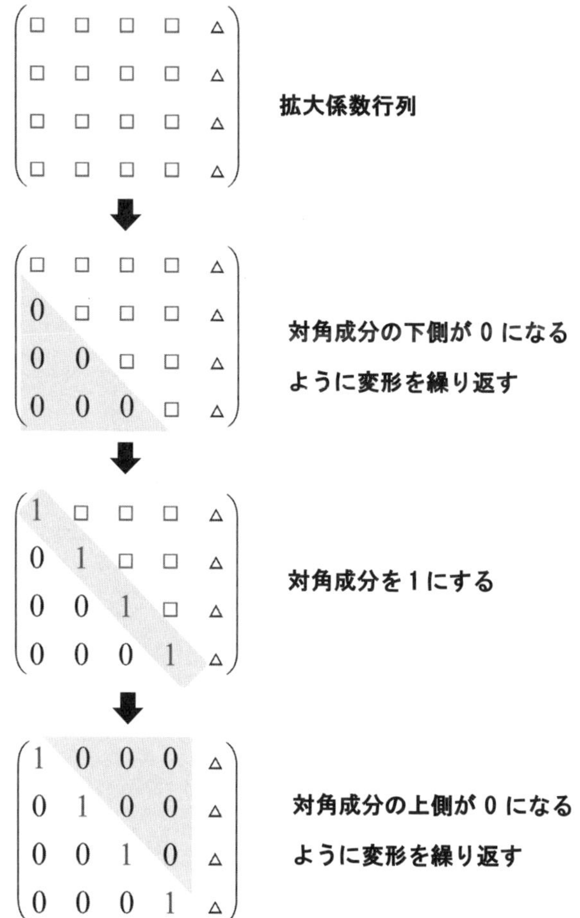

拡大係数行列
対角成分の下側が 0 になるように変形を繰り返す
対角成分を 1 にする
対角成分の上側が 0 になるように変形を繰り返す

(注) このような変形ができないときは、もとの連立方程式が不能か不定のときです。

〔例〕 次の連立方程式を掃き出し法で解いてみましょう。

$$\begin{cases} x+y+z=6 \\ -2x+2y+3z=1 \\ 3x-y+2z=9 \end{cases}$$

（解）

拡大係数行列

$$\begin{pmatrix} 1 & 1 & 1 & 6 \\ -2 & 2 & 3 & 1 \\ 3 & -1 & 2 & 9 \end{pmatrix} \begin{matrix} \cdots① \\ \cdots② \\ \cdots③ \end{matrix}$$

①×2＋②を②、①×(-3)＋③を③

$$\begin{pmatrix} 1 & 1 & 1 & 6 \\ 0 & 4 & 5 & 13 \\ 0 & -4 & -1 & -9 \end{pmatrix} \begin{matrix} \cdots① \\ \cdots② \\ \cdots③ \end{matrix}$$

②＋③ を③とする

$$\begin{pmatrix} 1 & 1 & 1 & 6 \\ 0 & 4 & 5 & 13 \\ 0 & 0 & 4 & 4 \end{pmatrix} \begin{matrix} \cdots① \\ \cdots② \\ \cdots③ \end{matrix}$$

②÷4 を②、③÷4 を③とする

$$\begin{pmatrix} 1 & 1 & 1 & 6 \\ 0 & 1 & 5/4 & 13/4 \\ 0 & 0 & 1 & 1 \end{pmatrix} \begin{matrix} \cdots① \\ \cdots② \\ \cdots③ \end{matrix}$$

②×(-1)＋①を①とする

$$\begin{pmatrix} 1 & 0 & -1/4 & 11/4 \\ 0 & 1 & 5/4 & 13/4 \\ 0 & 0 & 1 & 1 \end{pmatrix} \begin{matrix} \cdots① \\ \cdots② \\ \cdots③ \end{matrix}$$

③×(1/4)＋①を①とし、

③×(-5/4)＋②を②とする

$$\begin{pmatrix} 1 & 0 & 0 & 3 \\ 0 & 1 & 0 & 2 \\ 0 & 0 & 1 & 1 \end{pmatrix}$$

よって、$x=3, y=2, z=1$

＜MEMO＞ 掃き出し法（加減法）と同値変形

連立方程式を解く際に用いた掃き出し法（加減法）は次の同値変形を使っています。それゆえ、これらによって変形された方程式の解はもとの方程式の解と一致します。

$$\begin{cases} P=0 \\ Q=0 \end{cases}$$

$$\begin{cases} P=0 \\ kQ=0 \quad (k\neq 0) \end{cases} \Leftrightarrow \begin{cases} P=0 \\ P+kQ=0 \quad (k\neq 0) \end{cases}$$

3-9　行列の基本変形

$m \times n$ 行列に施す次の操作を**行基本変形**という。

(1)　ある行を $k(\neq 0)$ 倍する

(2)　ある行の $k(\neq 0)$ 倍を他の行に加える

(3)　２つの行を交換する

ただし、k は数（スカラー）とする。

レッスン

行基本変形を図示すると次のようになります。

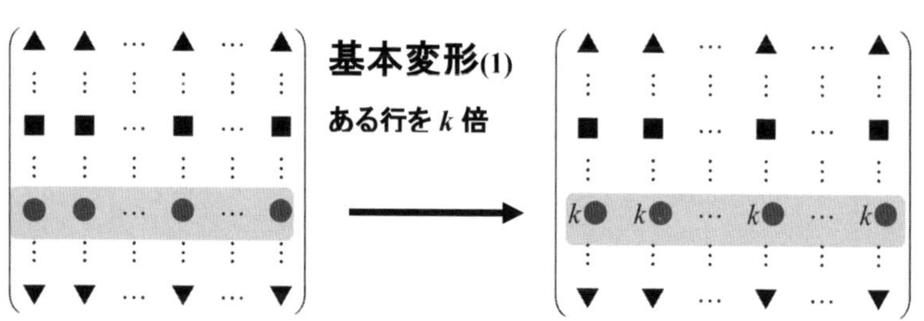

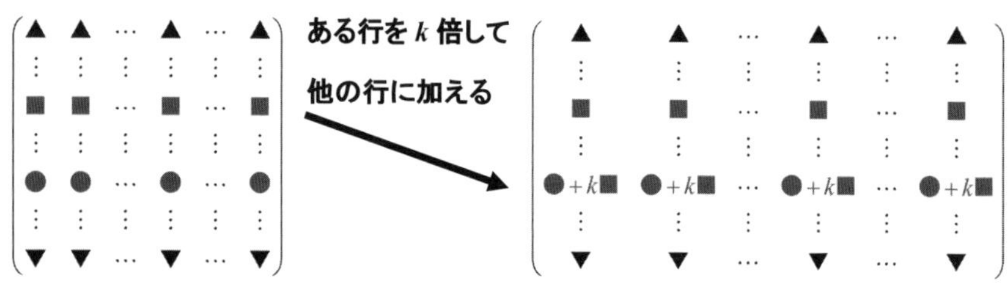

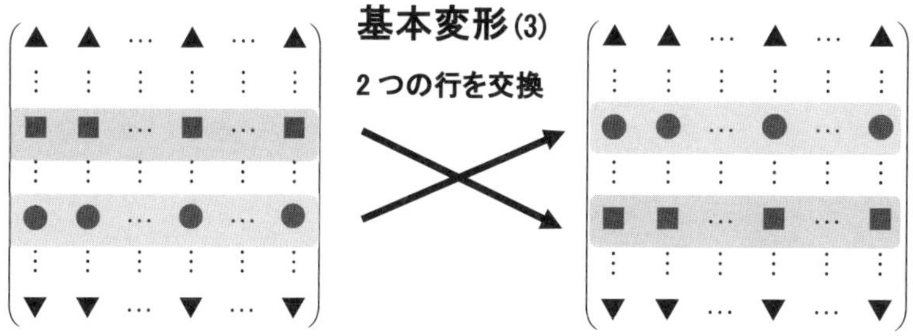

〔解説〕 ここで紹介した行基本変形は、前節§3-8で紹介した連立1次方程式の添加行列の変形方法を整理しまとめたものです。この方法は行列による連立1次方程式の解法のみならず、逆行列や行列の階数（ランク：§5-1）を求める際にもよく使われます。

（注） 行列の行基本変形は可逆的です。つまり、(1)(2)(3)で変形された行列は逆に辿ってもとの行列に戻すことができます。

なお、行基本変形に対して列基本変形というものがあります。

列基本変形	(1) ある列を $k(\neq 0)$倍する
	(2) ある列の $k(\neq 0)$倍を他の列に加える
	(3) 2つの列を交換する

これを図示すると次のようになります。

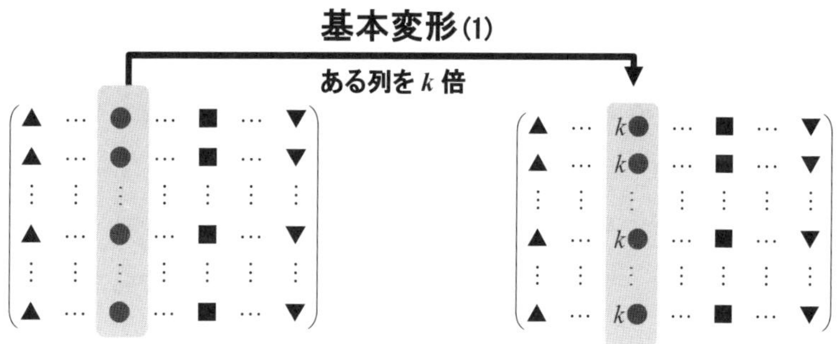

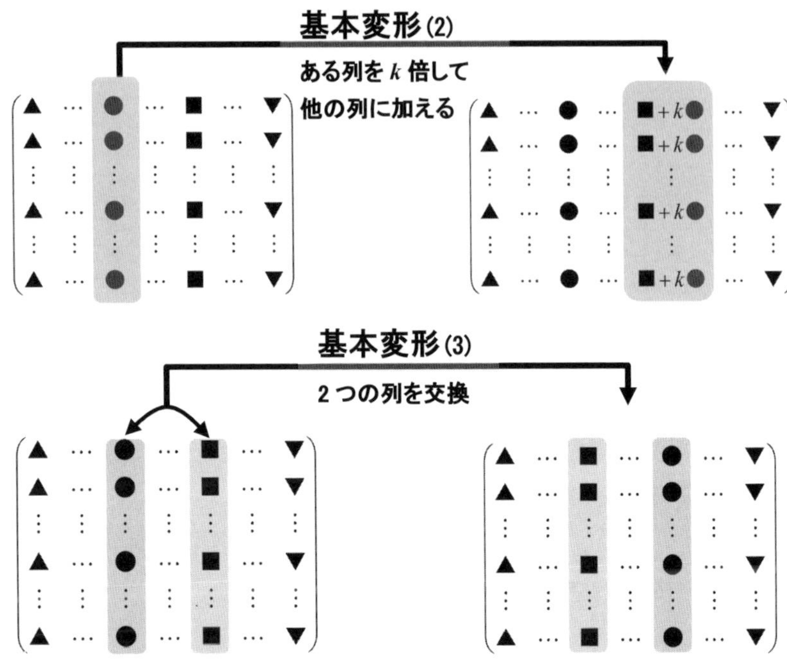

(注)　列基本変形も可逆的です。

行基本変形と列基本変形を総称して行列の**基本変形**と呼ぶことにします。

なお、列基本変形の(3)を連立1次方程式の添加行列に適用するときには注意が2つ必要です。それは、**最右端の列とその他の列は交換しない**ということと、もう1つは、列を交換すると**該当する未知数の名前も交換されてしまう**ということです。したがって、列を交換したときには、最終的に解を表示する際、再度、未知数の名前を交換して元に戻す必要があります。次の例で使い方を確認しましょう。

〔例〕　次の連立1次方程式の解を添加行列を基本変形することによって求めてみましょう。

$$\begin{cases} x + 2y + z = 8 & \cdots① \\ 2x + 3y + 5z = 23 & \cdots② \\ -x + y + 2z = 7 & \cdots③ \end{cases}$$

（解）　この連立方程式の添加行列$\begin{pmatrix} 1 & 2 & 1 & 8 \\ 2 & 3 & 5 & 23 \\ -1 & 1 & 2 & 7 \end{pmatrix}$に対して行列の基本変形を試みた例です（基本変形は何通りもあります）。

1列	2列	3列	4列	
1	2	1	8	…①
2	3	5	23	…②
-1	1	2	7	…③

①×(−2)+② を②　、①+③ を③とする↓

1	2	1	8	…①
0	-1	3	7	…②
0	3	3	15	…③

2列と3列を交換する ↓

1	1	2	8	…①
0	3	-1	7	…②
0	3	3	15	…③

③÷3 を③とする ↓

1	1	2	8	…①
0	3	-1	7	…②
0	1	1	5	…③

③+② を②とする ↓

1	1	2	8	…①
0	4	0	12	…②
0	1	1	5	…③

②÷4 を②とする ↓

1	1	2	8	…①
0	1	0	3	…②
0	1	1	5	…③

②×(−1)+③ を③とする ↓

1	1	2	8	…①
0	1	0	3	…②
0	0	1	2	…③

②×(−1)+① を①とする ↓

1	0	2	5	…①
0	1	0	3	…②
0	0	1	2	…③

③×(−2)+① を①とする ↓

1	0	0	1	…①
0	1	0	3	…②
0	0	1	2	…③

上記の変形結果より $x=1, y=3, z=2$ としたいところですが、途中で2列と3列を交換したので、$x=1, z=3, y=2$ が解となります。

＜MEMO＞　行基本変形、列基本変形は基本行列を掛けると実現する

行基本変形、列基本変形は**基本行列**と呼ばれる特殊な正方行列を変形したい行列に掛けることによって実現します。そのことを3×4行列 A を用いて体感してみましょう。以下の各等式の左辺の正方形列が基本行列に相当します。

＜行基本変形の場合＞

(1)　3×4行列 A の第2行を $k(\neq 0)$倍する

$$\begin{pmatrix} 1 & 0 & 0 \\ 0 & k & 0 \\ 0 & 0 & 1 \end{pmatrix}\begin{pmatrix} a_{11} & a_{12} & a_{13} & a_{14} \\ a_{21} & a_{22} & a_{23} & a_{24} \\ a_{31} & a_{32} & a_{33} & a_{34} \end{pmatrix}=\begin{pmatrix} a_{11} & a_{12} & a_{13} & a_{14} \\ ka_{21} & ka_{22} & ka_{23} & ka_{24} \\ a_{31} & a_{32} & a_{33} & a_{34} \end{pmatrix}$$

(2)　3×4行列 A の第3行を $k(\neq 0)$倍しこれを第2行に加える

$$\begin{pmatrix} 1 & 0 & 0 \\ 0 & 1 & k \\ 0 & 0 & 1 \end{pmatrix}\begin{pmatrix} a_{11} & a_{12} & a_{13} & a_{14} \\ a_{21} & a_{22} & a_{23} & a_{24} \\ a_{31} & a_{32} & a_{33} & a_{34} \end{pmatrix}$$

$$=\begin{pmatrix} a_{11} & a_{12} & a_{13} & a_{14} \\ a_{21}+ka_{31} & a_{22}+ka_{32} & a_{23}+ka_{33} & a_{24}+ka_{34} \\ a_{31} & a_{32} & a_{33} & a_{34} \end{pmatrix}$$

(3)　3×4行列 A の第2行と第3行を交換する

$$\begin{pmatrix} 1 & 0 & 0 \\ 0 & 0 & 1 \\ 0 & 1 & 0 \end{pmatrix}\begin{pmatrix} a_{11} & a_{12} & a_{13} & a_{14} \\ a_{21} & a_{22} & a_{23} & a_{24} \\ a_{31} & a_{32} & a_{33} & a_{34} \end{pmatrix}=\begin{pmatrix} a_{11} & a_{12} & a_{13} & a_{14} \\ a_{31} & a_{32} & a_{33} & a_{34} \\ a_{21} & a_{22} & a_{23} & a_{24} \end{pmatrix}$$

＜列基本変形の場合＞

(1)　3×4 行列 A の第 3 列を $k(\neq 0)$倍する

$$\begin{pmatrix} a_{11} & a_{12} & a_{13} & a_{14} \\ a_{21} & a_{22} & a_{23} & a_{24} \\ a_{31} & a_{32} & a_{33} & a_{34} \end{pmatrix}\begin{pmatrix} 1 & 0 & 0 & 0 \\ 0 & 1 & 0 & 0 \\ 0 & 0 & k & 0 \\ 0 & 0 & 0 & 1 \end{pmatrix}=\begin{pmatrix} a_{11} & a_{12} & ka_{13} & a_{14} \\ a_{21} & a_{22} & ka_{23} & a_{24} \\ a_{31} & a_{32} & ka_{33} & a_{34} \end{pmatrix}$$

(2)　3×4 行列 A の第 1 列を k 倍しこれを第 3 列に加える

$$\begin{pmatrix} a_{11} & a_{12} & a_{13} & a_{14} \\ a_{21} & a_{22} & a_{23} & a_{24} \\ a_{31} & a_{32} & a_{33} & a_{34} \end{pmatrix}\begin{pmatrix} 1 & 0 & k & 0 \\ 0 & 1 & 0 & 0 \\ 0 & 0 & 1 & 0 \\ 0 & 0 & 0 & 1 \end{pmatrix}$$

$$=\begin{pmatrix} a_{11} & a_{12} & ka_{11}+a_{13} & a_{14} \\ a_{21} & a_{22} & ka_{21}+a_{23} & a_{24} \\ a_{31} & a_{32} & ka_{31}+a_{33} & a_{34} \end{pmatrix}$$

(3)　3×4 行列 A の第 1 列と第 3 列を交換する

$$\begin{pmatrix} a_{11} & a_{12} & a_{13} & a_{14} \\ a_{21} & a_{22} & a_{23} & a_{24} \\ a_{31} & a_{32} & a_{33} & a_{34} \end{pmatrix}\begin{pmatrix} 0 & 0 & 1 & 0 \\ 0 & 1 & 0 & 0 \\ 1 & 0 & 0 & 0 \\ 0 & 0 & 0 & 1 \end{pmatrix}=\begin{pmatrix} a_{13} & a_{12} & a_{11} & a_{14} \\ a_{23} & a_{22} & a_{21} & a_{24} \\ a_{33} & a_{32} & a_{31} & a_{34} \end{pmatrix}$$

(注)　ここで利用した基本行列はすべて逆行列が存在します。つまり、逆行列を掛けることによって、もとの行列に戻すことができます。そのため、方程式の同値性が保証されます。

3-10 行列の基本変形で逆行列を求める

n 次正方行列 A と n 次単位行列を左右に並べ、その両方に同じ行基本変形を A が単位行列になるまで施す。このとき、もとの単位行列が変形されてできる新たな行列が A の逆行列となる。

$$\begin{pmatrix} a_{11} & a_{12} & \cdots & a_{1j} & \cdots & a_{1n} \\ a_{21} & a_{22} & \cdots & a_{2j} & \cdots & a_{2n} \\ \vdots & \vdots & \vdots & \vdots & \vdots & \vdots \\ a_{i1} & a_{i2} & \cdots & a_{ii} & \cdots & a_{in} \\ \vdots & \vdots & \vdots & \vdots & \vdots & \vdots \\ a_{n1} & a_{n2} & \cdots & a_{nj} & \cdots & a_{nn} \end{pmatrix} \qquad \begin{pmatrix} 1 & 0 & 0 & 0 & 0 & 0 \\ 0 & 1 & 0 & 0 & 0 & 0 \\ 0 & 0 & 1 & 0 & 0 & 0 \\ 0 & 0 & 0 & 1 & 0 & 0 \\ 0 & 0 & 0 & 0 & 1 & 0 \\ 0 & 0 & 0 & 0 & 0 & 1 \end{pmatrix}$$

左右の行列に同じ行基本変形を繰り返す

$$\begin{pmatrix} 1 & 0 & 0 & 0 & 0 & 0 \\ 0 & 1 & 0 & 0 & 0 & 0 \\ 0 & 0 & 1 & 0 & 0 & 0 \\ 0 & 0 & 0 & 1 & 0 & 0 \\ 0 & 0 & 0 & 0 & 1 & 0 \\ 0 & 0 & 0 & 0 & 0 & 1 \end{pmatrix} \qquad \begin{pmatrix} b_{11} & b_{12} & \cdots & b_{1j} & \cdots & b_{1n} \\ b_{21} & b_{22} & \cdots & b_{2j} & \cdots & b_{2n} \\ \vdots & \vdots & \vdots & \vdots & \vdots & \vdots \\ b_{i1} & b_{i2} & \cdots & b_{ii} & \cdots & b_{in} \\ \vdots & \vdots & \vdots & \vdots & \vdots & \vdots \\ b_{n1} & b_{n2} & \cdots & b_{nj} & \cdots & b_{nn} \end{pmatrix}$$

このとき、

$$\begin{pmatrix} a_{11} & a_{12} & \cdots & a_{1j} & \cdots & a_{1n} \\ a_{21} & a_{22} & \cdots & a_{2j} & \cdots & a_{2n} \\ \vdots & \vdots & \vdots & \vdots & \vdots & \vdots \\ a_{i1} & a_{i2} & \cdots & a_{ii} & \cdots & a_{in} \\ \vdots & \vdots & \vdots & \vdots & \vdots & \vdots \\ a_{n1} & a_{n2} & \cdots & a_{nj} & \cdots & a_{nn} \end{pmatrix}^{-1} = \begin{pmatrix} b_{11} & b_{12} & \cdots & b_{1j} & \cdots & b_{1n} \\ b_{21} & b_{22} & \cdots & b_{2j} & \cdots & b_{2n} \\ \vdots & \vdots & \vdots & \vdots & \vdots & \vdots \\ b_{i1} & b_{i2} & \cdots & b_{ii} & \cdots & b_{in} \\ \vdots & \vdots & \vdots & \vdots & \vdots & \vdots \\ b_{n1} & b_{n2} & \cdots & b_{nj} & \cdots & b_{nn} \end{pmatrix}$$

レッスン

何だか、キツネにつままれたような話しですが、次の式変形でその理由がわかります。ただし、■、◆、▲は前節の行基本変形（§3-9）を表わす行列です。また、X は A の逆行列とします。

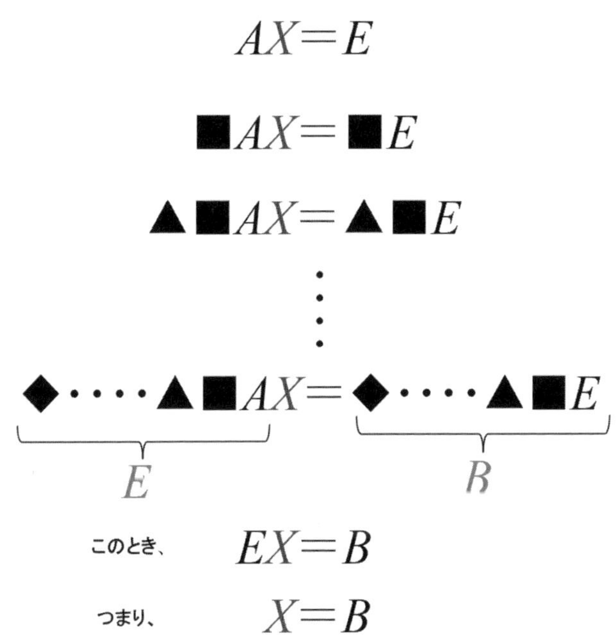

どのような行基本変形を使うかは行列 A に応じて工夫が必要ですね。上記の変形で「X」は単なる飾りですね!!

〔解説〕 ここで、■、◆、▲は§3-9 で紹介した行基本変形を表わす行列（基本行列）のいずれかです。$AX=E$ の両辺に左から行に関する基本行列を適宜掛けていき、◆・・・・▲■A が単位行列になったとき基本変形を終了します。このときの右辺、つまり◆・・・・▲■E を B とすれば $EX=B$、

つまり、$\boldsymbol{X}=B$ となり A の逆行列 $\boldsymbol{X}$ が B として求まったことになります。

(注) A の逆行列 X は $AX=XA=E$ を満たさなければいけませんが、 $AX=E$ であれば $XA=E$ も成り立ちます（§3-7）。

(注) 同様にして行列の列基本変形を用いても逆行列を求めることができます。

〔例〕 次の行列 A の逆行列を求めてみましょう。

$$A=\begin{pmatrix}1 & -1 & 2\\ 2 & -1 & 7\\ 1 & -1 & 3\end{pmatrix}$$

(解)

$$\begin{pmatrix}1 & -1 & 2\\ 2 & -1 & 7\\ 1 & -1 & 3\end{pmatrix}\begin{matrix}\cdots①\\ \cdots②\\ \cdots③\end{matrix}\qquad\begin{pmatrix}1 & 0 & 0\\ 0 & 1 & 0\\ 0 & 0 & 1\end{pmatrix}\begin{matrix}\cdots①\\ \cdots②\\ \cdots③\end{matrix}$$

②－①×2 を②とする

$$\begin{pmatrix}1 & -1 & 2\\ 0 & 1 & 3\\ 1 & -1 & 3\end{pmatrix}\begin{matrix}\cdots①\\ \cdots②\\ \cdots③\end{matrix}\qquad\begin{pmatrix}1 & 0 & 0\\ -2 & 1 & 0\\ 0 & 0 & 1\end{pmatrix}\begin{matrix}\cdots①\\ \cdots②\\ \cdots③\end{matrix}$$

③－①を③とする

$$\begin{pmatrix}1 & -1 & 2\\ 0 & 1 & 3\\ 0 & 0 & 1\end{pmatrix}\begin{matrix}\cdots①\\ \cdots②\\ \cdots③\end{matrix}\qquad\begin{pmatrix}1 & 0 & 0\\ -2 & 1 & 0\\ -1 & 0 & 1\end{pmatrix}\begin{matrix}\cdots①\\ \cdots②\\ \cdots③\end{matrix}$$

②－③×3 を②とする

$$\begin{pmatrix} 1 & -1 & 2 \\ 0 & 1 & 0 \\ 0 & 0 & 1 \end{pmatrix} \begin{matrix} \cdots① \\ \cdots② \\ \cdots③ \end{matrix} \qquad \begin{pmatrix} 1 & 0 & 0 \\ 1 & 1 & -3 \\ -1 & 0 & 1 \end{pmatrix} \begin{matrix} \cdots① \\ \cdots② \\ \cdots③ \end{matrix}$$

①＋②を①とする

$$\begin{pmatrix} 1 & 0 & 2 \\ 0 & 1 & 0 \\ 0 & 0 & 1 \end{pmatrix} \begin{matrix} \cdots① \\ \cdots② \\ \cdots③ \end{matrix} \qquad \begin{pmatrix} 2 & 1 & -3 \\ 1 & 1 & -3 \\ -1 & 0 & 1 \end{pmatrix} \begin{matrix} \cdots① \\ \cdots② \\ \cdots③ \end{matrix}$$

①－③×2 を①とする

$$\begin{pmatrix} 1 & 0 & 0 \\ 0 & 1 & 0 \\ 0 & 0 & 1 \end{pmatrix} \begin{matrix} \cdots① \\ \cdots② \\ \cdots③ \end{matrix} \qquad \begin{pmatrix} 4 & 1 & -5 \\ 1 & 1 & -3 \\ -1 & 0 & 1 \end{pmatrix} \begin{matrix} \cdots① \\ \cdots② \\ \cdots③ \end{matrix}$$

よって、

$$\begin{pmatrix} 1 & -1 & 2 \\ 2 & -1 & 7 \\ 1 & -1 & 3 \end{pmatrix}^{-1} = \begin{pmatrix} 4 & 1 & -5 \\ 1 & 1 & -3 \\ -1 & 0 & 1 \end{pmatrix}$$

<MEMO>　逆行列を求める公式

正方行列 A は逆行列をもつとは限りませんが、逆行列 A^{-1} をもつ場合には、**行列式**（第 4 章）というものを使って、A^{-1} を求める公式がつくられています（詳しくは§4-13 参照）。

$A=(a_{ij})$ の逆行列は $A^{-1}=\dfrac{1}{|A|}\,{}^{t}(A_{ij})$

<MEMO> $m \times n$ 行列は mn 次元ベクトル

成分が実数からなる$m \times n$行列全体からなる集合Vは行列の和とスカラー倍（実数倍）の定義（§3-4）により**mn 次元ベクトル空間**になります。したがって、その要素である$m \times n$行列はベクトルということになります。このことを2×2行列の例で調べてみましょう。

$$V = \left\{ A \middle| \ A = \begin{pmatrix} a & b \\ c & d \end{pmatrix}, \quad a,b,c,d \in R \right\}$$

このとき、零ベクトルは$\begin{pmatrix} 0 & 0 \\ 0 & 0 \end{pmatrix}$として存在します。また、$\begin{pmatrix} a & b \\ c & d \end{pmatrix}$の逆ベクトルは$-\begin{pmatrix} a & b \\ c & d \end{pmatrix} = \begin{pmatrix} -a & -b \\ -c & -d \end{pmatrix}$となります。

なお、このベクトル空間Vの基底の例の1つとして、次の4つの行列が考えられます。

$$\begin{pmatrix} 1 & 0 \\ 0 & 0 \end{pmatrix}, \begin{pmatrix} 0 & 1 \\ 0 & 0 \end{pmatrix}, \begin{pmatrix} 0 & 0 \\ 1 & 0 \end{pmatrix}, \begin{pmatrix} 0 & 0 \\ 0 & 1 \end{pmatrix} \quad \cdots ①$$

これら4つの行列は1次独立です。なぜならば、

$$p\begin{pmatrix} 1 & 0 \\ 0 & 0 \end{pmatrix} + q\begin{pmatrix} 0 & 1 \\ 0 & 0 \end{pmatrix} + r\begin{pmatrix} 0 & 0 \\ 1 & 0 \end{pmatrix} + s\begin{pmatrix} 0 & 0 \\ 0 & 1 \end{pmatrix} = \begin{pmatrix} p & q \\ r & s \end{pmatrix} = O$$

が成立するとき、$p = q = r = s = 0$ が成立します。また、任意の2×2行列は次のように①の4つの行列の1次結合で書けるからです。

$$\begin{pmatrix} a & b \\ c & d \end{pmatrix} = a\begin{pmatrix} 1 & 0 \\ 0 & 0 \end{pmatrix} + b\begin{pmatrix} 0 & 1 \\ 0 & 0 \end{pmatrix} + c\begin{pmatrix} 0 & 0 \\ 1 & 0 \end{pmatrix} + d\begin{pmatrix} 0 & 0 \\ 0 & 1 \end{pmatrix}$$

したがって、このベクトル空間Vの次元は$2 \times 2 = 4$となります。

第4章　行列式の基本

$$\begin{vmatrix} a_{11} & a_{12} & \cdots & a_{1j} & \cdots & a_{1n} \\ a_{21} & a_{22} & \cdots & a_{2j} & \cdots & a_{2n} \\ \vdots & \vdots & \vdots & \vdots & \vdots & \vdots \\ a_{i1} & a_{i2} & \cdots & a_{ij} & \cdots & a_{in} \\ \vdots & \vdots & \vdots & \vdots & \vdots & \vdots \\ a_{n1} & a_{n2} & \cdots & a_{nj} & \cdots & a_{nn} \end{vmatrix}$$

「行列は数を長方形状に並べたもの」でしたが、「行列式は、これに値をもたせたもの」です。似て非なるものですが、行列と行列式は深い絆で結ばれています。

数学史の上では行列式のほうが行列よりも先に考え出されました。

4-1 行列式とは

行列式とは、数を正方形状に並べたもの（つまり、正方行列）に**1つの値**をもたせたものである。

レッスン

行列と行列式は似て非なるものです。

$$A=\begin{pmatrix} a & b \\ c & d \end{pmatrix}$$

$$B=\begin{pmatrix} 2 & 4 & 1 \\ 3 & 2 & 3 \\ 5 & -4 & 4 \end{pmatrix}$$

…… **行列は数の羅列・配列**

$$|A|=\begin{vmatrix} a & b \\ c & d \end{vmatrix}=ad-bc$$

$$|B|=\begin{vmatrix} 2 & 4 & 1 \\ 3 & 2 & 3 \\ 5 & -4 & 4 \end{vmatrix}=30$$

…… **行列式は　1つの式・数値**

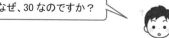

なぜ、30なのですか？

〔解説〕　正方行列 A に対し、その成分を左右に引いた縦線で囲ったものを**行列式**といいます。**行列式は１つの値（数式）を表わします**。行列と行列式は外見が似ていますが、異なるものであることに注意してください。なお、n 次の正方行列から得られる行列式を ***n* 次の行列式**といいます。

行列式の値の決め方は単純ではありません。このことについて、本書では２通りの方法（§4-3、§4-5）を紹介します。

（注）　行列は英語で *matrix*（マトリックス）といい、行列式は *determinant*（ディターミナント）です。*determinant* の意味は形容詞では「決定的な」、名詞では「決定要素」です。

＜MEMO＞　行列式は連立方程式を解く過程で生まれた

行列式は連立方程式を解く過程で生まれたものです。以下に、このことを見てみましょう。

連立方程式　$\begin{cases} ax+by=p \\ cx+dy=q \end{cases}$　…①　を消去法で解くと、

$x=\dfrac{pd-bq}{ad-bc}$，$y=\dfrac{aq-cp}{ad-bc}$　を得ます。ただし、$ad-bc\neq 0$ とします。

この解の分母と分子　$ad-bc$，$pd-bq$，$aq-cp$　に着目すると、式としては似ていることがわかります。

ここで、連立方程式①の x、y の係数を正方形状に並べてみると、$ad-bc$ は右図のように対角線上の数の積の差であることがわかります。

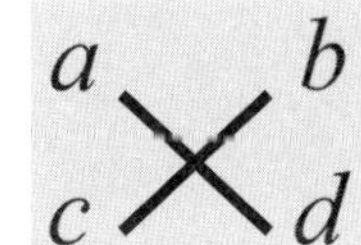

そこで、$ad-bc$ を記号 $\begin{vmatrix} a & b \\ c & d \end{vmatrix}$ で表わすことにします。すると、$pd-bq$ も $\begin{vmatrix} p & b \\ q & d \end{vmatrix}$、$aq-cp$ も $\begin{vmatrix} a & p \\ c & q \end{vmatrix}$ と表わされることになります。したがって①の解は　$x=\dfrac{\begin{vmatrix} p & b \\ q & d \end{vmatrix}}{\begin{vmatrix} a & b \\ c & d \end{vmatrix}}$，$y=\dfrac{\begin{vmatrix} a & p \\ c & q \end{vmatrix}}{\begin{vmatrix} a & b \\ c & d \end{vmatrix}}$ と書けます。これが行列式の考えの起こりだといわれています。

（注 1）　歴史的には行列の考えよりも行列式の考えのほうが先に生まれました。

4-2 行列式を帰納的に考える

1 次の行列式を定義し、n 次の行列式を $n-1$ 次の行列式で定義すればすべての次数の行列式の値が決定する。　ただし、$n=2, 3, 4, \cdots\cdots$

レッスン

次の定義から 4 次の行列式の定義を見抜いてみましょう。

$$|a_{11}| \underset{\text{定義}}{=} (-1)^{1+1} a_{11} = a_{11}$$

まずは 1 次の行列式を定義

第 1 行と第 1 列を削除　　第 2 行と第 1 列を削除

$$\begin{vmatrix} a_{11} & a_{12} \\ a_{21} & a_{22} \end{vmatrix} \underset{\text{定義}}{=} (-1)^{1+1} a_{11} \begin{vmatrix} a_{11} & a_{12} \\ a_{21} & a_{22} \end{vmatrix} + (-1)^{2+1} a_{21} \begin{vmatrix} a_{11} & a_{12} \\ a_{21} & a_{22} \end{vmatrix}$$

$$= a_{11} |a_{22}| - a_{21} |a_{12}|$$

2 次の行列式を 1 次の行列式で定義

第 1 行と第 1 列を削除　　第 2 行と第 1 列を削除

$$\begin{vmatrix} a_{11} & a_{12} & a_{13} \\ a_{21} & a_{22} & a_{23} \\ a_{31} & a_{32} & a_{33} \end{vmatrix} \underset{\text{定義}}{=} (-1)^{1+1} a_{11} \begin{vmatrix} a_{11} & a_{12} & a_{13} \\ a_{21} & a_{22} & a_{23} \\ a_{31} & a_{32} & a_{33} \end{vmatrix} + (-1)^{2+1} a_{21} \begin{vmatrix} a_{11} & a_{12} & a_{13} \\ a_{21} & a_{22} & a_{23} \\ a_{31} & a_{32} & a_{33} \end{vmatrix}$$

第 3 行と第 1 列を削除

$$+ (-1)^{3+1} a_{31} \begin{vmatrix} a_{11} & a_{12} & a_{13} \\ a_{21} & a_{22} & a_{23} \\ a_{31} & a_{32} & a_{33} \end{vmatrix}$$

3 次の行列式を
2 次の行列式で定義

$$= a_{11} \begin{vmatrix} a_{22} & a_{23} \\ a_{32} & a_{33} \end{vmatrix} - a_{21} \begin{vmatrix} a_{12} & a_{13} \\ a_{32} & a_{33} \end{vmatrix} + a_{31} \begin{vmatrix} a_{12} & a_{13} \\ a_{22} & a_{23} \end{vmatrix}$$

すると、4 次の行列式は 3 次の行列式を使って
次のように定義されるのではないでしょうか？

$$\begin{vmatrix} a_{11} & a_{12} & a_{13} & a_{14} \\ a_{21} & a_{22} & a_{23} & a_{24} \\ a_{31} & a_{32} & a_{33} & a_{34} \\ a_{41} & a_{42} & a_{43} & a_{44} \end{vmatrix} = (-1)^{1+1}a_{11}\begin{vmatrix} a_{11} & a_{12} & a_{13} & a_{14} \\ a_{21} & a_{22} & a_{23} & a_{24} \\ a_{31} & a_{32} & a_{33} & a_{34} \\ a_{41} & a_{42} & a_{43} & a_{44} \end{vmatrix} + (-1)^{2+1}a_{21}\begin{vmatrix} a_{11} & a_{12} & a_{13} & a_{14} \\ a_{21} & a_{22} & a_{23} & a_{24} \\ a_{31} & a_{32} & a_{33} & a_{34} \\ a_{41} & a_{42} & a_{43} & a_{44} \end{vmatrix}$$

$$+ (-1)^{3+1}a_{31}\begin{vmatrix} a_{11} & a_{12} & a_{13} & a_{14} \\ a_{21} & a_{22} & a_{23} & a_{24} \\ a_{31} & a_{32} & a_{33} & a_{34} \\ a_{41} & a_{42} & a_{43} & a_{44} \end{vmatrix} + (-1)^{4+1}a_{41}\begin{vmatrix} a_{11} & a_{12} & a_{13} & a_{14} \\ a_{21} & a_{22} & a_{23} & a_{24} \\ a_{31} & a_{32} & a_{33} & a_{34} \\ a_{41} & a_{42} & a_{43} & a_{44} \end{vmatrix}$$

$$= a_{11}\begin{vmatrix} a_{22} & a_{23} & a_{24} \\ a_{32} & a_{33} & a_{34} \\ a_{42} & a_{43} & a_{44} \end{vmatrix} - a_{21}\begin{vmatrix} a_{12} & a_{13} & a_{14} \\ a_{32} & a_{33} & a_{34} \\ a_{42} & a_{43} & a_{44} \end{vmatrix}$$

$$+ a_{31}\begin{vmatrix} a_{12} & a_{13} & a_{14} \\ a_{22} & a_{23} & a_{24} \\ a_{42} & a_{43} & a_{44} \end{vmatrix} - a_{41}\begin{vmatrix} a_{12} & a_{13} & a_{14} \\ a_{22} & a_{23} & a_{24} \\ a_{32} & a_{33} & a_{34} \end{vmatrix}$$

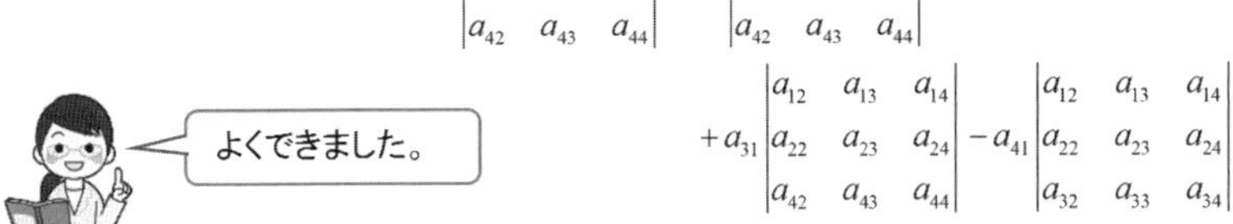

〔解説〕 ある次数の行列式を１つ手前の次数の行列式で定義し、最初の１次の行列式を定義すればすべての次数の行列式が決定します。このような定義の仕方を**帰納的定義**と呼びます。このことによって、例えば、2 次、3 次の行列式は前ページより次の値を持つことになります。

$$\begin{vmatrix} a_{11} & a_{12} \\ a_{21} & a_{22} \end{vmatrix} = a_{11}|a_{22}| - a_{21}|a_{12}| = a_{11}a_{22} - a_{21}a_{12} \quad \cdots①$$

$$\begin{vmatrix} a_{11} & a_{12} & a_{13} \\ a_{21} & a_{22} & a_{23} \\ a_{31} & a_{32} & a_{33} \end{vmatrix} = a_{11}\begin{vmatrix} a_{22} & a_{23} \\ a_{32} & a_{33} \end{vmatrix} - a_{21}\begin{vmatrix} a_{12} & a_{13} \\ a_{32} & a_{33} \end{vmatrix} + a_{31}\begin{vmatrix} a_{12} & a_{13} \\ a_{22} & a_{23} \end{vmatrix}$$

$$= a_{11}(a_{22}a_{33} - a_{32}a_{23}) - a_{21}(a_{12}a_{33} - a_{32}a_{13}) + a_{31}(a_{12}a_{23} - a_{22}a_{13}) \quad \cdots②$$

$$= a_{11}a_{22}a_{23} + a_{12}a_{23}a_{31} + a_{13}a_{21}a_{32} - (a_{13}a_{22}a_{31} + a_{11}a_{23}a_{32} + a_{12}a_{21}a_{33})$$

この②と太郎君の見抜いた式を使えば 4 次の行列式の値がわかります。

第4章 行列式の基本

このように帰納的な考えで正規に n 次の行列式を定義することについては次節で扱います。ここでは、下図でその原理だけ眺めておいてください。

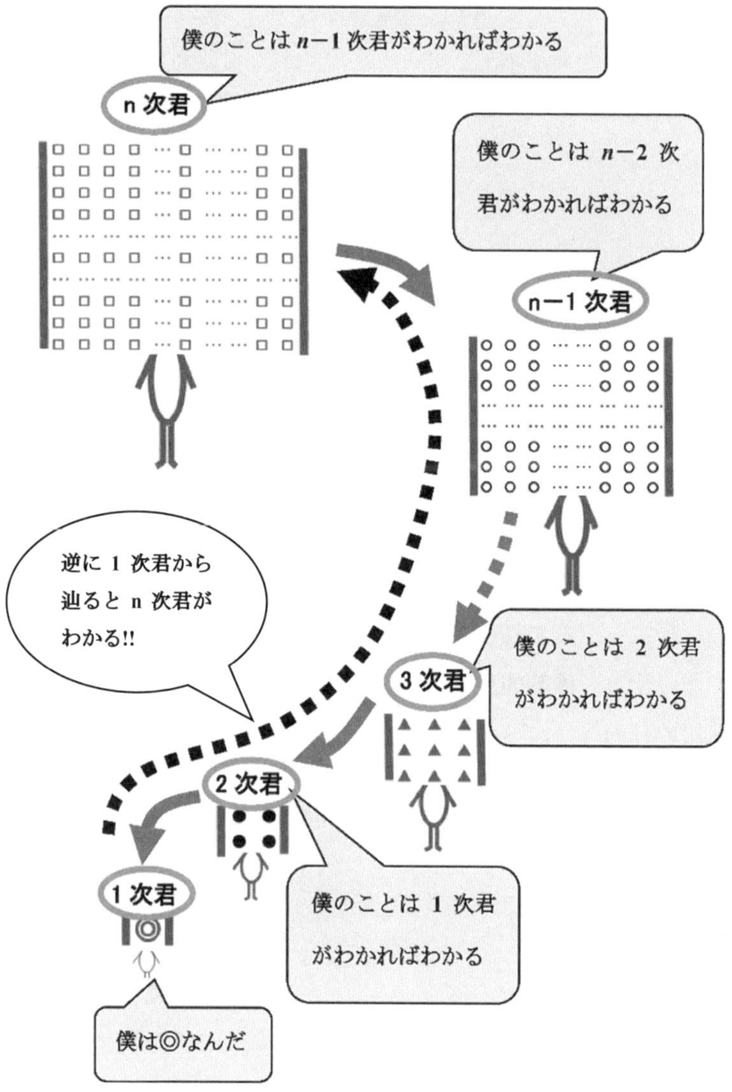

〔**例**〕 展開された２次と３次の行列式①、②を使って、次の２つの４次の行列式 D の値を求めてみましょう。

(1) $D=\begin{vmatrix} -5 & 2 & 1 & 5 \\ 2 & 4 & -3 & 4 \\ -3 & 4 & 2 & -1 \\ 4 & 6 & -7 & -2 \end{vmatrix}$

$$=(-1)^{1+1}(-5)\begin{vmatrix} 4 & -3 & 4 \\ 4 & 2 & -1 \\ 6 & -7 & -2 \end{vmatrix}+(-1)^{2+1}2\begin{vmatrix} 2 & 1 & 5 \\ 4 & 2 & -1 \\ 6 & -7 & -2 \end{vmatrix}$$

$$+(-1)^{3+1}(-3)\begin{vmatrix} 2 & 1 & 5 \\ 4 & -3 & 4 \\ 6 & -7 & -2 \end{vmatrix}+(-1)^{4+1}4\begin{vmatrix} 2 & 1 & 5 \\ 4 & -3 & 4 \\ 4 & 2 & -1 \end{vmatrix}$$

$$=-5\begin{vmatrix} 4 & -3 & 4 \\ 4 & 2 & -1 \\ 6 & -7 & -2 \end{vmatrix}-2\begin{vmatrix} 2 & 1 & 5 \\ 4 & 2 & -1 \\ 6 & -7 & -2 \end{vmatrix}-3\begin{vmatrix} 2 & 1 & 5 \\ 4 & -3 & 4 \\ 6 & -7 & -2 \end{vmatrix}-4\begin{vmatrix} 2 & 1 & 5 \\ 4 & -3 & 4 \\ 4 & 2 & -1 \end{vmatrix}$$

$$=-5\times(-210)-2\times(-220)-3\times50-4\times110$$

$$=1050+440-150-440=900$$

(2) $D=\begin{vmatrix} -5 & 2 & 1 & 5 \\ 0 & 4 & -3 & 4 \\ 0 & 4 & 2 & -1 \\ 0 & 6 & -7 & -2 \end{vmatrix}$

$$=(-1)^{1+1}(-5)\begin{vmatrix} 4 & -3 & 4 \\ 4 & 2 & -1 \\ 6 & -7 & -2 \end{vmatrix}+(-1)^{2+1}\times0\times\begin{vmatrix} 2 & 1 & 5 \\ 4 & 2 & -1 \\ 6 & -7 & -2 \end{vmatrix}$$

$$+(-1)^{3+1}\times0\times\begin{vmatrix} 2 & 1 & 5 \\ 4 & -3 & 4 \\ 6 & -7 & -2 \end{vmatrix}+(-1)^{4+1}\times0\times\begin{vmatrix} 2 & 1 & 5 \\ 4 & -3 & 4 \\ 4 & 2 & -1 \end{vmatrix}=-5\begin{vmatrix} 4 & -3 & 4 \\ 4 & 2 & -1 \\ 6 & -7 & -2 \end{vmatrix}$$

$$=-5\times(-210)=1050$$

4-3 行列式の帰納的定義

(1)　1次の行列式Dについては $D=|a_{11}|=a_{11}$ とする。

(2)　$n\geqq 2$ のとき、n 次の行列式 D を $(n-1)$ 次の行列式 D_{ij} を使って次のように定義する。

$$D=(-1)^{1+j}a_{1j}D_{1j}+(-1)^{2+j}a_{2j}D_{2j}+\cdots+(-1)^{n+j}a_{nj}D_{nj}\quad\cdots①$$ ← **j 列に着目**

$$D=(-1)^{i+1}a_{i1}D_{i1}+(-1)^{i+2}a_{i2}D_{i2}+\cdots+(-1)^{i+n}a_{in}D_{in}\quad\cdots②$$ ← **i 行に着目**

ただし、行列式 D_{ij} は行列式 D から i 行と j 列を取り除いてできる行列式とする。なお、$A_{ij}=(-1)^{i+j}D_{ij}$ とおけば①、②は次のように書ける。

$$D=a_{1j}A_{1j}+a_{2j}A_{2j}+\cdots+a_{nj}A_{nj}\quad\cdots③$$ ← **j 列に着目**

$$D=a_{i1}A_{i1}+a_{i2}A_{i2}+\cdots+a_{in}A_{in}\quad\cdots④$$ ← **i 行に着目**

難しそう!!

レッスン　①、②、③、④は何だかよくわかりませんので4次の行列式で見てみましょう。

＜第3列(j=3)に着目したときの①と③の世界＞

$$D=\begin{vmatrix}a_{11}&a_{12}&a_{13}&a_{14}\\a_{21}&a_{22}&a_{23}&a_{24}\\a_{31}&a_{32}&a_{33}&a_{34}\\a_{41}&a_{42}&a_{43}&a_{44}\end{vmatrix}=(-1)^{1+3}a_{13}\begin{vmatrix}a_{11}&a_{12}&a_{13}&a_{14}\\a_{21}&a_{22}&a_{23}&a_{24}\\a_{31}&a_{32}&a_{33}&a_{34}\\a_{41}&a_{42}&a_{43}&a_{44}\end{vmatrix}+(-1)^{2+3}a_{23}\begin{vmatrix}a_{11}&a_{12}&a_{13}&a_{14}\\a_{21}&a_{22}&a_{23}&a_{24}\\a_{31}&a_{32}&a_{33}&a_{34}\\a_{41}&a_{42}&a_{43}&a_{44}\end{vmatrix}$$

$$+(-1)^{3+3}a_{33}\begin{vmatrix}a_{11}&a_{12}&a_{13}&a_{14}\\a_{21}&a_{22}&a_{23}&a_{24}\\a_{31}&a_{32}&a_{33}&a_{34}\\a_{41}&a_{42}&a_{43}&a_{44}\end{vmatrix}+(-1)^{4+3}a_{43}\begin{vmatrix}a_{11}&a_{12}&a_{13}&a_{14}\\a_{21}&a_{22}&a_{23}&a_{24}\\a_{31}&a_{32}&a_{33}&a_{34}\\a_{41}&a_{42}&a_{43}&a_{44}\end{vmatrix}$$

網掛け部分は削除

$$=(-1)^{1+3}a_{13}D_{13}+(-1)^{2+3}a_{23}D_{23}+(-1)^{3+3}a_{33}D_{33}+(-1)^{4+3}a_{43}D_{43}$$

$$=a_{13}A_{13}+a_{23}A_{23}+a_{33}A_{33}+a_{43}A_{43}$$

＜第 3 行（$i=3$）に着目したときの②と④の世界＞

$$D=\begin{vmatrix} a_{11} & a_{12} & a_{13} & a_{14} \\ a_{21} & a_{22} & a_{23} & a_{24} \\ a_{31} & a_{32} & a_{33} & a_{34} \\ a_{41} & a_{42} & a_{43} & a_{44} \end{vmatrix}=(-1)^{3+1}a_{31}\begin{vmatrix} a_{11} & a_{12} & a_{13} & a_{14} \\ a_{21} & a_{22} & a_{23} & a_{24} \\ a_{31} & a_{32} & a_{33} & a_{34} \\ a_{41} & a_{42} & a_{43} & a_{44} \end{vmatrix}+(-1)^{3+2}a_{32}\begin{vmatrix} a_{11} & a_{12} & a_{13} & a_{14} \\ a_{21} & a_{22} & a_{23} & a_{24} \\ a_{31} & a_{32} & a_{33} & a_{34} \\ a_{41} & a_{42} & a_{43} & a_{44} \end{vmatrix}$$

網掛け部分は削除

$$+(-1)^{3+3}a_{33}\begin{vmatrix} a_{11} & a_{12} & a_{13} & a_{14} \\ a_{21} & a_{22} & a_{23} & a_{24} \\ a_{31} & a_{32} & a_{33} & a_{34} \\ a_{41} & a_{42} & a_{43} & a_{44} \end{vmatrix}+(-1)^{3+4}a_{34}\begin{vmatrix} a_{11} & a_{12} & a_{13} & a_{14} \\ a_{21} & a_{22} & a_{23} & a_{24} \\ a_{31} & a_{32} & a_{33} & a_{34} \\ a_{41} & a_{42} & a_{43} & a_{44} \end{vmatrix}$$

$$=(-1)^{3+1}a_{31}D_{31}+(-1)^{3+2}a_{32}D_{32}+(-1)^{3+3}a_{33}D_{33}+(-1)^{3+4}a_{34}D_{34}$$
$$=a_{31}A_{31}+a_{32}A_{32}+a_{33}A_{33}+a_{34}A_{34}$$

〔解説〕 もとの行列式から一部の行と列を取り去ってできる行列式をもとの行列式の**小行列式**といいます。とくに、もとの n 次の行列式 D から第 i 行成分と第 j 列成分を取り除いてできる小行列式を $\boldsymbol{D_{ij}}$ と書くことにします。

(例) $D=\begin{vmatrix} a_{11} & a_{12} & a_{13} \\ a_{21} & a_{22} & a_{23} \\ a_{31} & a_{32} & a_{33} \end{vmatrix}$ であれば、$D_{11}=\begin{vmatrix} a_{22} & a_{23} \\ a_{32} & a_{33} \end{vmatrix}$ 、$D_{23}=\begin{vmatrix} a_{11} & a_{12} \\ a_{31} & a_{32} \end{vmatrix}$

また、D_{ij} に $(-1)^{i+j}$ を掛け合わせたものを $\boldsymbol{A_{ij}}$ と書き a_{ij} の**余因数**（または余因子）と呼ぶことにします。つまり、

$$A_{ij}=(-1)^{i+j}D_{ij}$$

①、②、③、④はもとの行列式を次数が 1 つ低い行列式の和で表わす式ですが、①③を**第 j 列についての展開**、②④を**第 i 行についての展開**といいます。

前節では、行列式の第1列に着目して行列式を展開しましたが、他の列に着目して展開しても、その値は同じになります。下記は3次の行列式を1列について展開した場合と2列について展開した場合を計算したものです。

<第1列についての展開>

$$\begin{vmatrix} a_{11} & a_{12} & a_{13} \\ a_{21} & a_{22} & a_{23} \\ a_{31} & a_{32} & a_{33} \end{vmatrix} = (-1)^{1+1}a_{11}\begin{vmatrix} a_{22} & a_{23} \\ a_{32} & a_{33} \end{vmatrix} + (-1)^{2+1}a_{21}\begin{vmatrix} a_{12} & a_{13} \\ a_{32} & a_{33} \end{vmatrix} + (-1)^{3+1}a_{31}\begin{vmatrix} a_{12} & a_{13} \\ a_{22} & a_{23} \end{vmatrix}$$

$$= a_{11}(a_{22}a_{33} - a_{32}a_{23}) - a_{21}(a_{12}a_{33} - a_{32}a_{13}) + a_{31}(a_{12}a_{23} - a_{22}a_{13})$$

$$= a_{11}a_{22}a_{33} + a_{12}a_{23}a_{31} + a_{13}a_{21}a_{32} - (a_{13}a_{22}a_{31} + a_{11}a_{23}a_{32} + a_{12}a_{21}a_{33}) \quad \cdots⑤$$

<第2列についての展開>

$$\begin{vmatrix} a_{11} & a_{12} & a_{13} \\ a_{21} & a_{22} & a_{23} \\ a_{31} & a_{32} & a_{33} \end{vmatrix} = (-1)^{1+2}a_{12}\begin{vmatrix} a_{21} & a_{23} \\ a_{31} & a_{33} \end{vmatrix} + (-1)^{2+2}a_{22}\begin{vmatrix} a_{11} & a_{13} \\ a_{31} & a_{33} \end{vmatrix} + (-1)^{3+2}a_{32}\begin{vmatrix} a_{11} & a_{13} \\ a_{21} & a_{23} \end{vmatrix}$$

$$= -a_{12}(a_{21}a_{33} - a_{31}a_{23}) + a_{22}(a_{11}a_{33} - a_{31}a_{13}) - a_{32}(a_{11}a_{23} - a_{21}a_{13})$$

$$= a_{11}a_{22}a_{33} + a_{12}a_{23}a_{31} + a_{13}a_{21}a_{32} - (a_{11}a_{23}a_{32} + a_{12}a_{21}a_{33} + a_{13}a_{22}a_{31})$$

第1列について展開しても、第2列について展開しても行列式の値は等しいことがわかります。このことは列に限りません。どの行に着目して展開しても行列式の値は同じ値になります。

〔例〕 次の行列式 $D = \begin{vmatrix} 3 & 1 & 0 & 0 & 0 \\ 0 & -2 & -3 & -4 & 2 \\ 2 & 4 & 0 & 2 & 4 \\ 0 & 3 & 0 & 4 & -2 \\ 0 & -1 & 0 & 3 & 5 \end{vmatrix}$ の値を求めてみましょう。

（解）

$$D=\begin{vmatrix}3&1&0&0&0\\0&-2&-3&-4&2\\2&4&0&2&4\\0&3&0&4&-2\\0&-1&0&3&5\end{vmatrix}$$

第 1 列についての展開

$$=(-1)^{1+1}3\begin{vmatrix}-2&-3&-4&2\\4&0&2&4\\3&0&4&-2\\-1&0&3&5\end{vmatrix}+(-1)^{3+1}2\begin{vmatrix}1&0&0&0\\-2&-3&-4&2\\3&0&4&-2\\-1&0&3&5\end{vmatrix}$$

第 2 列についての展開　　**第 1 行についての展開**

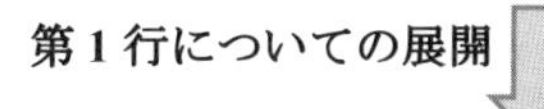

$$-3\times(-1)^{1+2}(-3)\begin{vmatrix}4&2&4\\3&4&-2\\-1&3&5\end{vmatrix}+2\times(-1)^{1+1}\times1\times\begin{vmatrix}-3&-4&2\\0&4&-2\\0&3&5\end{vmatrix}$$

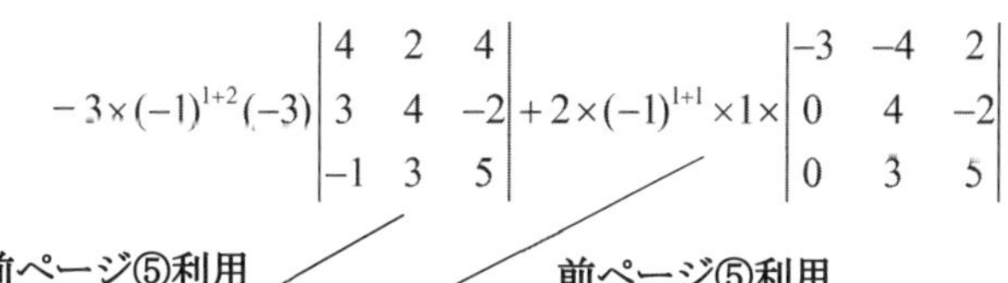

前ページ⑤利用　　**前ページ⑤利用**

$$=9\times130+2\times(-78)=1014$$

（注）　この例は計算しやすいように工夫されています。多くの場合、計算は大変です。

行列式 D が n 次の行列式であるとき小行列式 D_{ij} は $n-1$ 次の行列式です。したがって、余因数 A_{ij} も $n-1$ 次の小行列式となり、①、②、③、④から行列式を求めるには、次数の 1 つ低い行列式に帰着できることになります。よって、次々に①、②、③、④を繰り返せば、最終的には 1 次の行列式 $|a_{pq}|$ に到達します。これは a_{pq} のことですから、もとの n 次の行列式がわかることになります。しかし、これはあくまでも理論的なことであり、実際に行列式の値を求めるには行列式そのものの性質（§4-6～§4-10）を利用します。

4-4 置換という考え方

(1)　n 個の数字$1,2,\cdots,n$の順列$(p,q,\cdots,s)$をもとに、

1をpに、2をq、……、nをs

に対応させる関数σを考える。つまり、

$$\sigma(1)=p\ ,\ \sigma(2)=q\ ,\ \cdots,\ \sigma(n)=s$$

この関数σを

$$\sigma=\begin{pmatrix}1 & 2 & \cdots & n\\ \sigma(1) & \sigma(2) & \cdots & \sigma(n)\end{pmatrix}=\begin{pmatrix}1 & 2 & \cdots & n\\ p & q & \cdots & s\end{pmatrix}$$

と表わし、**置換**という。順列によって置換が決まるので n 個の数字$1,2,\cdots,n$の置換の総数は順列の総数 $\boldsymbol{n!}$に等しい。

(2)　置換$\begin{pmatrix}1 & 2 & \cdots & i & \cdots & j & \cdots & n\\ 1 & 2 & \cdots & j & \cdots & i & \cdots & n\end{pmatrix}$、つまり、$i$を$j$に、$j$を$i$に対応させ、その他は対応を変えない置換を**互換**といい簡単に(i,j)と表わす。

（注）　$(i,j)=(j,i)$

(3)　任意の置換σは互換の積で表される。その際、互換の数が偶数であるか奇数であるかは置換によって決まっている。偶数である置換を**偶置換**、奇数である置換を**奇置換**という。また、置換σが偶置換か奇置換であるかにしたがって、

偶置換の場合　$\mathrm{sgn}(\sigma)=1$　、奇置換の場合　$\mathrm{sgn}(\sigma)=-1$

で表わし、これらを置換の**符号**という。

また、n個の数字$1,2,3,\cdots,n$の置換$\sigma=\begin{pmatrix}1 & 2 & \cdots & n\\ p & q & \cdots & s\end{pmatrix}$に対し、その符号$\mathrm{sgn}(\sigma)$を順列を使って$\mathrm{sgn}(p,q,\cdots,s)$と書く。

レッスン

ここからは、置換という考え方で行列式を定義してみます。本節はそのための準備です。まずは、$n=3$ の場合を調べてみましょう。

3 個の数字 1,2,3 の置換は全部で 6 通りで次のようになります。

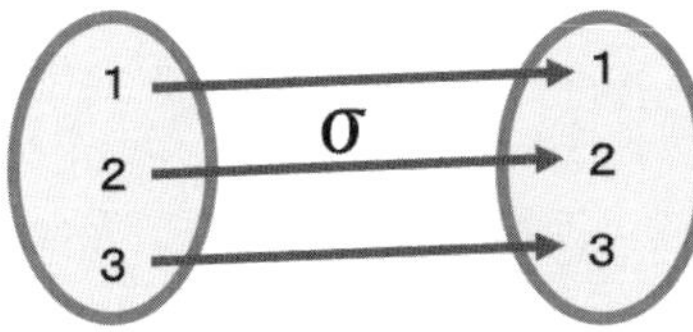

$$\begin{pmatrix} 1 & 2 & 3 \\ \sigma(1) & \sigma(2) & \sigma(3) \end{pmatrix} = \begin{pmatrix} 1 & 2 & 3 \\ 1 & 2 & 3 \end{pmatrix}$$

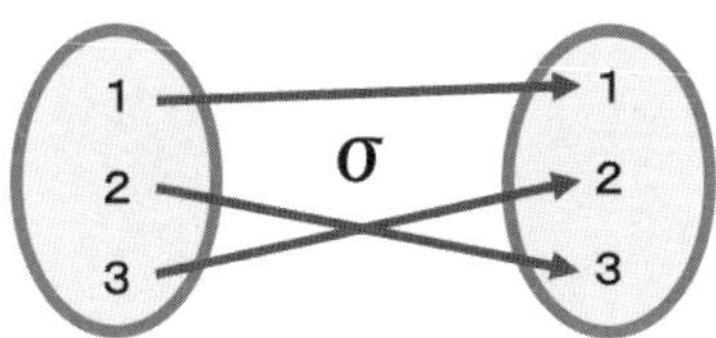

$$\begin{pmatrix} 1 & 2 & 3 \\ \sigma(1) & \sigma(2) & \sigma(3) \end{pmatrix} = \begin{pmatrix} 1 & 2 & 3 \\ 1 & 3 & 2 \end{pmatrix}$$

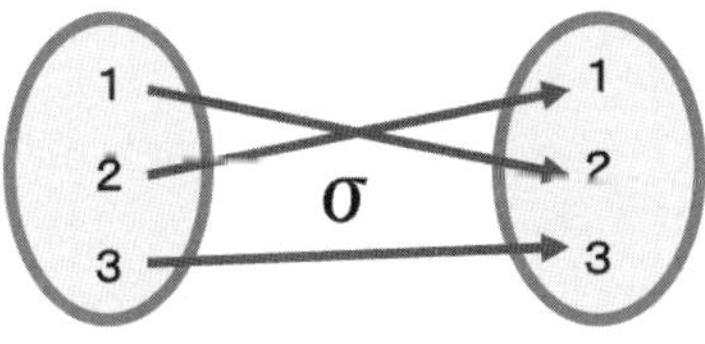

$$\begin{pmatrix} 1 & 2 & 3 \\ \sigma(1) & \sigma(2) & \sigma(3) \end{pmatrix} = \begin{pmatrix} 1 & 2 & 3 \\ 2 & 1 & 3 \end{pmatrix}$$

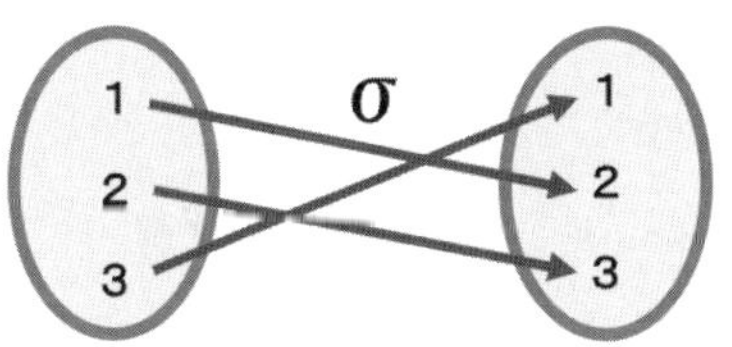

$$\begin{pmatrix} 1 & 2 & 3 \\ \sigma(1) & \sigma(2) & \sigma(3) \end{pmatrix} = \begin{pmatrix} 1 & 2 & 3 \\ 2 & 3 & 1 \end{pmatrix}$$

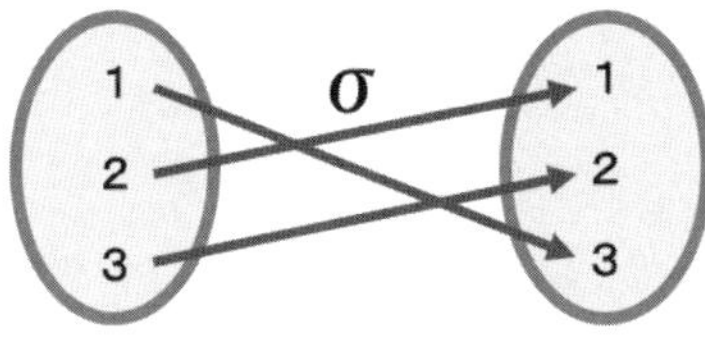

$$\begin{pmatrix} 1 & 2 & 3 \\ \sigma(1) & \sigma(2) & \sigma(3) \end{pmatrix} = \begin{pmatrix} 1 & 2 & 3 \\ 3 & 1 & 2 \end{pmatrix}$$

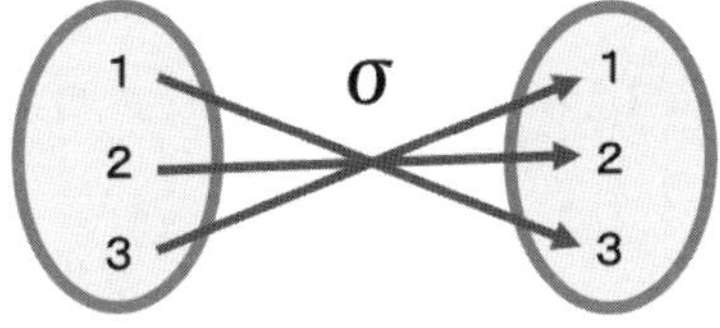

$$\begin{pmatrix} 1 & 2 & 3 \\ \sigma(1) & \sigma(2) & \sigma(3) \end{pmatrix} = \begin{pmatrix} 1 & 2 & 3 \\ 3 & 2 & 1 \end{pmatrix}$$

6 通りの 6 は順列の総数 $3!=3\cdot2\cdot1=6$ の 6 ですね。

〔解説〕 3個の数字1, 2, 3の置換の方法は全部で**3!=3・2・1=6**通りですが、その中で順列(1,2,3)が表わす置換のようには対応を変えない置換がただ1つあります。これを**恒等置換**といいI_3などと書きます。n個の文字の恒等置換はI_nなどと書きます。

● 互換の積

「任意の置換は互換の積で表わされる」ということですが、まず、「互換の積」とは何かを説明します。ただし、**互換は置換の特殊な場合**なので広く「置換の積」について説明します。

2つの置換

$$\varphi=\begin{pmatrix} 1 & 2 & 3 & \cdots & n \\ \varphi(1) & \varphi(2) & \varphi(3) & \cdots & \varphi(n) \end{pmatrix} \quad \sigma=\begin{pmatrix} 1 & 2 & 3 & \cdots & n \\ \sigma(1) & \sigma(2) & \sigma(3) & \cdots & \sigma(n) \end{pmatrix}$$

があるとき、置換σに引き続き置換φを行なえば、やはり1つの置換が得られます。この置換をφとσの**積**と呼び、$\varphi\sigma$と書くことにします(順序に注意)。この積$\varphi\sigma$をつくるにはまずφを次のように書き換えます。

$$\varphi=\begin{pmatrix} 1 & 2 & 3 & \cdots & n \\ \varphi(1) & \varphi(2) & \varphi(3) & \cdots & \varphi(n) \end{pmatrix}=\begin{pmatrix} \sigma(1) & \sigma(2) & \sigma(3) & \cdots & \sigma(n) \\ p_1 & p_2 & p_3 & \cdots & p_n \end{pmatrix}$$

すると、置換σでiが$\sigma(i)$に移り、次に置換φで$\sigma(i)$がp_iに移ることから、

$$\begin{aligned} \varphi\sigma &= \begin{pmatrix} 1 & 2 & 3 & \cdots & n \\ \varphi(1) & \varphi(2) & \varphi(3) & \cdots & \varphi(n) \end{pmatrix}\begin{pmatrix} 1 & 2 & 3 & \cdots & n \\ \sigma(1) & \sigma(2) & \sigma(3) & \cdots & \sigma(n) \end{pmatrix} \\ &= \begin{pmatrix} \sigma(1) & \sigma(2) & \sigma(3) & \cdots & \sigma(n) \\ p_1 & p_2 & p_3 & \cdots & p_n \end{pmatrix}\begin{pmatrix} 1 & 2 & 3 & \cdots & n \\ \sigma(1) & \sigma(2) & \sigma(3) & \cdots & \sigma(n) \end{pmatrix} \\ &= \begin{pmatrix} 1 & 2 & 3 & \cdots & n \\ p_1 & p_2 & p_3 & \cdots & p_n \end{pmatrix} \end{aligned}$$

となります。同様にして置換σとφの積$\sigma\varphi$考えられますが、一般には、

$\varphi\mu \neq \mu\varphi$ となり、交換法則は成り立たないので注意しましょう。

なお、互換の積についてはそれぞれの互換を置換に直して置換の積を行なうことになります。

〔例 1〕 4 個の数字 $1,2,3,4$ の置換の積を求めてみましょう。

(1) $\begin{pmatrix}1&2&3&4\\2&4&1&3\end{pmatrix}\begin{pmatrix}1&2&3&4\\4&2&3&1\end{pmatrix}=\begin{pmatrix}4&2&3&1\\3&4&1&2\end{pmatrix}\begin{pmatrix}1&2&3&4\\4&2&3&1\end{pmatrix}=\begin{pmatrix}1&2&3&4\\3&4&1&2\end{pmatrix}$

$\begin{pmatrix}1&2&3&4\\4&2&3&1\end{pmatrix}\begin{pmatrix}1&2&3&4\\2&4&1&3\end{pmatrix}=\begin{pmatrix}2&4&1&3\\2&1&4&3\end{pmatrix}\begin{pmatrix}1&2&3&4\\2&4&1&3\end{pmatrix}=\begin{pmatrix}1&2&3&4\\2&1&4&3\end{pmatrix}$

(2) $(2\quad 3)(3\quad 4)=\begin{pmatrix}1&2&3&4\\1&3&2&4\end{pmatrix}\begin{pmatrix}1&2&3&4\\1&2&4&3\end{pmatrix}=\begin{pmatrix}1&2&3&4\\1&3&4&2\end{pmatrix}$

● 任意の置換は互換の積で表わされる

「任意の置換は互換の積で表わされる」ことを調べてみましょう。表わし方の原理はいろいろありますが、例えば次のように処理します。

与えられた置換 $\begin{pmatrix}1&2&\cdots&u&\cdots&n-1&n\\p&q&\cdots&s&\cdots&w&u\end{pmatrix}$ に対し、右端の対応 $\begin{pmatrix}n\\u\end{pmatrix}$ に着目し、この置換を互換 $(u\quad n)$ と置換の積に変形すると下式が成立します。ただし、下式の「○」はこの段階では未知数です。

$$\begin{pmatrix}1&2&\cdots&u&\cdots&n-1&n\\p&q&\cdots&s&\cdots&w&u\end{pmatrix}$$
$$=(u\quad n)\begin{pmatrix}1&2&\cdots&u&\cdots&n-1&n\\\bigcirc&\bigcirc&\cdots&\bigcirc&\cdots&\bigcirc&\bigcirc\end{pmatrix}$$
$$=\begin{pmatrix}1&2&\cdots&u&\cdots&n-1&n\\1&2&\cdots&n&\cdots&n-1&u\end{pmatrix}\begin{pmatrix}1&2&\cdots&u&\cdots&n-1&n\\\bigcirc&\bigcirc&\cdots&\bigcirc&\cdots&\bigcirc&\bigcirc\end{pmatrix}$$

この後は、上式 3 行目の置換の積がもとの置換、つまり、上式 1 行目の置換になるように○の値を右側の○から順次決めていきます。何だか難しそうですが、案ずるより産むが易し、次の具体例で実践しましょう。

〔例 2〕 置換$\begin{pmatrix}1&2&3&4\\2&4&1&3\end{pmatrix}$を互換の積で表わしてみましょう。

$$\begin{pmatrix}1&2&3&4\\2&4&1&3\end{pmatrix}$$

← この置換を＊とし右端の列$\begin{pmatrix}4\\3\end{pmatrix}$に着目する。

まずは左に互換$(3\ \ 4)$を書き、右側の置換の○の値を今後求める。

$$=(3\ \ 4)\begin{pmatrix}1&2&3&4\\○&○&○&○\end{pmatrix}$$

互換$(3\ \ 4)$を置換に書き換える。

$$=\begin{pmatrix}1&2&3&4\\1&2&4&3\end{pmatrix}\begin{pmatrix}1&2&3&4\\○&○&○&○\end{pmatrix}$$

置換の積が置換＊になるよう右側の置換の○の値を右から決める。

$$=\begin{pmatrix}1&2&3&4\\1&2&4&3\end{pmatrix}\begin{pmatrix}1&2&3&4\\○&○&○&4\end{pmatrix}$$

同上

$$=\begin{pmatrix}1&2&3&4\\1&2&4&3\end{pmatrix}\begin{pmatrix}1&2&3&4\\○&○&1&4\end{pmatrix}$$

同上

$$=\begin{pmatrix}1&2&3&4\\1&2&4&3\end{pmatrix}\begin{pmatrix}1&2&3&4\\○&3&1&4\end{pmatrix}$$

同上

$$=\begin{pmatrix}1&2&3&4\\1&2&4&3\end{pmatrix}\begin{pmatrix}1&2&3&4\\2&3&1&4\end{pmatrix}$$

左の置換を$(3\ \ 4)$に書き戻す。

$$=(3\ \ 4)\begin{pmatrix}1&2&3&4\\2&3&1&4\end{pmatrix}$$

ここで、最後に導かれた置換$\begin{pmatrix}1&2&3&4\\2&3&1&4\end{pmatrix}$は数字 4 は対応先を変えな

いので、数字が１つ減った置換$\begin{pmatrix}1&2&3\\2&3&1\end{pmatrix}$と同等です。

そこで、さらに置換$\begin{pmatrix}1&2&3&4\\2&3&1&4\end{pmatrix}$を互換の積で表わすための変形をします。

$$\begin{pmatrix}1&2&3&4\\2&3&1&4\end{pmatrix}$$ ← この置換を＊とする。

$$=\begin{pmatrix}1&2&3&4\\2&3&1&4\end{pmatrix}$$ ← 右端から２列目の$\begin{pmatrix}3\\1\end{pmatrix}$に着目する。

まずは左に互換$(1\ \ 3)$を書き、右側の置換の○の値を今後求める。

$$=(1\ \ 3)\begin{pmatrix}1&2&3&4\\○&○&○&4\end{pmatrix}$$

互換$(1\ \ 3)$を置換に書き換える。

$$=\begin{pmatrix}1&2&3&4\\3&2&1&4\end{pmatrix}\begin{pmatrix}1&2&3&4\\○&○&○&4\end{pmatrix}$$

置換＊になるよう右側の置換の○の値を右から順次決定する。

$$=\begin{pmatrix}1&2&3&4\\3&2&1&4\end{pmatrix}\begin{pmatrix}1&2&3&4\\2&1&3&4\end{pmatrix}$$

左の置換を$(1\ \ 3)$に書き戻す。

$$=(1\ \ 3)\begin{pmatrix}1&2&3&4\\2&1&3&4\end{pmatrix}$$

右の置換を互換$(1\ \ 2)$に書き戻す。

$$=(1\ \ 3)(1\ \ 2)$$

このことと、先の結果を合体すると

$$\begin{pmatrix}1&2&3&4\\2&4&1&3\end{pmatrix}=(3\ \ 4)\begin{pmatrix}1&2&3&4\\2&3&1&4\end{pmatrix}=(3\ \ 4)(1\ \ 3)(1\ \ 2)$$

を得ます。

（注）　置換$\begin{pmatrix}1&2&3&4\\2&4&1&3\end{pmatrix}$は３つの互換の積なので$\mathrm{sgn}(2,4,1,3)=-1$となります。

第４章　行列式の基本

例２はあくまでも１つの例にすぎませんが、ここで紹介した計算手順はどんな置換にも使えるので、任意の置換は互換の積で表わされることがわかります。なお、互換での表現は１通り（一意的）ではありません（下記）。計算手順（アルゴリズム）によっては表現が異なります。

$$\begin{pmatrix}1&2&3\\3&1&2\end{pmatrix}=\begin{pmatrix}1&2\end{pmatrix}\begin{pmatrix}2&3\end{pmatrix}=\begin{pmatrix}1&3\end{pmatrix}\begin{pmatrix}1&2\end{pmatrix}=\begin{pmatrix}1&2\end{pmatrix}\begin{pmatrix}2&3\end{pmatrix}\begin{pmatrix}1&3\end{pmatrix}\begin{pmatrix}1&3\end{pmatrix}$$

ただし、その互換の個数が偶数であるか奇数であるかは、その表わし方に関係なく定まっているのです。

なお、恒等置換 I_n は任意の $i \neq j$ を用いて $(i, j)(i, j)$ と表わせるので偶置換です。

〔例３〕 次の置換を互換の積で表わしその符号を求めてみましょう。

(1) $\sigma=\begin{pmatrix}1&2&3&4\\3&1&4&2\end{pmatrix}$　　(2) $\sigma=\begin{pmatrix}1&2&3&4&5\\5&3&1&2&4\end{pmatrix}$

(3) $\sigma=\begin{pmatrix}1&2&3&4&5\\5&3&1&4&2\end{pmatrix}$

(1)について

$$\sigma=\begin{pmatrix}1&2&3&4\\3&1&4&2\end{pmatrix}$$
$$=(2\ \ 4)\begin{pmatrix}1&2&3&4\\○&○&○&○\end{pmatrix}$$
$$=\begin{pmatrix}1&2&3&4\\1&4&3&2\end{pmatrix}\begin{pmatrix}1&2&3&4\\○&○&○&○\end{pmatrix}$$
$$=\begin{pmatrix}1&2&3&4\\1&4&3&2\end{pmatrix}\begin{pmatrix}1&2&3&4\\3&1&2&4\end{pmatrix}$$
$$=(2\ \ 4)\begin{pmatrix}1&2&3&4\\3&1&2&4\end{pmatrix}\ \cdots\ *$$

$$\begin{pmatrix}1&2&3&4\\3&1&2&4\end{pmatrix}$$
$$=(2\ \ 3)\begin{pmatrix}1&2&3&4\\○&○&○&4\end{pmatrix}$$
$$=\begin{pmatrix}1&2&3\\1&3&2\end{pmatrix}\begin{pmatrix}1&2&3&4\\○&○&○&4\end{pmatrix}$$
$$=\begin{pmatrix}1&2&3\\1&3&2\end{pmatrix}\begin{pmatrix}1&2&3&4\\2&1&3&4\end{pmatrix}$$
$$=\begin{pmatrix}2&3\end{pmatrix}\begin{pmatrix}1&2\end{pmatrix}\ \cdots\ **$$

＊と＊＊より　$\sigma=\begin{pmatrix}1&2&3&4\\3&1&4&2\end{pmatrix}=(2\quad 4)(2\quad 3)(1\quad 2)\quad\therefore\quad \mathrm{sgn}(\sigma)=-1$

(2) について

$$\sigma=\begin{pmatrix}1&2&3&4&5\\5&3&1&2&4\end{pmatrix}$$
$$=(4\ \ 5)\begin{pmatrix}1&2&3&4&5\\○&○&○&○&○\end{pmatrix}$$
$$=\begin{pmatrix}1&2&3&4&5\\1&2&3&5&4\end{pmatrix}\begin{pmatrix}1&2&3&4&5\\○&○&○&○&○\end{pmatrix}$$
$$=\begin{pmatrix}1&2&3&4&5\\1&2&3&5&4\end{pmatrix}\begin{pmatrix}1&2&3&4&5\\4&3&1&2&5\end{pmatrix}$$
$$=(4\ \ 5)\begin{pmatrix}1&2&3&4&5\\4&3&1&2&5\end{pmatrix}\cdots *$$

$$\begin{pmatrix}1&2&3&4&5\\4&3&1&2&5\end{pmatrix}$$
$$=(2\ \ 4)\begin{pmatrix}1&2&3&4&5\\○&○&○&○&5\end{pmatrix}$$
$$=\begin{pmatrix}1&2&3&4&5\\1&4&3&2&5\end{pmatrix}\begin{pmatrix}1&2&3&4&5\\○&○&○&○&5\end{pmatrix}$$
$$=\begin{pmatrix}1&2&3&4&5\\1&4&3&2&5\end{pmatrix}\begin{pmatrix}1&2&3&4&5\\2&3&1&4&5\end{pmatrix}$$
$$=(2\ \ 4)\begin{pmatrix}1&2&3&4&5\\2&3&1&4&5\end{pmatrix}\cdots **$$

$$\begin{pmatrix}1&2&3&4&5\\2&3&1&4&5\end{pmatrix}$$
$$=(1\ \ 3)\begin{pmatrix}1&2&3&4&5\\○&○&○&4&5\end{pmatrix}$$
$$=\begin{pmatrix}1&2&3&4&5\\3&2&1&4&5\end{pmatrix}\begin{pmatrix}1&2&3&4&5\\○&○&○&4&5\end{pmatrix}$$
$$=\begin{pmatrix}1&2&3&4&5\\3&2&1&4&5\end{pmatrix}\begin{pmatrix}1&2&3&4&5\\2&1&3&4&5\end{pmatrix}$$
$$=(1\ \ 3)\begin{pmatrix}1&2&3&4&5\\2&1&3&4&5\end{pmatrix}$$
$$=(1\ \ 3)(1\ \ 2)\cdots ***$$

＊、＊＊、＊＊＊　より

$$\sigma=\begin{pmatrix}1&2&3&4&5\\5&3&1&2&4\end{pmatrix}$$
$$=(4\quad 5)(2\quad 4)(1\quad 3)(1\quad 2)$$
$$\therefore\ \mathrm{sgn}(\sigma)=1$$

(3)　(2) と同様にして

$$\sigma=\begin{pmatrix}1&2&3&4&5\\5&3&1&4&2\end{pmatrix}=(2\quad 5)(1\quad 3)(1\quad 2)\quad\therefore\quad \mathrm{sgn}(\sigma)=-1$$

(注)　身近なアミダくじは置換と考えられます。したがってこれは互換の積で表されます。

4-5 置換による行列式の定義

n 次の正方行列 $A=\left(a_{ij}\right)=\begin{pmatrix} a_{11} & a_{12} & \cdots & a_{1j} & \cdots & a_{1n} \\ a_{21} & a_{22} & \cdots & a_{2j} & \cdots & a_{2n} \\ \vdots & \vdots & \vdots & \vdots & \vdots & \vdots \\ a_{i1} & a_{i2} & \cdots & a_{ij} & \cdots & a_{in} \\ \vdots & \vdots & \vdots & \vdots & \vdots & \vdots \\ a_{n1} & a_{n2} & \cdots & a_{nj} & \cdots & a_{nn} \end{pmatrix}$ に対して、

n 個の数 $1,2,\cdots,n$ のすべての置換に対する $sgn(p,q,\ldots,s)a_{1p}a_{2q}\cdots a_{ns}$ の総和、 $\displaystyle\sum_{(p,q,\cdots,s)\in S_n} \mathrm{sgn}(p,q,\cdots,s)a_{1p}a_{2q}\cdots a_{ns}$ …①

を A の**行列式**といい $|A|$ と表わす。ただし、S_n は n 個の数 $1,2,\cdots,n$ のすべての置換（つまりは、順列）の集合とする。

［つまり①は n 個の数字 $1,2,3,\cdots,n$ の $n!$ 通りの置換 $(p,q,\cdots,s)$ の各々に対し、1 行目からは p 列の成分 a_{1p} を、2 行目からは q 列の成分 a_{2q} を、…、n 行目からは s 列の成分 a_{ns} を選んでそれらの積 $a_{1p}a_{2q}\cdots a_{ns}$ を計算し、これに置換の符号 $\mathrm{sgn}(p,q,r,\cdots,s)$ を掛けたものの総和を意味する。］

なお、行列 $A=(a_{ij})$ の行列式 $|A|$ は次のようにも表わす。

$\det A$ 、 $|a_{ij}|$ 、 $|A|=\begin{vmatrix} a_{11} & a_{12} & \cdots & a_{1j} & \cdots & a_{1n} \\ a_{21} & a_{22} & \cdots & a_{2j} & \cdots & a_{2n} \\ \vdots & \vdots & \vdots & \vdots & \vdots & \vdots \\ a_{i1} & a_{i2} & \cdots & a_{ij} & \cdots & a_{in} \\ \vdots & \vdots & \vdots & \vdots & \vdots & \vdots \\ a_{n1} & a_{n2} & \cdots & a_{nj} & \cdots & a_{nn} \end{vmatrix}$

レッスン

難しそうですね!! そこで、次の 3 次の行列式の例で理解しましょう。

$$|A| = \begin{vmatrix} a_{11} & a_{12} & a_{13} \\ a_{21} & a_{22} & a_{23} \\ a_{31} & a_{32} & a_{33} \end{vmatrix}$$

3 次の行列式だから 3 個の数字 1,2,3 の置換(つまり、順列)σ は次の 6(＝3!)通りです。また、それぞれの置換の符号 sgn(σ)も調べておきました。

(1)

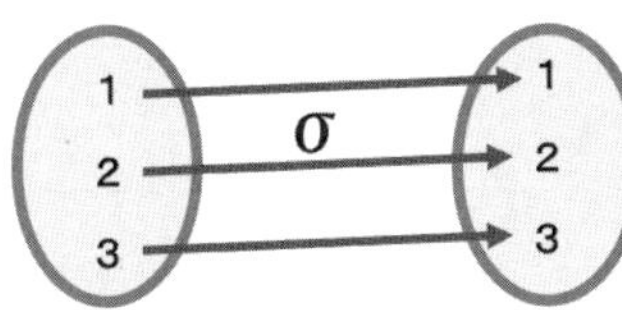

$$\sigma = \begin{pmatrix} 1 & 2 & 3 \\ 1 & 2 & 3 \end{pmatrix} = (1 \quad 2)(1 \quad 2)$$

$$\mathrm{sgn}(\sigma) = \mathrm{sgn}(1,2,3) = 1$$

(2)

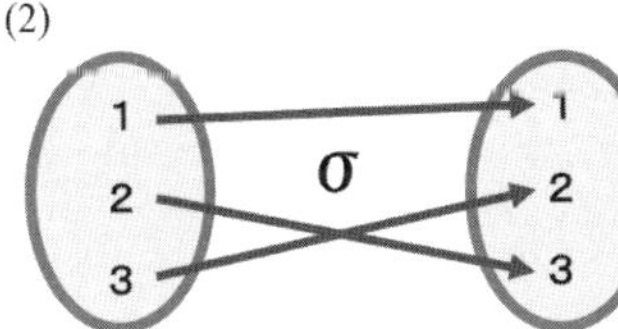

$$\sigma = \begin{pmatrix} 1 & 2 & 3 \\ 1 & 3 & 2 \end{pmatrix} = (2 \quad 3)$$

$$\mathrm{sgn}(\sigma) = \mathrm{sgn}(1,3,2) = -1$$

(3)

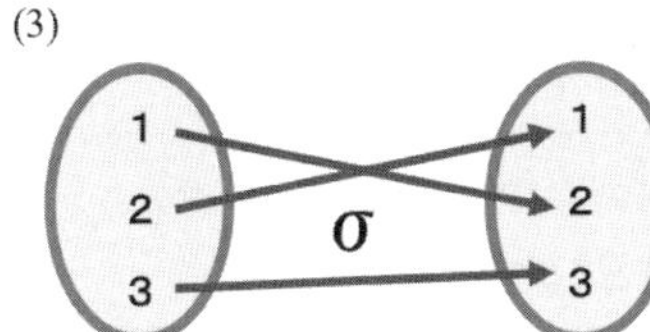

$$\sigma = \begin{pmatrix} 1 & 2 & 3 \\ 2 & 1 & 3 \end{pmatrix} = (1 \quad 2)$$

$$\mathrm{sgn}(\sigma) = \mathrm{sgn}(2,1,3) = -1$$

(4)

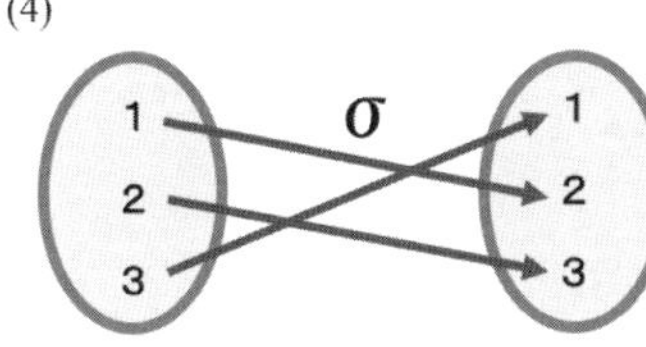

$$\sigma = \begin{pmatrix} 1 & 2 & 3 \\ 2 & 3 & 1 \end{pmatrix} = (1 \quad 3)(1 \quad 2)$$

$$\mathrm{sgn}(\sigma) = \mathrm{sgn}(2,3,1) = 1$$

(5)

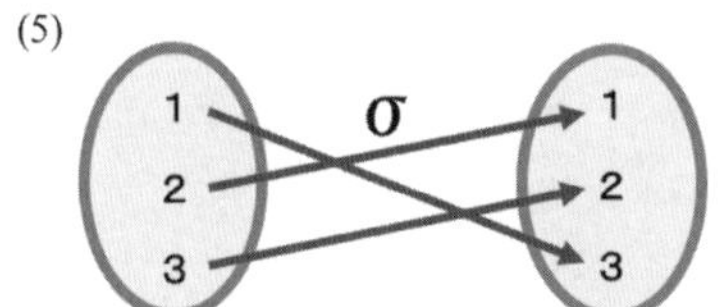

$$\sigma = \begin{pmatrix} 1 & 2 & 3 \\ 3 & 1 & 2 \end{pmatrix} = (2 \quad 3)(1 \quad 2)$$

$$\mathrm{sgn}(\sigma) = \mathrm{sgn}(3,1,2) = 1$$

(6)

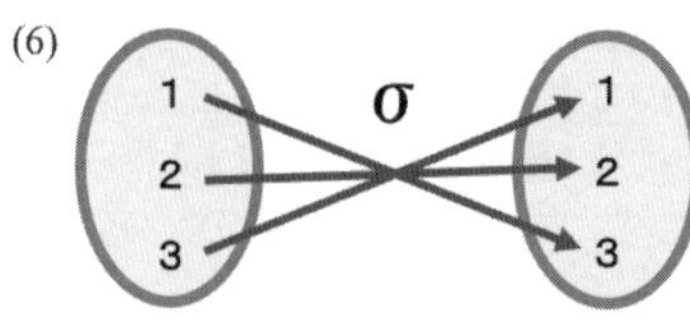

$$\sigma = \begin{pmatrix} 1 & 2 & 3 \\ 3 & 2 & 1 \end{pmatrix} = (1 \quad 3)$$

$$\mathrm{sgn}(\sigma) = \mathrm{sgn}(3,2,1) = -1$$

この 6 通りの置換に対して$\mathrm{sgn}(p,q,\cdots,s)a_{1p}a_{2q}\cdots a_{ns}$を sgn を使わずに表現すると次のようになります。

$$
\begin{aligned}
&(1) \quad \mathrm{sgn}(1,2,3)a_{11}a_{22}a_{33} = \ \ 1\times a_{11}a_{22}a_{33} = \ \ a_{11}a_{22}a_{33} \\
&(2) \quad \mathrm{sgn}(1,3,2)a_{11}a_{23}a_{32} = -1\times a_{11}a_{23}a_{32} = -a_{11}a_{23}a_{32} \\
&(3) \quad \mathrm{sgn}(2,1,3)a_{12}a_{21}a_{33} = -1\times a_{12}a_{21}a_{33} = -a_{12}a_{21}a_{33} \\
&(4) \quad \mathrm{sgn}(2,3,1)a_{12}a_{23}a_{31} = \ \ 1\times a_{12}a_{23}a_{31} = \ \ a_{12}a_{23}a_{31} \\
&(5) \quad \mathrm{sgn}(3,1,2)a_{13}a_{21}a_{32} = \ \ 1\times a_{13}a_{21}a_{32} = \ \ a_{13}a_{21}a_{32} \\
&(6) \quad \mathrm{sgn}(3,2,1)a_{13}a_{22}a_{31} = -1\times a_{13}a_{22}a_{31} = -a_{13}a_{22}a_{31}
\end{aligned}
$$

$|A|$はこれら(1)～(6)の 6 通りの値の和だから、$|A|$は次のようになります。‥‥はて、この式はどこかで見たような？

$$|A| = \begin{vmatrix} a_{11} & a_{12} & a_{13} \\ a_{21} & a_{22} & a_{23} \\ a_{31} & a_{32} & a_{33} \end{vmatrix} = \sum_{(p,q,s)\in S_3} \mathrm{sgn}(p,q,s)a_{1p}a_{2q}a_{3s}$$

$$= a_{11}a_{22}a_{33} - a_{11}a_{23}a_{32} - a_{12}a_{21}a_{33} + a_{12}a_{23}a_{31} + a_{13}a_{21}a_{32} - a_{13}a_{22}a_{31}$$

この式は帰納的に定義した 3 次の行列式（§4-3）と同じです。このことは偶然ではありません。3 次だけでなく n 次の行列式についても成立します（§4-11 参照）。

〔解説〕 置換を用いた行列式の定義はすごくややこしいので、最初は誰でも戸惑います。結局、置換σは、n 次正方行列 $A=(a_{ij})$ の各行から 1 つずつ（ただし、同じ列からも 1 つずつ）合計 n 個の成分をどのように取り出すかを示しています。

このような n 個の成分の取り出し方は n 個の数字 $\{1,2,\cdots,n\}$ の順列 $(p,q,\cdots,s)$ の総数 $n!=n(n-1)\cdot\cdots\cdot3\cdot2\cdot1$ 通りあるのです。

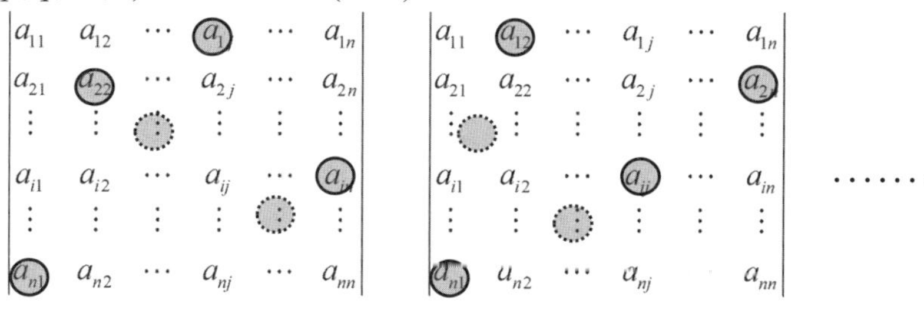

$n!$通り

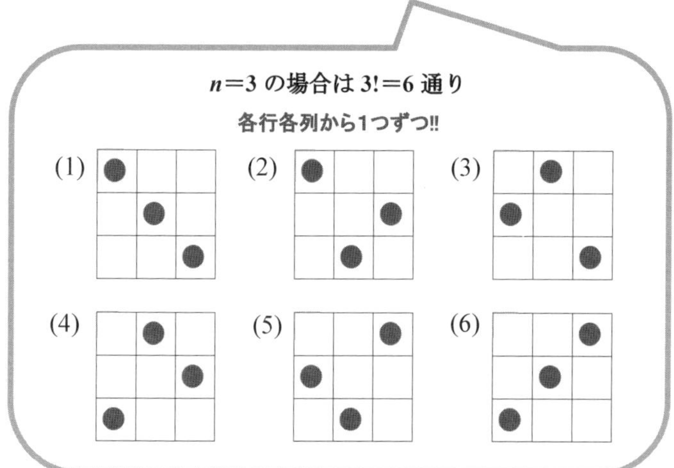

この$n!$通りのそれぞれの取り出し方において、取り出したn個の成分の積$a_{1p}a_{2q}\cdots a_{ns}$に置換σの符号$\mathrm{sgn}(p,q,\cdots,s)$を掛け、それらの総和を算出します。これが、$|A|=\sum_{(p,q,\cdots,s)\in S_n}\mathrm{sgn}(p,q,\cdots,s)a_{1p}a_{2q}\cdots a_{ns}$なのです。なお、1次の行列式については$|a_{11}|=a_{11}$と定義します。

〔例 1〕 次の行列式を計算してみましょう。

(1) $|A|=\begin{vmatrix}1 & 3\\ 2 & 4\end{vmatrix}$ (2) $|A|=\begin{vmatrix}2 & 5 & 6\\ -1 & 7 & -2\\ 3 & -3 & 4\end{vmatrix}$

(解)

(1) $\begin{vmatrix}a_{11} & a_{12}\\ a_{21} & a_{22}\end{vmatrix}=\sum_{(p,q)\in S_2}\mathrm{sgn}(p,q)a_{1p}a_{2q}$

$=\mathrm{sgn}(1,2)a_{11}a_{22}+\mathrm{sgn}(2,1)a_{12}q_{21}=a_{11}a_{22}-a_{12}a_{21}$

より $|A|==1\bullet4-3\bullet2=-2$

(2) 先のレッスンより

$$|A|=\begin{vmatrix}a_{11} & a_{12} & a_{13}\\ a_{21} & a_{22} & a_{23}\\ a_{31} & a_{32} & a_{33}\end{vmatrix}=\sum_{(p,q,r)\in S_3}\mathrm{sgn}(p,q,r)a_{1p}a_{2q}a_{3r}$$

$$=a_{11}a_{22}a_{33}-a_{11}a_{23}a_{32}-a_{12}a_{21}a_{33}+a_{12}a_{23}a_{31}+a_{13}a_{21}a_{32}-a_{13}a_{22}a_{31}$$

よって、

$$|A|=2\bullet7\bullet4-2\bullet(-2)\bullet(-3)-5\bullet(-1)\bullet4+5\bullet(-2)\bullet3+6(-1)(-3)-6\bullet7\bullet3=-74$$

ここでは、展開された式（公式）に具体的な数値を代入して求めましたが、次数が高くなると実用的な方法とはいえません。実際には行列式の性質（§4-6～§4-10）を利用して効率よくその値を求めることになります。

● $\sum_{(p,q,\cdots s)\in S_n} \mathrm{sgn}(p,q,\cdots,s)a_{p1}a_{q2}\cdots a_{sn}$ と定義してもよい

本節の冒頭に掲げた行列式の定義①における $a_{1p}a_{2q}\cdots a_{ns}$ は、n 次正方行列 $A=(a_{ij})$ の1行目からは p 列の成分、2行目からは q 列の成分、…、n 行目からは s 列の成分を取り出して掛け合わせたものであることを意味しています。しかし、ここの部分を $a_{p1}a_{q2}\cdots a_{sn}$ と変えて

$$\sum_{(p,q,\cdots s)\in S_n} \mathrm{sgn}(p,q,\cdots,s)a_{p1}a_{q2}\cdots a_{sn} \quad \cdots②$$

と行列式を定義しても値は①と変わりません。つまり、1列目からは p 行の成分、2列目からは q 行の成分、……、n 列目からは s 行の成分を取り出して掛け合わせても $\mathrm{sgn}(p,q,\cdots,s)a_{p1}a_{q2}\cdots a_{sn}$ の総和は①と同じになります。つまり、行と列、どちらの考え方に立っても行列式の値は同じです（§4-6）。

● サラスの方法

行列式の展開は複雑ですが、2次、3次の行列式については下図の展開原理（**サラスの方法**という）を使うと簡単です。

(1)　2次の行列式の場合

$$|A|=\begin{vmatrix} a_{11} & a_{12} \\ a_{21} & a_{22} \end{vmatrix} = \overset{①}{a_{11}a_{22}} - \overset{②}{a_{12}a_{21}}$$

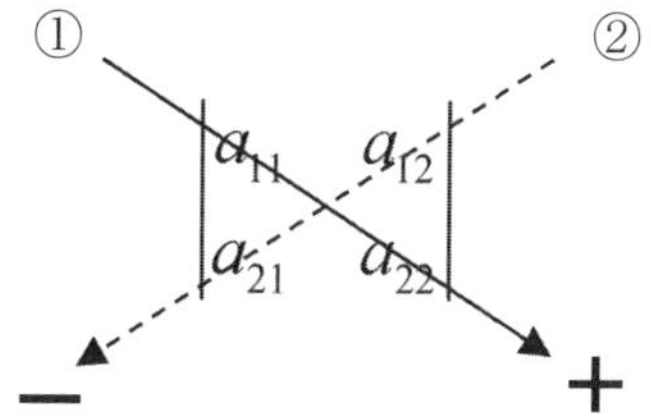

2本の矢線上の各々について2つの成分を掛け合わせ、実線の矢線上にある場合は＋を、点線の矢線上にある場合は−をつけます。こうしてできあがった2個の項の和が2次の行列式になります。

(2)　3 次の行列式の場合

$$|A|=\begin{vmatrix} a_{11} & a_{12} & a_{13} \\ a_{21} & a_{22} & a_{23} \\ a_{31} & a_{32} & a_{33} \end{vmatrix} = \overset{①}{a_{11}a_{22}a_{33}} + \overset{②}{a_{12}a_{23}a_{31}} + \overset{③}{a_{13}a_{21}a_{32}}$$
$$\overset{④}{-a_{11}a_{23}a_{32}} \overset{⑤}{-a_{12}a_{21}a_{33}} \overset{⑥}{-a_{13}a_{22}a_{31}}$$

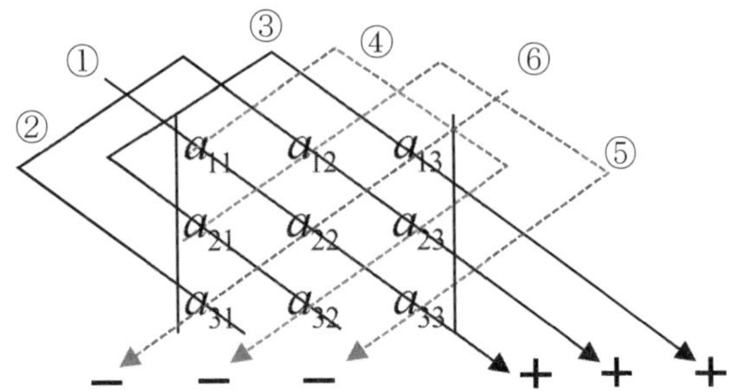

6 本の（折れ線）矢線上の各々について 3 つの成分を掛け合わせ、実線の矢線上にある場合は＋を、点線の矢線上にある場合は－をつけます。こうしてできあがった 6 個の項の和が 3 次の行列式になります。

また、下図のように、もとの行列の第 3 列成分を行列式の左に、もとの行列の第 1 列成分を行列式の右に書き足したものを作成すれば、サラスの方法は次のようにスッキリと表示できます。

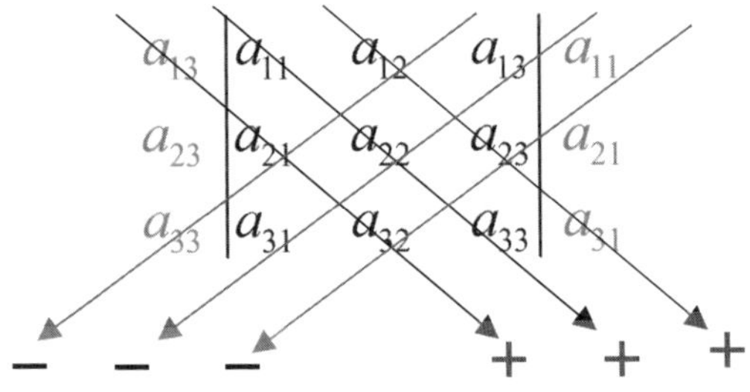

（注）　4 次以上の行列式にはサラスの方法は存在しません。

〔例 2〕 下記の行列式の値をサラスの方法で求めてみよう。

(1) $\begin{vmatrix} 1 & 2 \\ 3 & 4 \end{vmatrix} = 1 \cdot 4 - 2 \cdot 3 = -2$

(2) $\begin{vmatrix} 1 & 2 & 3 \\ 3 & 2 & 1 \\ 2 & 3 & 1 \end{vmatrix} = 1 \cdot 2 \cdot 1 + 2 \cdot 1 \cdot 2 + 3 \cdot 3 \cdot 3 - 1 \cdot 1 \cdot 3 - 2 \cdot 3 \cdot 1 - 3 \cdot 2 \cdot 2$

$= 12$

＜MEMO＞ 帰納的定義と置換による定義

本書では行列式についての２つの定義を紹介しました。つまり、行列式の帰納的定義と置換による定義です。しかし、１つの事柄に対する定義は本来１つのはずです。したがって、これら２つの定義は同値であることを説得する必要があります。つまり、一方から他方が導けることです。これについては§4-11 で触れることにします。

行列式の帰納的定義　**行列式の置換による定義**

この２つの定義
は一致している
はずです。

4-6 行列式の性質（その1）

行列式では行と列をすべて取り替えてもその値は変わらない。つまり、任意の正方行列 A に対して　$|A| = |{}^tA|$　…　①　である。

レッスン

この性質は以下のようにパターンで理解しましょう。

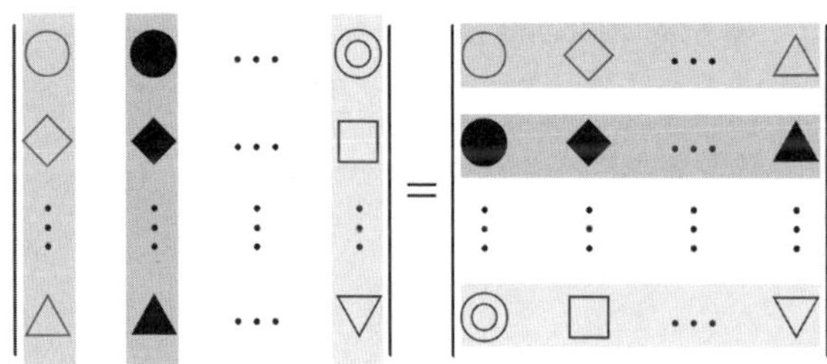

〔解説〕　この性質により、行列式では行について成り立つ性質は列についてもそのまま成り立つことになります。もちろん、その逆もまた然りです。このことは、**行列式は行と列に関して対称である**ということができます。これは大事にしたい重要な性質です。

このことの成立理由をしっかり述べようとすると簡単ではありません。ただし、行列 A が 2 次の場合と 3 次の場合についてはサラスの方法により、次のようにして①の成立を簡単に確かめることができます。

(1)　$A = \begin{pmatrix} a_{11} & a_{12} \\ a_{21} & a_{22} \end{pmatrix}$ の場合

このとき、$^tA=\begin{pmatrix} a_{11} & a_{21} \\ a_{12} & a_{22} \end{pmatrix}$となりサラスの方法により、

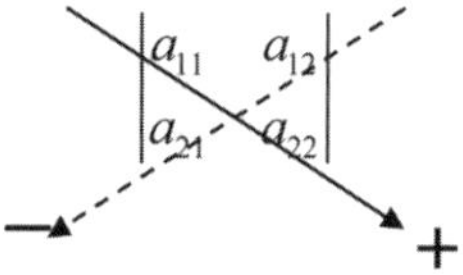

$$|A|=\begin{vmatrix} a_{11} & a_{12} \\ a_{21} & a_{22} \end{vmatrix}=a_{11}a_{22}-a_{12}a_{21}$$

$$|^tA|=\begin{vmatrix} a_{11} & a_{21} \\ a_{12} & a_{22} \end{vmatrix}=a_{11}a_{22}-a_{21}a_{12}$$

よって、$|A|=|^tA|$

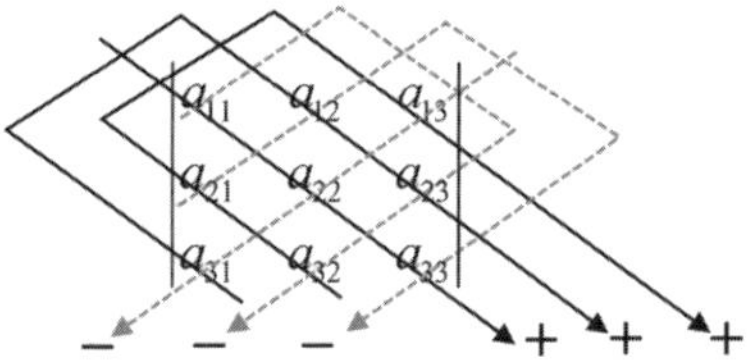

(2) $A=\begin{pmatrix} a_{11} & a_{12} & a_{13} \\ a_{21} & a_{22} & a_{23} \\ a_{31} & a_{32} & a_{33} \end{pmatrix}$ の場合

このとき、$^tA=\begin{pmatrix} a_{11} & a_{21} & a_{31} \\ a_{12} & a_{22} & a_{32} \\ a_{13} & a_{23} & a_{33} \end{pmatrix}$となり、サラスの方法により、

$$|A|=\begin{vmatrix} a_{11} & a_{12} & a_{13} \\ a_{21} & a_{22} & a_{23} \\ a_{31} & a_{32} & a_{33} \end{vmatrix}=a_{11}a_{22}a_{33}+a_{12}a_{23}a_{31}+a_{13}a_{21}a_{32}-a_{11}a_{23}a_{32}-a_{12}a_{21}a_{33}-a_{13}a_{22}a_{31}$$

$$|^tA|=\begin{vmatrix} a_{11} & a_{21} & a_{31} \\ a_{12} & a_{22} & a_{32} \\ a_{13} & a_{23} & a_{33} \end{vmatrix}=a_{11}a_{22}a_{33}+a_{21}a_{32}a_{13}+a_{31}a_{12}a_{23}-a_{11}a_{32}a_{23}-a_{21}a_{12}a_{33}-a_{31}a_{22}a_{13}$$

よって、$|A|=|^tA|$

なお、①の成立を示すには、通常、置換による行列式の定義「行列 $A=(a_{ij})$ の行列式は $D=\sum_{(p,q,r)\in S_3}\mathrm{sgn}(p,q,r)a_{1p}a_{2q}a_{3r}$」を使います。

4-7 行列式の性質（その2）

行列式には次の性質がある。

(1) 行列式の１つの列（または行）の各成分が２数の和であれば、この行列式は和の各成分を２つの行列式に振り分けてできる行列式の和に等しい。

(2) 行列式の１つの列（または行）を k 倍すると、行列式の値も k 倍される。

行列式の性質は以下のようにパターンで理解しましょう。

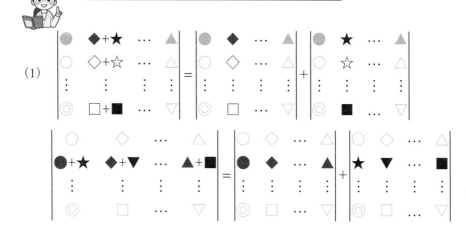

(1)

$$\begin{vmatrix} \bullet & \blacklozenge+\bigstar & \cdots & \blacktriangle \\ \bigcirc & \lozenge+☆ & \cdots & \triangle \\ \vdots & \vdots & \vdots & \vdots \\ ◎ & \square+\blacksquare & \cdots & \triangledown \end{vmatrix} = \begin{vmatrix} \bullet & \blacklozenge & \cdots & \blacktriangle \\ \bigcirc & \lozenge & \cdots & \triangle \\ \vdots & \vdots & \vdots & \vdots \\ ◎ & \square & \cdots & \triangledown \end{vmatrix} + \begin{vmatrix} \bullet & \bigstar & \cdots & \blacktriangle \\ \bigcirc & ☆ & \cdots & \triangle \\ \vdots & \vdots & \vdots & \vdots \\ ◎ & \blacksquare & \cdots & \triangledown \end{vmatrix}$$

$$\begin{vmatrix} \bigcirc & \lozenge & \cdots & \triangle \\ \bullet+\bigstar & \blacklozenge+\blacktriangledown & \cdots & \blacktriangle+\blacksquare \\ \vdots & \vdots & \vdots & \vdots \\ ◎ & \square & \cdots & \triangledown \end{vmatrix} = \begin{vmatrix} \bigcirc & \lozenge & \cdots & \triangle \\ \bullet & \blacklozenge & \cdots & \blacktriangle \\ \vdots & \vdots & \vdots & \vdots \\ ◎ & \square & \cdots & \triangledown \end{vmatrix} + \begin{vmatrix} \bigcirc & \lozenge & \cdots & \triangle \\ \bigstar & \blacktriangledown & \cdots & \blacksquare \\ \vdots & \vdots & \vdots & \vdots \\ ◎ & \square & \cdots & \triangledown \end{vmatrix}$$

(2)

$$\begin{vmatrix} \bigcirc & k\bullet & \cdots & \triangle \\ \lozenge & k\blacklozenge & \cdots & \blacktriangle \\ \vdots & \vdots & \vdots & \vdots \\ ◎ & k\blacksquare & \cdots & \triangledown \end{vmatrix} = k\begin{vmatrix} \bigcirc & \bullet & \cdots & \triangle \\ \lozenge & \blacklozenge & \cdots & \blacktriangle \\ \vdots & \vdots & \vdots & \vdots \\ ◎ & \blacksquare & \cdots & \triangledown \end{vmatrix}$$

$$\begin{vmatrix} ○ & ◇ & \cdots & △ \\ k● & k◆ & \cdots & k▲ \\ \vdots & \vdots & \vdots & \vdots \\ ◎ & □ & \cdots & ▽ \end{vmatrix} = k \begin{vmatrix} ○ & ◇ & \cdots & △ \\ ● & ◆ & \cdots & ▲ \\ \vdots & \vdots & \vdots & \vdots \\ ◎ & □ & \cdots & ▽ \end{vmatrix}$$

〔解説〕 (1)、(2)では、いちいち、「列（または行）」と書いてありますが、このように併記するまでもなく $|A|=|{}^tA|$ （§4-6）より列または行の一方で成り立つ性質は他方でも成り立つことになります。

行列式が2次、3次の場合には(1)、(2)の成立をサラスの方法で簡単に確かめることができます。下記は(1)の場合です。

$$\begin{aligned}
\begin{vmatrix} a_{11} & b_{12}+c_{12} & a_{13} \\ a_{21} & b_{22}+c_{22} & a_{23} \\ a_{31} & b_{32}+c_{32} & a_{33} \end{vmatrix} &= a_{11}(b_{22}+c_{22})a_{33}+(b_{12}+c_{12})a_{23}a_{31}+a_{13}a_{21}(b_{32}+c_{32}) \\
&\quad -a_{11}a_{23}(b_{32}+c_{32})-(b_{12}+c_{12})a_{21}a_{33}-a_{13}(b_{22}+c_{22})a_{31} \\
&=(a_{11}b_{22}a_{33}+b_{12}a_{23}a_{31}+a_{13}a_{21}b_{32} \\
&\quad -a_{11}a_{23}b_{32}-b_{12}a_{21}a_{33}-a_{13}b_{22}a_{31}) \\
&\quad +(a_{11}c_{22}a_{33}+c_{12}a_{23}a_{31}+a_{13}a_{21}c_{32} \\
&\quad -a_{11}a_{23}c_{32}-c_{12}a_{21}a_{33}-a_{13}c_{22}a_{31}) \\
&=\begin{vmatrix} a_{11} & b_{12} & a_{13} \\ a_{21} & b_{22} & a_{23} \\ a_{31} & b_{32} & a_{33} \end{vmatrix}+\begin{vmatrix} a_{11} & c_{12} & a_{13} \\ a_{21} & c_{22} & a_{23} \\ a_{31} & c_{32} & a_{33} \end{vmatrix}
\end{aligned}$$

なお、サラスの方法では4次以上の行列式で(1)(2)が成立することを説得できません。一般の n 次の行列式についても(1)、(2)の成立することを示すには置換による行列式の定義を利用します。Σ、つまり、和の性質から導きます。

〔例〕 (1)、(2)の利用例と注意点を紹介します。

(イ)
$$\begin{vmatrix} 1 & 2 & 3 \\ -1 & 1 & 2 \\ 3 & 0 & 1 \end{vmatrix} + \begin{vmatrix} -2 & 2 & 3 \\ 1 & 1 & 2 \\ -1 & 0 & 1 \end{vmatrix} = \begin{vmatrix} 1-2 & 2 & 3 \\ -1+1 & 1 & 2 \\ 3-1 & 0 & 1 \end{vmatrix} = \begin{vmatrix} -1 & 2 & 3 \\ 0 & 1 & 2 \\ 2 & 0 & 1 \end{vmatrix}$$

(ロ)
$$\begin{vmatrix} 1 & 2 & 3 \\ -1 & 1 & 2 \\ 3 & 0 & 1 \end{vmatrix} + \begin{vmatrix} 1 & 2 & 3 \\ 1 & 1 & 2 \\ 3 & 0 & 1 \end{vmatrix} = \begin{vmatrix} 1 & 2 & 3 \\ -1+1 & 1+1 & 2+2 \\ 3 & 0 & 1 \end{vmatrix} = \begin{vmatrix} 1 & 2 & 3 \\ 0 & 2 & 4 \\ 3 & 0 & 1 \end{vmatrix}$$

(注)
$$\begin{vmatrix} a_{11} & a_{12} & \cdots & a_{1n} \\ a_{21} & a_{22} & \cdots & a_{2n} \\ \vdots & \vdots & \vdots & \vdots \\ a_{n1} & a_{n2} & \cdots & a_{nn} \end{vmatrix} + \begin{vmatrix} b_{11} & b_{12} & \cdots & b_{1n} \\ b_{21} & b_{22} & \cdots & b_{2n} \\ \vdots & \vdots & \vdots & \vdots \\ b_{n1} & b_{n2} & \cdots & b_{nn} \end{vmatrix} \neq \begin{vmatrix} a_{11}+b_{11} & a_{12}+b_{12} & \cdots & a_{1n}+b_{n1} \\ a_{21}+b_{21} & a_{22}+b_{22} & \cdots & a_{2n}+b_{n2} \\ \vdots & \vdots & \vdots & \vdots \\ a_{n1}+b_{n1} & a_{n2}+b_{n2} & \cdots & a_{nn}+b_{nn} \end{vmatrix}$$

(ハ)
$$\begin{vmatrix} 1 & 2 & 3 \\ -k & k & 2k \\ 3 & 0 & 1 \end{vmatrix} = k\begin{vmatrix} 1 & 2 & 3 \\ -1 & 1 & 2 \\ 3 & 0 & 1 \end{vmatrix}$$

(ニ)
$$\begin{vmatrix} k & 2 & 3 \\ -k & 1 & 2 \\ 3k & 0 & 1 \end{vmatrix} = k\begin{vmatrix} 1 & 2 & 3 \\ -1 & 1 & 2 \\ 3 & 0 & 1 \end{vmatrix}$$

<MEMO>　行列の定数倍と行列式の定数倍に注意

定数倍については行列と行列式の違いに注意しましょう。

行列では
$$k\begin{pmatrix} a_{11} & a_{12} & \cdots & a_{1n} \\ a_{21} & a_{22} & \cdots & a_{2n} \\ \vdots & \vdots & \vdots & \vdots \\ a_{n1} & a_{n2} & \cdots & a_{nn} \end{pmatrix} = \begin{pmatrix} ka_{11} & ka_{12} & \cdots & ka_{1n} \\ ka_{21} & ka_{22} & \cdots & ka_{2n} \\ \vdots & \vdots & \vdots & \vdots \\ ka_{n1} & ka_{n2} & \cdots & ka_{nn} \end{pmatrix}$$
ですが、

行列式では

$$k\begin{vmatrix} a_{11} & a_{12} & \cdots & a_{1n} \\ a_{21} & a_{22} & \cdots & a_{2n} \\ \vdots & \vdots & \vdots & \vdots \\ a_{n1} & a_{n2} & \cdots & a_{nn} \end{vmatrix} \neq \begin{vmatrix} ka_{11} & ka_{12} & \cdots & ka_{1n} \\ ka_{21} & ka_{22} & \cdots & ka_{2n} \\ \vdots & \vdots & \vdots & \vdots \\ ka_{n1} & ka_{n2} & \cdots & ka_{nn} \end{vmatrix}$$

です。正しくは、

$$k^n\begin{vmatrix} a_{11} & a_{12} & \cdots & a_{1n} \\ a_{21} & a_{22} & \cdots & a_{2n} \\ \vdots & \vdots & \vdots & \vdots \\ a_{n1} & a_{n2} & \cdots & a_{nn} \end{vmatrix} = \begin{vmatrix} ka_{11} & ka_{12} & \cdots & ka_{1n} \\ ka_{21} & ka_{22} & \cdots & ka_{2n} \\ \vdots & \vdots & \vdots & \vdots \\ ka_{n1} & ka_{n2} & \cdots & ka_{nn} \end{vmatrix}$$

となります。これはよく間違えるところです。

なお、定数倍に関する次の変形もよく使われます。

$$lk\cdots h\begin{vmatrix} a_{11} & a_{12} & \cdots & a_{1n} \\ a_{21} & a_{22} & \cdots & a_{2n} \\ \vdots & \vdots & \vdots & \vdots \\ a_{n1} & a_{n2} & \cdots & a_{nn} \end{vmatrix} = \begin{vmatrix} la_{11} & ka_{12} & \cdots & ha_{1n} \\ la_{21} & ka_{22} & \cdots & ha_{2n} \\ \vdots & \vdots & \vdots & \vdots \\ la_{n1} & ka_{n2} & \cdots & ha_{nn} \end{vmatrix}$$

4-8 行列式の性質（その3）

行列式には次の性質がある。

(1) 少なくとも1つの行（または列）の要素がすべて0であれば行列式の値は0である。

(2) 行列式では2つの行（または列）を交換するとその符号が変わる。

(3) 2つの行（または列）が等しい行列式は値が0である（一方の行（または列）が他方の行（または列）に比例していても行列式の値は0である）。

(4) 行列式のある行（または列）に他の行（または列）の k 倍を加えても行列式の値は変わらない。

レッスン

行列式の性質は以下のようにパターンで理解しましょう。

(1)

$$\begin{vmatrix} \bigcirc & \bullet & \cdots & \triangle \\ 0 & 0 & \cdots & 0 \\ \vdots & \vdots & \vdots & \vdots \\ \circledcirc & \blacksquare & \cdots & \triangledown \end{vmatrix} = 0 \qquad \begin{vmatrix} \bullet & 0 & \cdots & \blacktriangle \\ \bigcirc & 0 & \cdots & \triangle \\ \vdots & \vdots & \vdots & \vdots \\ \circledcirc & 0 & \cdots & \triangledown \end{vmatrix} = 0$$

(2)

$$\begin{vmatrix} \bigcirc & \lozenge & \cdots & \triangle \\ \bullet & \blacklozenge & \cdots & \blacktriangle \\ \vdots & \vdots & \vdots & \vdots \\ \circledcirc & \square & \cdots & \triangledown \end{vmatrix} = - \begin{vmatrix} \bullet & \blacklozenge & \cdots & \blacktriangle \\ \bigcirc & \lozenge & \cdots & \triangle \\ \vdots & \vdots & \vdots & \vdots \\ \circledcirc & \square & \cdots & \triangledown \end{vmatrix}$$

$$\begin{vmatrix} \bigcirc & \bullet & \cdots & \triangle \\ \lozenge & \blacklozenge & \cdots & \square \\ \vdots & \vdots & \vdots & \vdots \\ \circledcirc & \blacksquare & \cdots & \triangledown \end{vmatrix} = - \begin{vmatrix} \bullet & \bigcirc & \cdots & \triangle \\ \blacklozenge & \lozenge & \cdots & \square \\ \vdots & \vdots & \vdots & \vdots \\ \blacksquare & \circledcirc & \cdots & \triangledown \end{vmatrix}$$

(3)

$$\begin{vmatrix} \bullet & \blacklozenge & \cdots & \blacktriangle \\ \bullet & \blacklozenge & \cdots & \blacktriangle \\ \vdots & \vdots & \vdots & \vdots \\ \circledcirc & \square & \cdots & \triangledown \end{vmatrix}=0 \qquad \begin{vmatrix} \bullet & \bullet & \cdots & \vartriangle \\ \blacklozenge & \blacklozenge & \cdots & \square \\ \vdots & \vdots & \vdots & \vdots \\ \blacksquare & \blacksquare & \cdots & \triangledown \end{vmatrix}=0$$

$$\begin{vmatrix} \bullet & \blacklozenge & \cdots & \blacktriangle \\ k\bullet & k\blacklozenge & \cdots & k\blacktriangle \\ \vdots & \vdots & \vdots & \vdots \\ \circledcirc & \square & \cdots & \triangledown \end{vmatrix}=0 \qquad \begin{vmatrix} \bullet & k\bullet & \cdots & \vartriangle \\ \blacklozenge & k\blacklozenge & \cdots & \square \\ \vdots & \vdots & \vdots & \vdots \\ \blacksquare & k\blacksquare & \cdots & \triangledown \end{vmatrix}=0$$

(4)

$$\begin{vmatrix} \bigcirc & \lozenge & \cdots & \vartriangle \\ \bullet+k\circledcirc & \blacklozenge+k\square & \cdots & \blacktriangle+k\triangledown \\ \vdots & \vdots & \vdots & \vdots \\ \circledcirc & \square & \cdots & \triangledown \end{vmatrix}=\begin{vmatrix} \bigcirc & \lozenge & \cdots & \vartriangle \\ \bullet & \blacklozenge & \cdots & \blacktriangle \\ \vdots & \vdots & \vdots & \vdots \\ \circledcirc & \square & \cdots & \triangledown \end{vmatrix}$$

$$\begin{vmatrix} \bigcirc & \bullet+k\vartriangle & \cdots & \vartriangle \\ \lozenge & \blacklozenge+k\square & \cdots & \square \\ \vdots & \vdots & \vdots & \vdots \\ \circledcirc & \blacksquare+k\triangledown & \cdots & \triangledown \end{vmatrix}=\begin{vmatrix} \bigcirc & \bullet & \cdots & \vartriangle \\ \lozenge & \blacklozenge & \cdots & \square \\ \vdots & \vdots & \vdots & \vdots \\ \circledcirc & \blacksquare & \cdots & \triangledown \end{vmatrix}$$

〔解説〕 行列式には面白い性質がいっぱい備わっています。今後、これらの性質を活用すれば行列式の計算をラクに行なうことができます。

(1)～(4)の成立理由は行列式が2次、3次の場合についてだけならば行列式の展開公式（サラスの方法など）を利用して確認できます。

(例)

$$\begin{vmatrix} a_{11} & a_{12} & a_{13} \\ 0 & 0 & 0 \\ a_{31} & a_{32} & a_{33} \end{vmatrix}=a_{11}\times0\times a_{33}+a_{12}\times0\times a_{31}+a_{13}\times0\times a_{32}$$

$$-a_{11}\times0\times a_{32}-a_{12}\times0\times a_{33}-a_{13}\times0\times a_{31}=0$$

一般の n 次の行列式について(1)、(2)が成立することを示すには置換による行列式の定義(§4-5)を利用します。

<MEMO>　行列式と面積・体積

(1)　行列式$\begin{vmatrix} a & b \\ c & d \end{vmatrix}$は２つの位置ベクトル$\boldsymbol{p}=(a,b)$、$\boldsymbol{q}=(c,d)$がつくる平行四辺形の面積に＋または－を付けた値を表わす。

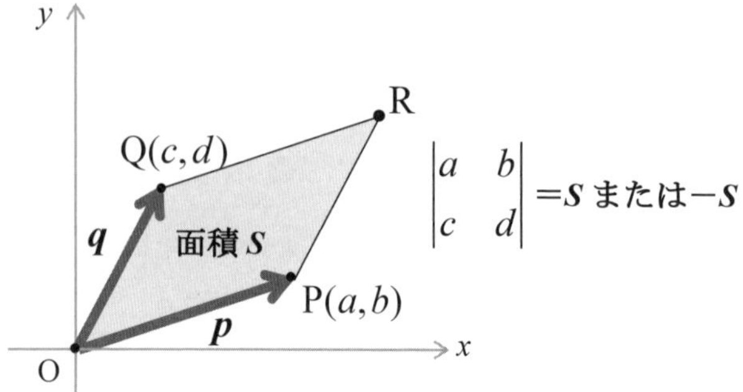

(注)　行ベクトルではなく列ベクトル$\begin{pmatrix} a \\ c \end{pmatrix}$、$\begin{pmatrix} b \\ d \end{pmatrix}$に着目しても上記と同様なことが成立します。

(2)　行列式$\begin{vmatrix} a_1 & a_2 & a_3 \\ b_1 & b_2 & b_3 \\ c_1 & c_2 & c_3 \end{vmatrix}$は３つの位置ベクトル$\boldsymbol{a}=(a_1,a_2,a_3)$、

$\boldsymbol{b}=(b_1,b_2,b_3)$、$\boldsymbol{c}=(c_1,c_2,c_3)$がつくる平行六面体の体積に＋または－を付けた値を表わす。

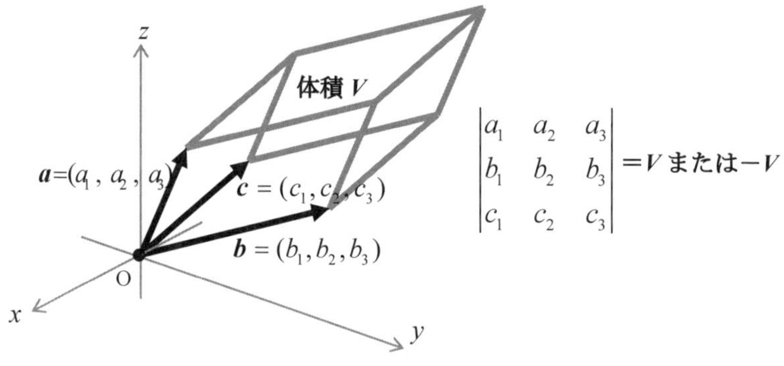

(注) 行ベクトルではなく列ベクトル$\begin{pmatrix} a_1 \\ b_1 \\ c_1 \end{pmatrix}$、$\begin{pmatrix} a_2 \\ b_2 \\ c_2 \end{pmatrix}$、$\begin{pmatrix} a_3 \\ b_3 \\ c_3 \end{pmatrix}$に着目しても上記と同様です。

なお、(1)、(2)いずれにしても、面積、体積の前の符号は回転などを考慮した位置ベクトルの位置関係で決定します。

この(1)、(2)の知識があれば、§4-6〜§4-8で紹介した行列式の性質の多くは直観的に理解できます。

〔例1〕「1つの行がすべて0であれば行列式の値は0」については(1)の場合$\boldsymbol{p}$または$\boldsymbol{q}$が零ベクトルであれば面積Sは0を意味します。(2)の場合$\boldsymbol{a}$または$\boldsymbol{b}$または$\boldsymbol{c}$が零ベクトルであれば体積Vは0を意味します。

〔例2〕「2つの行が等しけれ(または比例すれ)ば行列式の値は0」については(1)の場合$\boldsymbol{p}=\boldsymbol{q}$(または$\boldsymbol{p}=k\boldsymbol{q}$)であれば面積$S$は0を意味します。(2)の場合$\boldsymbol{a}$、$\boldsymbol{b}$、$\boldsymbol{c}$のうち2つが等しければ(または平行であれば)、体積Vは0を意味します。

〔例3〕「1つの行がk倍されれば行列式の値はk倍になる」については(1)の場合$\boldsymbol{p}$または$\boldsymbol{q}$の一方がk倍されると面積Sはk倍になることを意味します。(2)の場合$\boldsymbol{a}$、$\boldsymbol{b}$、$\boldsymbol{c}$のうちいずれか1つがk倍されると体積Vはk倍になることを意味します。

〔例4〕「2つの行を交換すれば行列式の符号が変わる」については(1)の場合$\boldsymbol{p}$と$\boldsymbol{q}$の位置関係が交換されるので$\boldsymbol{S}$は$-\boldsymbol{S}$へ、$-\boldsymbol{S}$は$\boldsymbol{S}$へと変化します。(2)の場合$\boldsymbol{a}$、$\boldsymbol{b}$、$\boldsymbol{c}$のいずれか2つの位置関係が交換されるので$\boldsymbol{V}$は$-\boldsymbol{V}$へ、$-\boldsymbol{V}$は$\boldsymbol{V}$へと変化します。

4-9 行列式の性質（その4）

n 次正方行列 $A=(a_{ij})$ において $a_{11}, a_{22}, \cdots, a_{nn}$ を**対角成分**といい、対角成分の左下（または右上）の部分がすべて 0 である行列を**三角行列**という。三角行列の行列式は対角成分を掛け合わせた $a_{11}a_{22}\cdots a_{nn}$ である。

レッスン

三角行列の行列式の性質は以下のようにパターンで理解しましょう。

$$\begin{vmatrix} \bullet & \Diamond & \cdots & \circledcirc \\ & \blacklozenge & \cdots & \square \\ & & \ddots & \vdots \\ 0 & & & \bigstar \end{vmatrix} = \begin{vmatrix} \bullet & & & 0 \\ \Diamond & \blacklozenge & & \\ \vdots & \vdots & \ddots & \\ \circledcirc & \square & \cdots & \bigstar \end{vmatrix} = \bullet\blacklozenge\cdots\bigstar$$

するとと対角成分がすべて 1 のときは行列式の値は 1 ですね。

$$\begin{vmatrix} 1 & \Diamond & \cdots & \circledcirc \\ & 1 & \cdots & \square \\ & & \ddots & \vdots \\ 0 & & & 1 \end{vmatrix} = \begin{vmatrix} 1 & & & 0 \\ \Diamond & 1 & & \\ \vdots & \vdots & \ddots & \\ \circledcirc & \square & \cdots & 1 \end{vmatrix} = 1$$

当然、単位行列の行列式も 1 です。単位行列のように対角成分以外の成分が 0 である行列を対角行列といいます。

$$\begin{vmatrix} 1 & & 0 \\ & 1 & \\ & & \ddots & \\ 0 & & & 1 \end{vmatrix} = 1$$

〔解説〕 理由は簡単です。$\sum_{(p,q,\cdots,s)\in S_n} \mathrm{sgn}(p,q,\cdots,s)a_{1p}a_{2q}\cdots a_{ns}$ において

$a_{11}a_{22}\cdots a_{nn}$ 以外は $a_{1p},a_{2q},\cdots,a_{ns}$ のいずれかが 0 になり、$a_{1p}a_{2q}\cdots a_{ns}$ の値は 0 になります。その結果、三角行列の行列式は

$$\sum_{(p,q,\cdots,s)\in S_n} \mathrm{sgn}(p,q,\cdots,s)a_{1p}a_{2q}\cdots a_{ns} = \mathrm{sgn}(1,2,\cdots,n)a_{11}a_{22}\cdots a_{nn} = a_{11}a_{22}\cdots a_{nn}$$

となります。

〔例〕 $\begin{vmatrix} 5 & -2 & 9 & 3 \\ 0 & 3 & -6 & 2 \\ 0 & 0 & 1 & 7 \\ 0 & 0 & 0 & 4 \end{vmatrix} = 5\times3\times1\times4 = 60$ 、 $\begin{vmatrix} 1 & 0 & 0 & 0 \\ 8 & -3 & 0 & 0 \\ -7 & 9 & 2 & 0 \\ 10 & 5 & 6 & 4 \end{vmatrix} = 1\times(-3)\times2\times4 = -24$

（注） 下記の行列式には注意しましょう。

$$\begin{vmatrix} 0 & 0 & 1 \\ 0 & 1 & 0 \\ 1 & 0 & 0 \end{vmatrix} = \mathrm{sgn}(3,2,1)1\times1\times1 = -1 \quad \cdots \quad \begin{pmatrix} 1 & 2 & 3 \\ 3 & 2 & 1 \end{pmatrix} = \begin{pmatrix} 1 & 3 \end{pmatrix}$$

$$\begin{vmatrix} 0 & 0 & 0 & 1 \\ 0 & 0 & 1 & 0 \\ 0 & 1 & 0 & 0 \\ 1 & 0 & 0 & 0 \end{vmatrix} = \mathrm{sgn}(4,3,2,1)1\times1\times1\times1 = 1 \quad \cdots \begin{pmatrix} 1 & 2 & 3 & 4 \\ 4 & 3 & 2 & 1 \end{pmatrix} = \begin{pmatrix} 1 & 4 \end{pmatrix}\begin{pmatrix} 2 & 3 \end{pmatrix}$$

一般に、成分 $a_{1n},a_{2(n-1)},\cdots,a_{n1}$ の左上（または右下）の部分の成分が 0 の行列の場合、その行列式は次のようになります。ただし、次数 n の値によって±はどちらか一方に確定します。

$$\begin{vmatrix} ◎ & \cdots & ◇ & ● \\ □ & \cdots & ◆ & \\ \vdots & \iddots & & 0 \\ ★ & & & \end{vmatrix} = \begin{vmatrix} ◎ & □ & \cdots & ★ \\ \vdots & \vdots & \iddots & \\ ◇ & ◆ & & 0 \\ ● & & & \end{vmatrix} = \pm ●◆\cdots★$$

4-10 行列式の性質（その5）

行列 $A=(a_{ij})$、$B=(b_{ij})$ をともに n 次の正方行列とする。このとき、次の等式が成り立つ。 $|AB|=|A||B|$ …①

レッスン

行列の積の定義は次のようでしたね。

$$A=\begin{pmatrix} a_{11} & a_{12} & \cdots & a_{1n} \\ a_{21} & a_{22} & \cdots & a_{2n} \\ \vdots & \vdots & \vdots & \vdots \\ a_{n1} & a_{n2} & \cdots & a_{nn} \end{pmatrix} \quad B=\begin{pmatrix} b_{11} & b_{12} & \cdots & b_{1n} \\ b_{21} & b_{22} & \cdots & b_{2n} \\ \vdots & \vdots & \vdots & \vdots \\ b_{n1} & b_{n2} & \cdots & b_{nn} \end{pmatrix}$$

のとき、

$$AB=\begin{pmatrix} \sum_{j=1}^{n} a_{1j}b_{j1} & \sum_{j=1}^{n} a_{1j}b_{j2} & \cdots & \sum_{j=1}^{n} a_{1j}b_{jn} \\ \sum_{j=1}^{n} a_{2j}b_{j1} & \sum_{j=1}^{n} a_{2j}b_{j2} & \cdots & \sum_{j=1}^{n} a_{2j}b_{jn} \\ \vdots & \vdots & \vdots & \vdots \\ \sum_{j=1}^{n} a_{nj}b_{j1} & \sum_{j=1}^{n} a_{nj}b_{j2} & \cdots & \sum_{j=1}^{n} a_{nj}b_{jn} \end{pmatrix}$$

難しそう!!

行列 AB の$(l$、$m)$成分は行列 A の第 l 行ベクトルと

行列 B の第 m 列ベクトルの内積 $\sum_{j=1}^{n} a_{lj}b_{jm}$

というこことは、①を成分で示すと次のように
なるって、ことですよね。

$$
\begin{vmatrix}
\sum_{i=1}^{n} a_{1i}b_{i1} & \sum_{i=1}^{n} a_{1i}b_{i2} & \cdots & \sum_{i=1}^{n} a_{1i}b_{in} \\
\sum_{i=1}^{n} a_{2i}b_{i1} & \sum_{i=1}^{n} a_{2i}b_{i2} & \cdots & \sum_{i=1}^{n} a_{2i}b_{in} \\
\vdots & \vdots & \vdots & \vdots \\
\sum_{i=1}^{n} a_{ni}b_{i1} & \sum_{i=1}^{n} a_{ni}b_{i2} & \cdots & \sum_{i=1}^{n} a_{ni}b_{in}
\end{vmatrix}
$$

難しそう!!

$$
=\begin{vmatrix}
a_{11} & a_{12} & \cdots & a_{1n} \\
a_{21} & a_{22} & \cdots & a_{2n} \\
\vdots & \vdots & \vdots & \vdots \\
a_{n1} & a_{n2} & \cdots & a_{nn}
\end{vmatrix}
\begin{vmatrix}
b_{11} & b_{12} & \cdots & b_{1n} \\
b_{21} & b_{22} & \cdots & b_{2n} \\
\vdots & \vdots & \vdots & \vdots \\
b_{n1} & b_{n2} & \cdots & b_{nn}
\end{vmatrix}
\quad \cdots\cdots\cdots ②
$$

②の左辺であるABの行列式は複雑そうだけど、これを求める
には、より簡単なAの行列式とBの行列式を掛ければいいと
いうことです。

〔解説〕 行列AとBが与えられたとき、それらの積の行列ABの行列式を求めるには、②式の左辺を計算することになります。

行列式の計算はただでさえ大変ですが、この②の左辺の計算になると、途方に暮れます。このとき、①（つまり②）は、より単純な右辺の個々の行列式の値を求めてそれらの積を計算すればよい、ということです。

①、つまり②の成立理由ですが、これは複雑すぎて大変です。そこで、まずは、2次の行列式で①の成立を確かめてみましょう。

$$A=\begin{pmatrix} a_{11} & a_{12} \\ a_{21} & a_{22} \end{pmatrix},\ B=\begin{pmatrix} b_{11} & b_{12} \\ b_{21} & b_{22} \end{pmatrix}$$ のとき、

$$AB=\begin{pmatrix} \sum_{j=1}^{2} a_{1j}b_{j1} & \sum_{j=1}^{2} a_{1j}b_{j2} \\ \sum_{j=1}^{2} a_{2j}b_{j1} & \sum_{j=1}^{2} a_{2j}b_{j2} \end{pmatrix}=\begin{pmatrix} a_{11}b_{11}+a_{12}b_{21} & a_{11}b_{12}+a_{12}b_{22} \\ a_{21}b_{11}+a_{22}b_{21} & a_{21}b_{12}+a_{22}b_{22} \end{pmatrix}$$

行列式をサラスの方法(§4-5)を使って計算すると、

$$\begin{aligned} |AB| &= (a_{11}b_{11}+a_{12}b_{21})(a_{21}b_{12}+a_{22}b_{22})-(a_{11}b_{12}+a_{12}b_{22})(a_{21}b_{11}+a_{22}b_{21}) \\ &= a_{11}b_{11}a_{21}b_{12}+a_{11}b_{11}a_{22}b_{22}+a_{12}b_{21}a_{21}b_{12}+a_{12}b_{21}a_{22}b_{22} \\ &\quad -(a_{11}b_{12}a_{21}b_{11}+a_{11}b_{12}a_{22}b_{21}+a_{12}b_{22}a_{21}b_{11}+a_{12}b_{22}a_{22}b_{21}) \\ &= a_{11}b_{11}a_{22}b_{22}+a_{12}b_{21}a_{21}b_{12}-a_{11}b_{12}a_{22}b_{21}-a_{12}b_{22}a_{21}b_{11} \end{aligned}$$

$$\begin{aligned} |A||B| &= (a_{11}a_{22}-a_{12}a_{21})(b_{11}b_{22}-b_{12}b_{21}) \\ &= a_{11}a_{22}b_{11}b_{22}-a_{11}a_{22}b_{12}b_{21}-a_{12}a_{21}b_{11}b_{22}+a_{12}a_{21}b_{12}b_{21} \end{aligned}$$

よって　$|AB|=|A||B|$

同様な方法で 3 次の行列式でも $|AB|=|A||B|$ の成立を計算で確かめることができます。しかし、これはかなり大変なことです。それに、この方法で $|AB|=|A||B|$ の成り立ちを説得できるのは、何度も述べましたが、3 次の行列式までです。4 次以上の行列式の展開公式（サラスの方法など）が存在しないからです。一般の n 次の行列について $|AB|=|A||B|$ の成立を説得するには行列式の定義(§4-5)と行列式の性質(§4-7、§4-8 など)をフルに利用し、複雑な式変形を行なうことになります。そのため、ここでは、以下の具体例で $|AB|=|A||B|$ の成立を確認するに留めておきます。

〔**例**〕 次の行列 A、B に対して $|A|$、$|B|$、$|AB|$ を求め $|AB|=|A||B|$ が成立することを確かめてみましょう。

(1) $A=\begin{pmatrix}1 & 3\\ 2 & 4\end{pmatrix}$, $B=\begin{pmatrix}-3 & 5\\ 2 & 7\end{pmatrix}$

(2) $A=\begin{pmatrix}2 & 5 & 6\\ -1 & 7 & -2\\ 3 & -3 & 4\end{pmatrix}$, $B=\begin{pmatrix}1 & 3 & 3\\ 2 & 3 & 2\\ 3 & 3 & 2\end{pmatrix}$

（解） (1) 2次の行列の展開式を利用すると

$$|A|=\begin{vmatrix}1 & 3\\ 2 & 4\end{vmatrix}=-2、|B|=\begin{vmatrix}-3 & 5\\ 2 & 7\end{vmatrix}=-31 \quad よって \quad |A||B|=62$$

また、$AB=\begin{pmatrix}1 & 3\\ 2 & 4\end{pmatrix}\begin{pmatrix}-3 & 5\\ 2 & 7\end{pmatrix}=\begin{pmatrix}3 & 26\\ 2 & 38\end{pmatrix}$ より $|AB|=62$

よって、$|AB|=|A||B|$ が成立します。

(2) サラスの方法などを利用すると

$$|A|=\begin{vmatrix}2 & 5 & 6\\ -1 & 7 & -2\\ 3 & -3 & 4\end{vmatrix}=-74 \ , \ |B|=\begin{vmatrix}1 & 3 & 3\\ 2 & 3 & 2\\ 3 & 3 & 2\end{vmatrix}=-3、よって|A||B|=222$$

また、$AB=\begin{pmatrix}2 & 5 & 6\\ -1 & 7 & -2\\ 3 & -3 & 4\end{pmatrix}\begin{pmatrix}1 & 3 & 3\\ 2 & 3 & 2\\ 3 & 3 & 2\end{pmatrix}=\begin{pmatrix}30 & 39 & 28\\ 7 & 12 & 7\\ 9 & 12 & 11\end{pmatrix}$ より

$|AB|=222$

よって、$|AB|=|A||B|$ が成立します。

（注） (1) (2) からわかるように $|AB|$ を求めるのにわざわざ AB を計算する必要はありません。

4-11 行列式の展開公式

置換を用いて定義された n 次の行列式 $D=|a_{ij}|$ について次の式が成立する。

$$D = a_{i1}(-1)^{i+1}D_{i1} + a_{i2}(-1)^{i+2}D_{i2} + \cdots + a_{in}(-1)^{i+n}D_{in} \quad \cdots\cdots (イ)$$

ただし、D_{ij} は行列式 D から第 i 行と第 j 列を除いて得られる $(n-1)$ 次の行列式とする。ここで、$A_{ij}=(-1)^{i+j}D_{ij}$ とすると

$$D = a_{i1}A_{i1} + a_{i2}A_{i2} + \cdots + a_{in}A_{in} \quad \cdots\cdots (ロ)$$

なお、A_{ij} を要素 a_{ij} の余因数、D_{ij} を D の $(n-1)$ 次の小行列式という。

レッスン

まず、n 次の行列式 $D=|a_{ij}|$ と D の $(n-1)$ 次の小行列式 D_{ij} を表示してみましょう。

$$D=|a_{ij}|=\begin{vmatrix} a_{11} & a_{12} & \cdots & a_{1j} & \cdots & a_{1n} \\ a_{21} & a_{22} & \cdots & a_{2j} & \cdots & a_{2n} \\ \vdots & \vdots & \vdots & \vdots & \vdots & \vdots \\ a_{i1} & a_{i2} & \cdots & a_{ij} & \cdots & a_{in} \\ \vdots & \vdots & \vdots & \vdots & \vdots & \vdots \\ a_{n1} & a_{n2} & \cdots & a_{nj} & \cdots & a_{nn} \end{vmatrix}$$

第 i 行削除　　第 j 列削除　　$(n-1)$ 次の小行列式

$$D_{ij}=\begin{vmatrix} a_{11} & a_{12} & \cdots & a_{1j} & \cdots & a_{1n} \\ a_{21} & a_{22} & \cdots & a_{2j} & \cdots & a_{2n} \\ \vdots & \vdots & \vdots & \vdots & \vdots & \vdots \\ a_{i1} & a_{i2} & \cdots & a_{ij} & \cdots & a_{in} \\ \vdots & \vdots & \vdots & \vdots & \vdots & \vdots \\ a_{n1} & a_{n2} & \cdots & a_{nj} & \cdots & a_{nn} \end{vmatrix}=\begin{vmatrix} a_{11} & a_{12} & \cdots & \cdots & a_{1n} \\ a_{21} & a_{22} & \cdots & \cdots & a_{2n} \\ \vdots & \vdots & \vdots & \vdots & \vdots \\ \vdots & \vdots & \vdots & \vdots & \vdots \\ a_{n1} & a_{n2} & \cdots & \cdots & a_{nn} \end{vmatrix}$$

置換を用いて定義された n 次の行列式 D は、1つ次数の低い $(n-1)$次の小行列式 D_{ij} を用いて次の(イ)のように書けるわけですね。すると、このことを繰り返せば、置換を用いて定義されたどんな高次の行列式も2次や1次の行列式に帰着できますね!!

$$D = a_{i1}(-1)^{i+1} D_{i1} + a_{i2}(-1)^{i+2} D_{i2} + \cdots + a_{in}(-1)^{i+n} D_{in} \quad \cdots (イ)$$

ここで、$A_{ij} = (-1)^{i+j} D_{ij}$ とおけば、この式はスッキリします。それが(ロ)です。これは帰納的に定義された行列式と同じ式ですね。

$$D = a_{i1}A_{i1} + a_{i2}A_{i2} + \cdots + a_{in}A_{in} \quad \cdots\cdots (ロ)$$

〔解説〕 (イ)式を見て「アレェ、これは、行列式のもう1つの定義式ではなかったか……」と思ったかもしれません。そうです、(イ)式はまさしく、行列式の帰納的定義において行列式の定義式（§4-3）として使われたものです。本節では、行列式を置換という別の考え方で定義したものから(イ)式が導き出せることを説明しているのです。この結果、(イ)式を用いて**帰納的に定義された行列式（§4-3）と置換を用いて定義された行列式（§4-5）が同じものであることがわかります。**

まずは、置換を用いて定義された3次の行列式が i=1 のとき(イ)式を満たすことを調べてみましょう。つまり、

$$D = \begin{vmatrix} a_{11} & a_{12} & a_{13} \\ a_{21} & a_{22} & a_{23} \\ a_{31} & a_{32} & a_{33} \end{vmatrix} = a_{11}(-1)^{1+1} D_{11} + a_{12}(-1)^{1+2} D_{12} + a_{13}(-1)^{1+3} D_{13} \quad \cdots ①$$

の成立を調べてみます。

$$\begin{vmatrix} b_{11} & b_{12} \\ b_{21} & b_{22} \end{vmatrix} = \sum_{(p,q)\in S_2} \mathrm{sgn}(p,q) b_{1p} b_{2q}$$

$$= \mathrm{sgn}(1,2) b_{11} b_{22} + \mathrm{sgn}(2,1) b_{12} b_{21} = b_{11} b_{22} - b_{12} b_{21}$$

より、①の右辺は

$$a_{11}(-1)^{1+1} D_{11} + a_{12}(-1)^{1+2} D_{12} + a_{13}(-1)^{1+3} D_{13}$$

$$= a_{11}(-1)^{1+1} \begin{vmatrix} a_{22} & a_{23} \\ a_{32} & a_{33} \end{vmatrix} + a_{12}(-1)^{1+2} \begin{vmatrix} a_{21} & a_{23} \\ a_{31} & a_{33} \end{vmatrix} + a_{13}(-1)^{1+3} \begin{vmatrix} a_{21} & a_{22} \\ a_{31} & a_{32} \end{vmatrix}$$

$$= a_{11}(a_{22}a_{33} - a_{23}a_{32}) - a_{12}(a_{21}a_{33} - a_{23}a_{31}) + a_{13}(a_{21}a_{32} - a_{22}a_{31})$$

$$= a_{11}a_{22}a_{33} - a_{11}a_{23}a_{32} - a_{12}a_{21}a_{33} + a_{12}a_{23}a_{31} + a_{13}a_{21}a_{32} - a_{13}a_{22}a_{31}$$

また、置換を用いて定義された 3 次の行列式は§4-5 より

$$D = \begin{vmatrix} a_{11} & a_{12} & a_{13} \\ a_{21} & a_{22} & a_{23} \\ a_{31} & a_{32} & a_{33} \end{vmatrix} = \sum_{(p,q,s)\in S_3} \mathrm{sgn}(p,q,s) a_{1p} a_{2q} a_{3s}$$

$$= a_{11}a_{22}a_{33} - a_{11}a_{23}a_{32} - a_{12}a_{21}a_{33} + a_{12}a_{23}a_{31} + a_{13}a_{21}a_{32} - a_{13}a_{22}a_{31} \quad \cdots ②$$

よって①の成立することがわかります。$i=2, 3$ の場合も同様に示すことができます。

しかし、一般の n 次の行列式で(イ)、(ロ)が成り立つことを示すのは少し大変です。行列式の定義(§4-5)と行列式の二つの行、または、二つの列を交換すると行列式の符号が変わるという性質をフルに活用しながら複雑な式変形を行なうことになります（付録②参照)。

なお、(ロ)は第 i 行に着目した場合ですが、第 j 列に着目してもこれと同様な次の(ハ)が成立します。(ロ)と併記しておきます。

$$D = a_{i1}A_{i1} + a_{i2}A_{i2} + \cdots + a_{in}A_{in} \qquad \cdots\cdots(ロ)$$

$$D = a_{1j}A_{1j} + a_{2j}A_{2j} + \cdots + a_{nj}A_{nj} \qquad \cdots\cdots(ハ)$$

(ロ)の右辺を行列式 D を**第 i 行について展開**するといい、(ハ)の右辺を行列式 D を**第 j 列について展開**するといいます。

（注） 本節で紹介した余因数、小行列式は§4-3 で紹介したものと同じです。再度確認しますが、§4-3 では(ロ)、(ハ)をもって n 次の行列式の定義としましたが、ここでは、置換による行列式の定義から (ロ)、(ハ)を導けるものとしています。

〔例〕 (ロ)、(ハ)を使って、次の行列式の値を求めてみましょう。

(1)
$$\begin{vmatrix} 3 & -2 & 7 & 0 \\ -1 & 1 & 4 & 2 \\ 2 & 0 & -3 & -1 \\ 0 & 5 & 6 & 4 \end{vmatrix} = (-1)^{1+1}\times 3\times\begin{vmatrix} 1 & 4 & 2 \\ 0 & -3 & -1 \\ 5 & 6 & 4 \end{vmatrix} + (-1)^{1+2}\times(-2)\times\begin{vmatrix} -1 & 4 & 2 \\ 2 & -3 & -1 \\ 0 & 6 & 4 \end{vmatrix}$$

第 1 行について展開

$$+(-1)^{1+3}\times 7\times\begin{vmatrix} -1 & 1 & 2 \\ 2 & 0 & -1 \\ 0 & 5 & 4 \end{vmatrix} + (-1)^{1+4}\times 0\times\begin{vmatrix} -1 & 1 & 4 \\ 2 & 0 & -3 \\ 0 & 5 & 6 \end{vmatrix}$$

$$= 3\times 4 + 2\times(-2) + 7\times 7 + 0\times 13 = 57$$

(2)
$$\begin{vmatrix} 3 & -2 & 7 & 0 \\ -1 & 1 & 4 & 2 \\ 2 & 0 & -3 & -1 \\ 0 & 5 & 6 & 4 \end{vmatrix} = (-1)^{1+2}\times(-2)\times\begin{vmatrix} -1 & 4 & 2 \\ 2 & -3 & -1 \\ 0 & 6 & 4 \end{vmatrix} + (-1)^{2+2}\times 1\times\begin{vmatrix} 3 & 7 & 0 \\ 2 & -3 & -1 \\ 0 & 6 & 4 \end{vmatrix}$$

第 2 列について展開

$$+(-1)^{3+2}\times 0\times\begin{vmatrix} 3 & 7 & 0 \\ -1 & 4 & 2 \\ 0 & 6 & 4 \end{vmatrix} + (-1)^{4+2}\times 5\times\begin{vmatrix} 3 & 7 & 0 \\ -1 & 4 & 2 \\ 2 & -3 & -1 \end{vmatrix}$$

$$= 2\times(-2) + 1\times(-74) - 0\times 40 + 5\times 27 = 57$$

（注） (1)、(2)ともに同じ行列式ですが、(1)は第 1 行について展開し、(2)は第 2 列について展開して計算しました。なお、3 次の行列式については②式を利用しました。

4-12 行列式の要素と余因数の関係

n 次の行列式 $D=|a_{ij}|$ において次の展開公式が成立する。

$$a_{i1}A_{j1}+a_{i2}A_{j2}+\cdots+a_{in}A_{jn}=D\delta_{ij} \quad \cdots\cdot(\text{i})$$

$$a_{1i}A_{1j}+a_{2i}A_{2j}+\cdots+a_{ni}A_{nj}=D\delta_{ij} \quad \cdots\cdot(\text{ii})$$

ただし、 A_{ij} は成分 a_{ij} の余因数とする。また、 δ_{ij} $(i,j=1,2,\cdots,n)$ は ***Kronecker* の記号**と呼ばれ次の数を表わす。

$i=j$ のとき　$\delta_{ij}=1$

$i\neq j$ のとき　$\delta_{ij}=0$

レッスン

（ｉ）、（ⅱ）ともに目がチカチカします。そこで、行列 $A=(a_{ij})$ に対し、各成分の余因数 A_{ij} を要素にもつ行列 $Y=(A_{ij})$ を考え行列 A の第 i 行ベクトルと行列 Y の第 j 行ベクトルに着目します。すると（ｉ）の意味がわかります。

$$A=\begin{pmatrix} a_{11} & a_{12} & a_{13} & \cdots & \cdots & a_{1n} \\ a_{21} & a_{22} & a_{23} & \cdots & \cdots & a_{2n} \\ \vdots & \vdots & \vdots & \cdots & \cdots & \vdots \\ a_{i1} & a_{i2} & a_{i3} & \cdots & \cdots & a_{in} \\ \vdots & \vdots & \vdots & \cdots & \cdots & \vdots \\ a_{j1} & a_{j2} & a_{j3} & \cdots & \cdots & a_{jn} \\ \vdots & \vdots & \vdots & \cdots & \cdots & \vdots \\ a_{n1} & a_{n3} & a_{n3} & \cdots & \cdots & a_{nn} \end{pmatrix} \qquad Y=\begin{pmatrix} A_{11} & A_{12} & A_{13} & \cdots & \cdots & A_{1n} \\ A_{21} & A_{22} & A_{23} & \cdots & \cdots & A_{2n} \\ \vdots & \vdots & \vdots & \cdots & \cdots & \vdots \\ A_{i1} & A_{i2} & A_{i3} & \cdots & \cdots & A_{in} \\ \vdots & \vdots & \vdots & \cdots & \cdots & \vdots \\ A_{j1} & A_{j2} & A_{j3} & \cdots & \cdots & A_{jn} \\ \vdots & \vdots & \vdots & \cdots & \cdots & \vdots \\ A_{n1} & A_{n3} & A_{n3} & \cdots & \cdots & A_{nn} \end{pmatrix}$$

第 i 行ベクトル

$$\boldsymbol{u}=(a_{i1},a_{i2},a_{i3},\cdots,a_{in})$$

第 j 行ベクトル

$$\boldsymbol{v}=(A_{i1},A_{i2},A_{i3},\cdots,A_{in})$$

あぁ、見えてきました!!
（ⅰ）の左辺は $\boldsymbol{u}$ と $\boldsymbol{v}$ の内積（§2-9）になっています。

$$\boldsymbol{u}\bullet\boldsymbol{v}=\boldsymbol{u}({}^t\boldsymbol{v})=a_{i1}A_{j1}+a_{i2}A_{j2}+\cdots+a_{in}A_{jn}$$

よく気がつきましたね。
したがって、（ⅰ）は次のことを言っているにすぎません。

$i=j$ **のとき**　$\boldsymbol{u}\bullet\boldsymbol{v}=\boldsymbol{u}({}^t\boldsymbol{v})=D$

$i\neq j$ **のとき**　$\boldsymbol{u}\bullet\boldsymbol{v}=\boldsymbol{u}({}^t\boldsymbol{v})=0$

ということは、$i\neq j$ のとき行列 A の第 i 行ベクトルと行列 Y の第 j 行ベクトルは垂直なんですね。つまり、$\boldsymbol{u}\perp\boldsymbol{v}$

そうです。（ⅱ）については、行列 A の第 i 列ベクトルと行列 Y の第 j 列ベクトルに着目してみましょう。

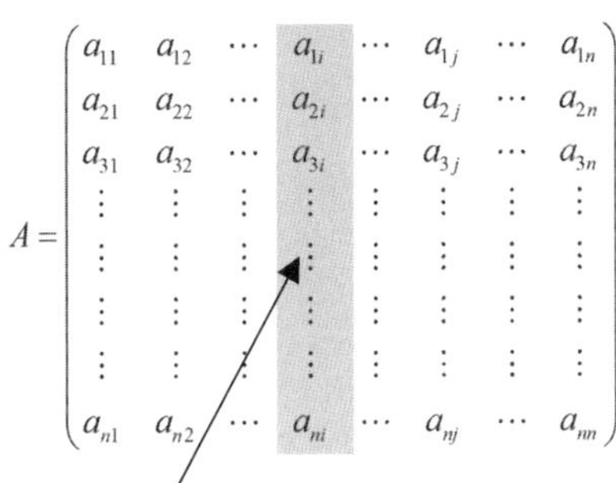

$$Y=\begin{pmatrix} A_{11} & A_{12} & \cdots & A_{1i} & \cdots & A_{1j} & \cdots & A_{1n} \\ A_{21} & A_{22} & \cdots & A_{2i} & \cdots & A_{2j} & \cdots & A_{2n} \\ A_{31} & A_{32} & \cdots & A_{3i} & \cdots & A_{3j} & \cdots & A_{3n} \\ \vdots & \vdots & \vdots & \vdots & \vdots & \vdots & \vdots & \vdots \\ A_{n1} & A_{n2} & \cdots & A_{ni} & \cdots & A_{nj} & \cdots & A_{nn} \end{pmatrix}$$

第 i 列ベクトル

$$\boldsymbol{u}=(a_{1i},a_{2i},a_{3i},\cdots,a_{ni})$$

第 j 列ベクトル

$$\boldsymbol{v}=(A_{1j},A_{2j},A_{3j},\cdots,A_{nj})$$

(ⅱ)の左辺も(ⅰ)と同様に $\boldsymbol{u}$ と $\boldsymbol{v}$ の内積(§2-9)になっています。

$$\boldsymbol{u}\bullet\boldsymbol{v} = \boldsymbol{u}({}^t\boldsymbol{v}) = a_{1i}A_{1j} + a_{2i}A_{2j} + \cdots + a_{ni}A_{nj}$$

したがって、(ⅱ)も次のことを言っているにすぎません。

$i = j$ **のとき** $\boldsymbol{u}\bullet\boldsymbol{v} = \boldsymbol{u}({}^t\boldsymbol{v}) = D$

$i \neq j$ **のとき** $\boldsymbol{u}\bullet\boldsymbol{v} = \boldsymbol{u}({}^t\boldsymbol{v}) = 0$

ということは、$i \neq j$ のとき行列 A の第 i 列ベクトルと行列 Y の第 j 列ベクトルは垂直なんですね。つまり、$\boldsymbol{u} \perp \boldsymbol{v}$

〔解説〕 (ⅰ)、(ⅱ)の成立は次節で扱う逆行列の公式(かなり重要)を理解する上で欠かせません。(ⅰ)、(ⅱ)は行列 A と行列 Y の行ベクトル同士の内積、列ベクトル同士の内積とみれば複雑な添え字で苦労しなくてもすみます。

以下に(ⅰ)の成立を3次の行列式の例で調べてみましょう。

(1) $i = j$ のとき

$i = j = 1$ の場合は前節より D を1行目について展開すると

$$D = \begin{vmatrix} a_{11} & a_{12} & a_{13} \\ a_{21} & a_{22} & a_{23} \\ a_{31} & a_{32} & a_{33} \end{vmatrix} = a_{11}A_{11} + a_{12}A_{12} + a_{13}A_{13}$$

$\delta_{11} = 1$ なので、$a_{11}A_{11} + a_{12}A_{12} + a_{13}A_{13} = D\delta_{11}$

同様にして$i=j=2$のとき、$i=j=3$のときも(ⅰ)は成立することがわかります。

(2)　$i \neq j$のとき

$i=1, j=2$の場合は、行列式Dの2行目の成分をすべて1行目の成分に変えた行列式Fを考えます。

$$D=\begin{vmatrix} a_{11} & a_{12} & a_{13} \\ a_{21} & a_{22} & a_{23} \\ a_{31} & a_{32} & a_{33} \end{vmatrix} \longrightarrow \begin{vmatrix} a_{11} & a_{12} & a_{13} \\ a_{11} & a_{12} & a_{13} \\ a_{31} & a_{32} & a_{33} \end{vmatrix} = F$$

前節の(ロ)を使って行列式Fを2行目について展開すると、

$$F=\begin{vmatrix} a_{11} & a_{12} & a_{13} \\ a_{11} & a_{12} & a_{13} \\ a_{31} & a_{32} & a_{33} \end{vmatrix} = a_{11}F_{21}+a_{12}F_{22}+a_{13}F_{23}=a_{11}A_{21}+a_{12}A_{22}+a_{13}A_{23} \quad \cdots ①$$

行列式Fは1行目と2行目が等しいので0となります。

よって、

$$a_{11}A_{21}+a_{12}A_{22}+a_{13}A_{23}=0$$

を得ます。ここで、$i=1, j=2$のとき$\delta_{ij}=\delta_{12}=0$

ゆえに、

$$a_{11}A_{21}+a_{12}A_{22}+a_{13}A_{23}=\delta_{12}$$

したがって、(ⅰ)は$i=1, j=2$のとき成立します。

$i=1, j=2$以外の$i \neq j$の場合についても(ⅰ)の成立を同様に確かめることができます。さらに、(ⅱ)の成立も同様に調べることができます。

ここで紹介した調べ方は一般のn次の行列式に対しても利用できます。したがって、(ⅰ)(ⅱ)はn次の行列式でも成立することがわかります。

● 余因数行列

次節の逆行列で使うので、先の(ⅰ)、(ⅱ)を余因数行列という言葉を使ってまとめておきましょう。ここで A の**余因数行列**とは、先の Y の転置行列のことで、A^* と書きます。

$$A^* = {}^tY = \begin{pmatrix} A_{11} & A_{21} & \cdots & A_{i1} & \cdots & A_{j1} & \cdots & A_{n1} \\ A_{12} & A_{22} & \cdots & A_{i2} & \cdots & A_{j2} & \cdots & A_{n2} \\ A_{13} & A_{23} & \cdots & A_{i3} & \cdots & A_{j3} & \cdots & A_{n3} \\ \vdots & \vdots & \vdots & \vdots & \vdots & \vdots & \vdots & \vdots \\ \vdots & \vdots & \vdots & \vdots & \vdots & \vdots & \vdots & \vdots \\ A_{1n} & A_{2n} & \cdots & A_{in} & \cdots & A_{jn} & \cdots & A_{nn} \end{pmatrix}$$

すると、例えば、(ⅰ)の左辺 $a_{i1}A_{j1} + a_{i2}A_{j2} + \cdots + a_{in}A_{jn}$ は A の第 i 行ベクトル $\boldsymbol{u}$ とその余因数行列 A^* の第 j 列ベクトルとの内積となり、

$$\boldsymbol{u} \cdot \boldsymbol{v} = \boldsymbol{u}\boldsymbol{v}$$

と書けます。

$$A = \begin{pmatrix} a_{11} & a_{12} & a_{13} & \cdots & \cdots & a_{1n} \\ a_{21} & a_{22} & a_{23} & \cdots & \cdots & a_{2n} \\ \vdots & \vdots & \vdots & \cdots & \cdots & \vdots \\ a_{i1} & a_{i2} & a_{i3} & \cdots & \cdots & a_{in} \\ \vdots & \vdots & \vdots & \cdots & \cdots & \vdots \\ a_{j1} & a_{j2} & a_{j3} & \cdots & \cdots & a_{jn} \\ \vdots & \vdots & \vdots & \cdots & \cdots & \vdots \\ a_{n1} & a_{n3} & a_{n3} & \cdots & \cdots & a_{nn} \end{pmatrix} \qquad A^* = \begin{pmatrix} A_{11} & A_{21} & \cdots & A_{i1} & \cdots & A_{j1} & \cdots & A_{n1} \\ A_{12} & A_{22} & \cdots & A_{i2} & \cdots & A_{j2} & \cdots & A_{n2} \\ A_{13} & A_{23} & \cdots & A_{i3} & \cdots & A_{j3} & \cdots & A_{n3} \\ \vdots & \vdots & \vdots & \vdots & \vdots & \vdots & \vdots & \vdots \\ \vdots & \vdots & \vdots & \vdots & \vdots & \vdots & \vdots & \vdots \\ A_{1n} & A_{2n} & \cdots & A_{in} & \cdots & A_{jn} & \cdots & A_{nn} \end{pmatrix}$$

第 i 行ベクトル

$$\boldsymbol{u} = (a_{i1}, a_{i2}, a_{i3}, \cdots, a_{in})$$

第 j 列ベクトル $\boldsymbol{v} = \begin{pmatrix} A_{j1} \\ A_{j2} \\ A_{j3} \\ \vdots \\ \vdots \\ A_{in} \end{pmatrix}$

よって、(ｉ)は

$$\boldsymbol{u}\cdot\boldsymbol{v} = \boldsymbol{u}\boldsymbol{v} = a_{i1}A_{j1} + a_{i2}A_{j2} + \cdots + a_{in}A_{jn} = D\delta_{ij}$$

と書けます。(ⅱ)も同様です。

〔例〕 (ｉ)を使って、$|A| \neq 0$ のとき、

$$|A^*| = |A|^{n-1}$$

が成立することを調べてみましょう。

行列の積の性質 $|AB| = |A||B|$ と(ｉ)より次の式が導かれます。

$$|A||A^*| = \begin{vmatrix} a_{11} & a_{12} & \cdots & a_{1n} \\ a_{21} & a_{22} & \cdots & a_{2n} \\ \vdots & \vdots & \vdots & \vdots \\ a_{n1} & a_{n2} & \cdots & a_{nn} \end{vmatrix} \begin{vmatrix} A_{11} & A_{21} & \cdots & A_{n1} \\ A_{12} & A_{22} & \cdots & A_{n2} \\ \vdots & \vdots & \vdots & \vdots \\ A_{1n} & A_{2n} & \cdots & A_{nn} \end{vmatrix}$$

$$= \begin{vmatrix} a_{11}A_{11} + a_{12}A_{12} + \cdots + a_{1n}A_{1n} & a_{11}A_{21} + a_{12}A_{22} + \cdots + a_{1n}A_{2n} & \cdots & a_{11}A_{n1} + a_{12}A_{n2} + \cdots + a_{1n}A_{nn} \\ a_{21}A_{11} + a_{22}A_{12} + \cdots + a_{2n}A_{1n} & a_{21}A_{21} + a_{22}A_{22} + \cdots + a_{2n}A_{2n} & \cdots & a_{21}A_{n1} + a_{22}A_{n2} + \cdots + a_{2n}A_{nn} \\ \vdots & \vdots & \vdots & \vdots \\ a_{n1}A_{11} + a_{n2}A_{12} + \cdots + a_{nn}A_{1n} & a_{n1}A_{21} + a_{n2}A_{22} + \cdots + a_{nn}A_{2n} & \cdots & a_{n1}A_{n1} + a_{n2}A_{n2} + \cdots + a_{nn}A_{nn} \end{vmatrix}$$

$$= \begin{vmatrix} D & 0 & \cdots & 0 \\ 0 & D & \cdots & 0 \\ \vdots & \vdots & \vdots & \vdots \\ 0 & 0 & \cdots & D \end{vmatrix} = D^n$$

$$\therefore \quad |A^*| = \frac{D^n}{|A|} = \frac{D^n}{D} = D^{n-1} = |A|^{n-1}$$

4-13 逆行列と行列式

(1) $|A| \neq 0$ のとき行列 $A=\left(a_{ij}\right)$ の逆行列 A^{-1} は $A^{-1}=\dfrac{1}{|A|}A^*$ …①

となる。ただし、A^* は A の**余因数行列**(§4-12)とする。

(2) 正方行列 A が正則であるための必要十分条件は $|A| \neq 0$ である。

レッスン

上記の(1)を成分表示すれば下記のようになります。ただし、A_{ij} は行列式における成分 a_{ij} の余因数(§4-3)。

$$A=\left(a_{ij}\right)=\begin{pmatrix} a_{11} & a_{12} & \cdots & a_{1n} \\ a_{21} & a_{22} & \cdots & a_{2n} \\ \vdots & \vdots & \vdots & \vdots \\ a_{n1} & a_{n2} & \cdots & a_{nn} \end{pmatrix}$$

に対し、

$$A^{-1}=\frac{1}{|A|}A^*=\frac{1}{|A|}\begin{pmatrix} A_{11} & A_{21} & \cdots & A_{n1} \\ A_{12} & A_{22} & \cdots & A_{n2} \\ \vdots & \vdots & \vdots & \vdots \\ A_{1n} & A_{2n} & \cdots & A_{nn} \end{pmatrix}=\begin{pmatrix} \frac{A_{11}}{|A|} & \frac{A_{21}}{|A|} & \cdots & \frac{A_{n1}}{|A|} \\ \frac{A_{12}}{|A|} & \frac{A_{22}}{|A|} & \cdots & \frac{A_{n2}}{|A|} \\ \vdots & \vdots & \vdots & \vdots \\ \frac{A_{1n}}{|A|} & \frac{A_{2n}}{|A|} & \cdots & \frac{A_{nn}}{|A|} \end{pmatrix}$$

〔**解説**〕 先に、(2)について調べてみます。§3-7において、逆行列の定義を紹介しました。つまり、正方行列 A に対して $AX=XA=E$ となる行列 X があれば、X を行列 A の**逆行列**といい A^{-1} と書きました。ただし、E は単位行列。また、逆行列をもつ行列は**正則**であるといい、正則である行列を**正則行列**といいました。

n 次の正方行列 A が正則であれば $AX=XA=E$ を満たす X が存在します。すると、$XA=E$ より $|XA|=|X||A|=|E|=1$ （§4-10）となり、$|A|\neq 0$ が導かれます。逆に $|A|\neq 0$ のとき(1)より $X=\dfrac{1}{|A|}A^*$ が存在します。つまり、A は正則となります。したがって(2)が成立します。

次に n=3の場合に(1)が成立することを、一般の n 次の正方行列 A に対しても応用できる方法で調べてみましょう。

$A=\begin{pmatrix} a_{11} & a_{12} & a_{13} \\ a_{21} & a_{22} & a_{23} \\ a_{31} & a_{32} & a_{33} \end{pmatrix}$ とします。$|A|\neq 0$ のとき $X=\dfrac{1}{|A|}A^*$ が存在します。

ただし、A^* は余因数行列 $\begin{pmatrix} A_{11} & A_{21} & A_{31} \\ A_{12} & A_{22} & A_{32} \\ A_{13} & A_{23} & A_{33} \end{pmatrix}$ です（§4-12）。よって、

$$AX=A\frac{1}{|A|}A^*=\frac{1}{|A|}AA^*=\frac{1}{|A|}\begin{pmatrix} a_{11} & a_{12} & a_{13} \\ a_{21} & a_{22} & a_{23} \\ a_{31} & a_{32} & a_{33} \end{pmatrix}\begin{pmatrix} A_{11} & A_{21} & A_{31} \\ A_{12} & A_{22} & A_{32} \\ A_{13} & A_{23} & A_{33} \end{pmatrix}$$

$$=\frac{1}{|A|}\begin{pmatrix} a_{11}A_{11}+a_{12}A_{12}+a_{13}A_{13} & a_{11}A_{21}+a_{12}A_{22}+a_{13}A_{23} & a_{11}A_{31}+a_{12}A_{32}+a_{13}A_{33} \\ a_{21}A_{11}+a_{22}A_{12}+a_{23}A_{13} & a_{21}A_{21}+a_{22}A_{22}+a_{23}A_{23} & a_{21}A_{31}+a_{22}A_{32}+a_{23}A_{33} \\ a_{31}A_{11}+a_{32}A_{12}+a_{33}A_{13} & a_{31}A_{21}+a_{32}A_{22}+a_{33}A_{23} & a_{31}A_{31}+a_{32}A_{32}+a_{33}A_{33} \end{pmatrix}$$

$$=\frac{1}{|A|}\begin{pmatrix}|A| & 0 & 0\\ 0 & |A| & 0\\ 0 & 0 & |A|\end{pmatrix}=\begin{pmatrix}1 & 0 & 0\\ 0 & 1 & 0\\ 0 & 0 & 1\end{pmatrix}=E$$ …… §4-12を利用

同様にして　$XA=\frac{1}{|A|}A^{*}A=E$　を示すことができます。

なお、A の逆行列は存在すれば、ただ１つであることは次のことからわかります。

もし、行列 A が２つの逆行列 X、Y をもてば、

$$AX=XA=E\text{、}AY=YA=E$$

となります。よって、　$X=XE=XAY=EY=Y$　となります。

ゆえに、A の逆行列はただ１つしか存在しません。

〔例1〕 $A=\begin{pmatrix}a_{11} & a_{12}\\ a_{21} & a_{22}\end{pmatrix}$ のとき、公式①より、

$$A^{-1}=\frac{A^{*}}{|A|}=\frac{1}{|A|}\begin{pmatrix}A_{11} & A_{21}\\ A_{12} & A_{22}\end{pmatrix}$$

$$=\frac{1}{|A|}\begin{pmatrix}(-1)^{1+1}|a_{22}| & (-1)^{2+1}|a_{12}|\\ (-1)^{1+2}|a_{21}| & (-1)^{2+2}|a_{11}|\end{pmatrix}=\frac{1}{a_{11}a_{22}-a_{12}a_{21}}\begin{pmatrix}a_{22} & -a_{12}\\ -a_{21} & a_{11}\end{pmatrix}$$

〔例2〕 $A=\begin{pmatrix}a_{11} & a_{12} & a_{13}\\ a_{21} & a_{22} & a_{23}\\ a_{31} & a_{32} & a_{33}\end{pmatrix}$ のとき、公式①より、

$$A^{-1}=\frac{A^{*}}{|A|}=\frac{1}{|A|}\begin{pmatrix}A_{11} & A_{21} & A_{31}\\ A_{12} & A_{22} & A_{32}\\ A_{13} & A_{23} & A_{33}\end{pmatrix}$$

$$=\frac{1}{|A|}\begin{pmatrix} (-1)^{1+1}\begin{vmatrix} a_{22} & a_{23} \\ a_{32} & a_{33} \end{vmatrix} & (-1)^{2+1}\begin{vmatrix} a_{12} & a_{13} \\ a_{32} & a_{33} \end{vmatrix} & (-1)^{3+1}\begin{vmatrix} a_{12} & a_{13} \\ a_{22} & a_{23} \end{vmatrix} \\ (-1)^{1+2}\begin{vmatrix} a_{21} & a_{23} \\ a_{31} & a_{33} \end{vmatrix} & (-1)^{2+2}\begin{vmatrix} a_{11} & a_{13} \\ a_{31} & a_{33} \end{vmatrix} & (-1)^{3+2}\begin{vmatrix} a_{11} & a_{13} \\ a_{21} & a_{23} \end{vmatrix} \\ (-1)^{1+3}\begin{vmatrix} a_{21} & a_{22} \\ a_{31} & a_{32} \end{vmatrix} & (-1)^{2+3}\begin{vmatrix} a_{11} & a_{12} \\ a_{31} & a_{32} \end{vmatrix} & (-1)^{3+3}\begin{vmatrix} a_{11} & a_{12} \\ a_{21} & a_{22} \end{vmatrix} \end{pmatrix}$$

$$=\frac{1}{|A|}\begin{pmatrix} a_{22}a_{33}-a_{23}a_{32} & -(a_{12}a_{33}-a_{13}a_{32}) & a_{12}a_{23}-a_{13}a_{22} \\ -(a_{21}a_{33}-a_{23}a_{31} & a_{11}a_{33}-a_{13}a_{31} & -(a_{11}a_{23}-a_{13}a_{21}) \\ a_{21}a_{32}-a_{22}a_{31} & -(a_{11}a_{32}-a_{12}a_{31}) & a_{11}a_{22}-a_{12}a_{21} \end{pmatrix}$$

ここで、$|A|=a_{11}a_{22}a_{33}+a_{12}a_{23}a_{31}+a_{13}a_{21}a_{32}-a_{11}a_{23}a_{32}-a_{12}a_{21}a_{33}-a_{13}a_{22}a_{31}$

(注)　公式①を用いて与えられた行列 A からその逆行列を求めるのは大変です。具体的な行列の逆行列を求めるには掃き出し法(§3-8)などを利用します。

<MEMO>　$AX=E \Leftrightarrow XA=E$

行列の乗法では交換法則が成り立たないので、一般に $AB=BA$ とはいえません。しかし、$AX=E$ となる X に対しては必ず $XA=E$ が成立します。また、この逆も成立します。その理由は以下の通りです。

$AX=E$ であれば、$|AX|=|A||X|=|E|=1$ より $|X|\neq 0$

よって、X は逆行列 Y をもち　$XY=YX=E$

ゆえに、　$XA=XAE=XAXY=XEY=XY=E$

したがって、$AX=E$ であれば $XA=E$ となります。

逆も同様に示すことができます。

以上のことから、正方行列 A が逆行列をもつ条件、つまり、正則である条件は $AX=XA=E$ よりも簡単な $AX=E$ または $XA=E$ でよいことがわかります。

<MEMO>　行列式と図形の方程式

xy 座標平面上の異なる 2 点 $(x_1, y_1), (x_2, y_2)$ を通る直線の方程式は1次方程式で次のように書けます。

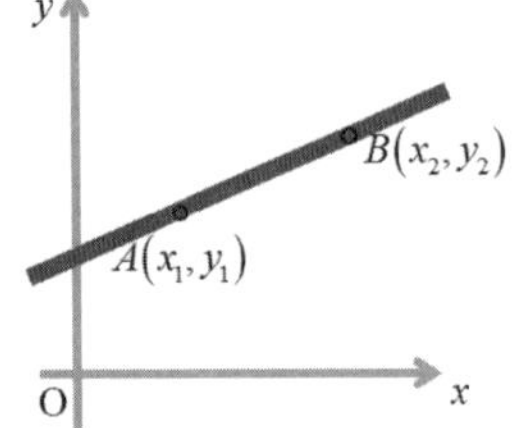

$x_2 \neq x_1$ のとき　$y - y_1 = \dfrac{y_2 - y_1}{x_2 - x_1}(x - x_1)$

$x_2 = x_1$ のとき　$x = x_1$

それでは、平面上の異なる 2 点 $(x_1, y_1), (x_2, y_2)$ を通る直線の方程式を行列式で表現したらどうなるのでしょうか。これは、簡単に右のように書けます。

$$\begin{vmatrix} x & y & 1 \\ x_1 & y_1 & 1 \\ x_2 & y_2 & 1 \end{vmatrix} = 0$$

この式は x, y の 1 次方程式ですから直線を表わすことがわかります。また、この式の左辺の x, y に x_1, y_1 や x_2, y_2 を代入すれば行列式の性質から左辺の値は 0 です。つまり、2 点 $(x_1, y_1), (x_2, y_2)$ はこの直線上にあることがわかります。

なお、xyz 座標空間において、1 直線上にない 3 点 $(x_1, y_1, z_1), (x_2, y_2, z_2), (x_3, y_3, z_3)$ を通る平面の方程式は右のように書けます。

$$\begin{vmatrix} x & y & z & 1 \\ x_1 & y_1 & z_1 & 1 \\ x_2 & y_2 & z_2 & 1 \\ x_3 & y_3 & z_3 & 1 \end{vmatrix} = 0$$

以上は、直線や平面の方程式を行列式を用いて表現した例ですが、行列式や行列を使うことによって、数学はもとより科学のいろいろな分野の表現や理論がスッキリ、簡潔に表現できるようになります。データであふれた現代において、急速に需要が高まっている統計解析の分野でも線形代数は大活躍をしているのです。

第5章　行列の階数

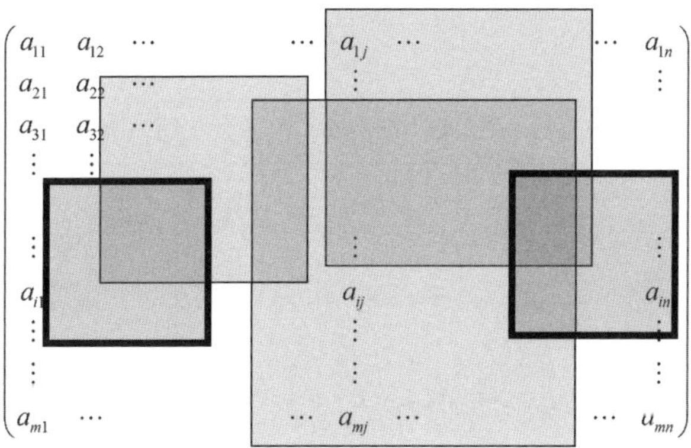

階数とは英語の「rank」を訳したものです。つまり、階級、等級のことで、行列の階数とは「行列のもつ情報量の指標」と考えられます。これは、行列式と密接にかかわっています。

5-1 行列の階数

(1) $m \times n$ 行列 A の m 個の行ベクトルにおける１次独立なベクトルの最大個数 r を行列 A の**階数**（**ランク**:***rank***）という。

(2) 行列 A の行ベクトルに着目しても列ベクトルに着目しても１次独立なベクトルの最大個数 r は一致する。

レッスン

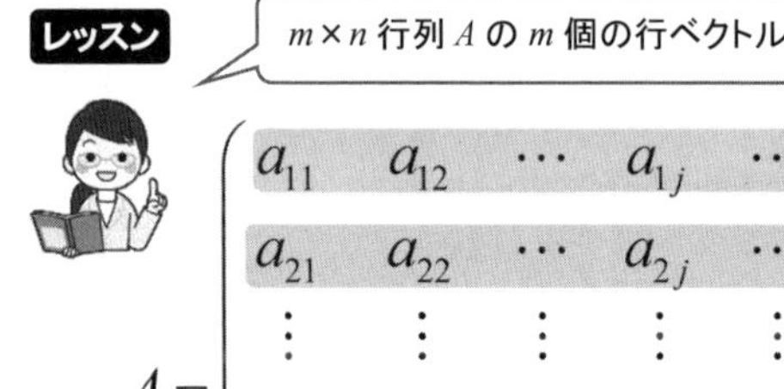

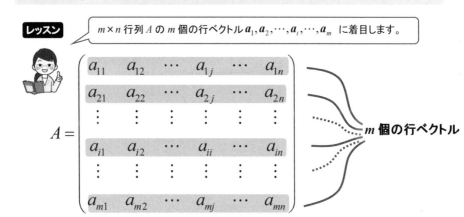

$$A = \begin{pmatrix} a_{11} & a_{12} & \cdots & a_{1j} & \cdots & a_{1n} \\ a_{21} & a_{22} & \cdots & a_{2j} & \cdots & a_{2n} \\ \vdots & \vdots & \vdots & \vdots & \vdots & \vdots \\ a_{i1} & a_{i2} & \cdots & a_{ii} & \cdots & a_{in} \\ \vdots & \vdots & \vdots & \vdots & \vdots & \vdots \\ a_{m1} & a_{m2} & \cdots & a_{mj} & \cdots & a_{mn} \end{pmatrix}$$

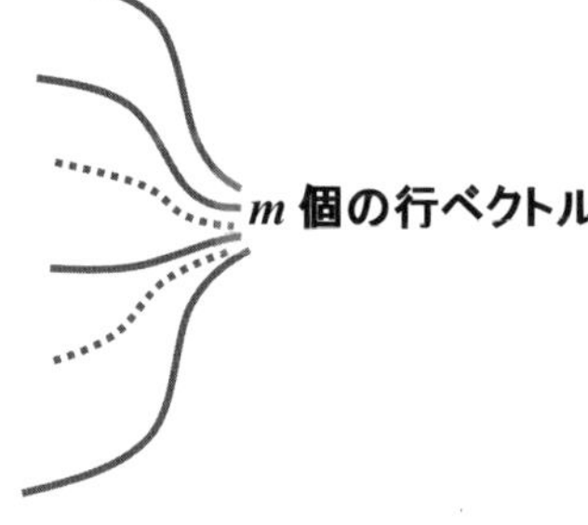

つまり、これは次の m 個の n 次元数ベクトル（§2-1）のことですね。

$$\left.\begin{array}{l} \boldsymbol{a}_1 = (a_{11}, a_{12}, \cdots, a_{1i}, \cdots, a_{1n}) \\ \boldsymbol{a}_2 = (a_{21}, a_{22}, \cdots, a_{2i}, \cdots, a_{2n}) \\ \cdots\cdots\cdots\cdots\cdots\cdots\cdots\cdots \\ \boldsymbol{a}_i = (a_{i1}, a_{i2}, \cdots, a_{ij}, \cdots, a_{in}) \\ \cdots\cdots\cdots\cdots\cdots\cdots\cdots\cdots \\ \boldsymbol{a}_m = (a_{m1}, a_{m2}, \cdots, a_{mj}, \cdots, a_{mn}) \end{array}\right\} \cdots ①$$

***n* 次元数ベクトル**

これら m 個の行ベクトルに着目して行列の階数を次のように定義します。

階数＝行ベクトルの中の

1次独立なベクトルの最大個数 r

ということは 階数≦m となりますね。

実は、行列の階数が r のとき、n 個の列ベクトルの1次独立なベクトルの最大数も r になります（§5-6）。逆も然り、です。

n 個の列ベクトル

m 次元数ベクトル

$$A=\begin{pmatrix} a_{11} & a_{12} & \cdots & a_{1j} & \cdots & a_{1n} \\ a_{21} & a_{22} & \cdots & a_{2j} & \cdots & a_{2n} \\ \vdots & \vdots & \vdots & \vdots & \vdots & \vdots \\ a_{i1} & a_{i2} & \cdots & a_{ij} & \cdots & a_{in} \\ \vdots & \vdots & \vdots & \vdots & \vdots & \vdots \\ a_{m1} & a_{m2} & \cdots & a_{mj} & \cdots & a_{mn} \end{pmatrix}$$

1次独立な列ベクトルの最大個数も r

ということは 階数≦（m、n の最小値）となりますね。

〔解説〕 行列の階数（rank）は、まさに、行列の格付け（等級）を表わします。つまり、同じ型の行列であれば、階数が大きいほど行列の表現力は上になります。このことについては、「第6章　線形写像」、「第7章　連立方程式」で調べることにしましょう。

（注） 行列 A の階数は、行ベクトルに着目しても、列ベクトルに着目しても同じになることについては§5-6 参照。

● 階数と部分空間の次元

(m,n) 行列の m 個の行ベクトル $\boldsymbol{a}_1,\boldsymbol{a}_2,\cdots,\boldsymbol{a}_m$ は n 次元数ベクトルなので、これがつくる部分空間（§2-6）に着目すると次の見方ができます。

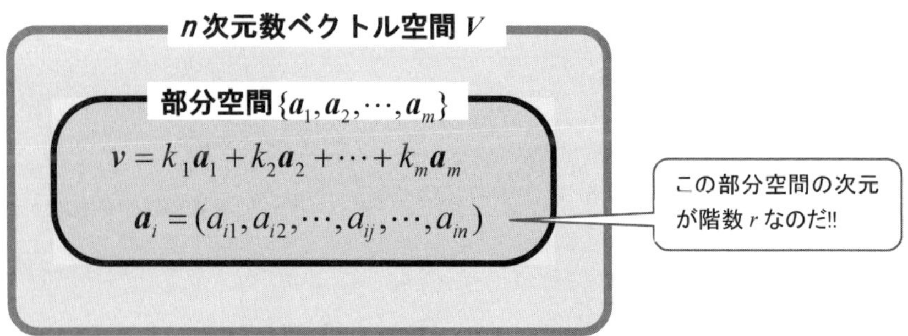

同様に、$m\times n$ 行列の n 個の列ベクトルがつくる部分空間の次元が階数 r ということになります。

〔例〕 行列 $A=\begin{pmatrix}1&2&3&4\\2&4&6&8\\3&2&1&5\end{pmatrix}$ の階数を求めてみましょう。

3 つの行ベクトル $(1,2,3,4)$、$(2,4,6,8)$、$(3,2,1,5)$ の最初の 2 つの行ベクトルは $(2,4,6,8)=2(1,2,3,4)$ なので 1 次従属です。また、$(1,2,3,4)$、$(3,2,1,5)$ は 1 次独立です。なぜならば、

$$k(1,2,3,4)+l(3,2,1,5)=(k+3l,2k+2l,3k+l,4k+5l)=(0,0,0,0)$$

を満たす k、l はともに 0 のときに限るからです。したがって、行列 A の階数は 2 となります。

（注） 4 つの列ベクトル $\boldsymbol{a}_1^* = \begin{pmatrix}1\\2\\3\end{pmatrix}, \boldsymbol{a}_2^* = \begin{pmatrix}2\\4\\2\end{pmatrix}, \boldsymbol{a}_3^* = \begin{pmatrix}3\\6\\1\end{pmatrix}, \boldsymbol{a}_4^* = \begin{pmatrix}4\\8\\5\end{pmatrix}$ における 1 次独立なベクトルは 2 個です。なぜならば、a_1^* と a_2^* は 1 次独立で、$a_3^* = -a_1^* + 2a_2^*$ 、$a_4^* = \frac{1}{2}a_1^* + \frac{7}{8}a_2^*$ となるからです。

<MEMO>　行ベクトル、列ベクトルを用いた行列の表現

本文①式では $m \times n$ 行列 $A=(a_{ij})$ の m 個の行ベクトルを

$$\boldsymbol{a}_1, \boldsymbol{a}_2, \cdots, \boldsymbol{a}_i, \cdots, \boldsymbol{a}_m$$

と表わしました。この行ベクトルと区別するために本書では行列 A の n 個の列ベクトルを右肩に＊をつけて次のように表現します。

$$\boldsymbol{a}_1^* = \begin{pmatrix}a_{11}\\a_{21}\\\vdots\\a_{i1}\\\vdots\\a_{m1}\end{pmatrix}, \boldsymbol{a}_2^* = \begin{pmatrix}a_{12}\\a_{22}\\\vdots\\a_{i2}\\\vdots\\a_{m2}\end{pmatrix}, \begin{matrix}\cdots\\\cdots\\\cdots\\\cdots\\\cdots\\\cdots\end{matrix}, \boldsymbol{a}_j^* = \begin{pmatrix}a_{1j}\\a_{2j}\\\vdots\\a_{ij}\\\vdots\\a_{mj}\end{pmatrix}, \begin{matrix}\cdots\\\cdots\\\cdots\\\cdots\\\cdots\\\cdots\end{matrix}, \boldsymbol{a}_n^* = \begin{pmatrix}a_{1n}\\a_{2n}\\\vdots\\a_{in}\\\vdots\\a_{mn}\end{pmatrix}$$

この行ベクトル $\boldsymbol{a}_1, \boldsymbol{a}_2, \cdots, \boldsymbol{a}_i, \cdots, \boldsymbol{a}_m$ や列ベクトル $\boldsymbol{a}_1^*, \boldsymbol{a}_2^*, \cdots, \boldsymbol{a}_j^*, \cdots, \boldsymbol{a}_n^*$ を用いて行列 A を次のように簡潔に表現することがあります。

$$A = \begin{pmatrix} a_{11} & a_{12} & \cdots & a_{1j} & \cdots & a_{1n} \\ a_{21} & a_{22} & \cdots & a_{2j} & \cdots & a_{2n} \\ \vdots & \vdots & \vdots & \vdots & \vdots & \vdots \\ a_{i1} & a_{i2} & \cdots & a_{ii} & \cdots & a_{in} \\ \vdots & \vdots & \vdots & \vdots & \vdots & \vdots \\ a_{m1} & a_{m2} & \cdots & a_{mj} & \cdots & a_{mn} \end{pmatrix} = \begin{pmatrix}\boldsymbol{a}_1\\\boldsymbol{a}_2\\\vdots\\\boldsymbol{a}_i\\\vdots\\\boldsymbol{a}_m\end{pmatrix} = \left(\boldsymbol{a}_1^*, \boldsymbol{a}_2^*, \cdots, \boldsymbol{a}_j^*, \cdots, \boldsymbol{a}_n^*\right)$$

5-2 階数を求めるための行列の基本変形

$m \times n$ 行列 A の階数は行列 A に次の操作を施しても変化しない。

（i） 2つの行を交換する

（ii） ある行 $\boldsymbol{a}_i$ を $k\boldsymbol{a}_i$ で置き換える（ただし　$k \neq 0$）

（iii） ある行に他の行の k 倍を加える

（iv） 2つの列を交換する

（注）（i）と（iv）の関係のように、（ii）、（iii）においても「行」を「列」に読みかえることができる。

レッスン

次の 3×4 行列 A を例にして(1)〜(4)の内容を図示しましょう。

$$A = \begin{pmatrix} a_{11} & a_{12} & a_{13} & a_{14} \\ a_{21} & a_{22} & a_{23} & a_{24} \\ a_{31} & a_{32} & a_{33} & a_{34} \end{pmatrix} = \begin{pmatrix} \boldsymbol{a}_1 \\ \boldsymbol{a}_2 \\ \boldsymbol{a}_3 \end{pmatrix}$$

ただし

$$\boldsymbol{a}_1 = (a_{11}, a_{12}, a_{13}, a_{14})$$
$$\boldsymbol{a}_2 = (a_{21}, a_{22}, a_{23}, a_{24})$$
$$\boldsymbol{a}_3 = (a_{31}, a_{32}, a_{33}, a_{34})$$

（i）

$$\begin{pmatrix} \boldsymbol{a}_1 \\ \boldsymbol{a}_2 \\ \boldsymbol{a}_3 \end{pmatrix} \underset{\text{階数}}{=} \begin{pmatrix} \boldsymbol{a}_2 \\ \boldsymbol{a}_1 \\ \boldsymbol{a}_3 \end{pmatrix}$$

(ii)

$$\begin{pmatrix} \boldsymbol{a}_1 \\ \boldsymbol{a}_2 \\ \boldsymbol{a}_3 \end{pmatrix} \underset{\text{階数}}{=} \begin{pmatrix} \boldsymbol{a}_1 \\ k\boldsymbol{a}_2 \\ \boldsymbol{a}_3 \end{pmatrix}$$

(iii)

$$\begin{pmatrix} \boldsymbol{a}_1 \\ \boldsymbol{a}_2 \\ \boldsymbol{a}_3 \end{pmatrix} \underset{\text{階数}}{=} \begin{pmatrix} \boldsymbol{a}_1 \\ \boldsymbol{a}_2 + k\boldsymbol{a}_1 \\ \boldsymbol{a}_3 \end{pmatrix}$$

階数は行列の変形に対して意外と頑強なんです!!

(iv)

$$\begin{pmatrix} a_{11} & a_{12} & a_{13} & a_{14} \\ a_{21} & a_{22} & a_{23} & a_{24} \\ a_{31} & a_{32} & a_{33} & a_{34} \end{pmatrix}$$

‖ 階数

$$\begin{pmatrix} a_{13} & a_{12} & a_{11} & a_{14} \\ a_{23} & a_{22} & a_{21} & a_{24} \\ a_{33} & a_{32} & a_{31} & a_{34} \end{pmatrix}$$

〔解説〕 $m \times n$ 行列 A が与えられたとき、その階数を求めるには、A の m 個の行ベクトル $\boldsymbol{a}_1, \boldsymbol{a}_2, \cdots, \boldsymbol{a}_m$ の中の１次独立なベクトルの最大個数を求めねばなりません。これは、それほど簡単ではありません。そこで、先に紹介した(i)～(iv)の操作を用いて、行ベクトルの１次独立が判定しやすい形（詳しくは次節）にもとの行列を変形することを試みます。

(注)（ⅰ）～（ⅳ）の方法は§3-9で紹介した行列の**基本変形**と同じで違和感がありません。

なお、本節冒頭の枠内の成立理由については、例えば、1次独立な3つのベクトルの組$\boldsymbol{v}_1, \boldsymbol{v}_2, \boldsymbol{v}_3$に（ⅰ）～（ⅳ）を施して得られる新たなベクトルの組がまた1次独立であることから分かります。

〔例〕 次の行列の階数を求めてみましょう。

(1) $A=\begin{pmatrix} 1 & 1 & 1 & 2 \\ 3 & 2 & -2 & 1 \\ 2 & -1 & 3 & 5 \end{pmatrix}$　　(2) $A=\begin{pmatrix} 1 & 2 & 3 & 4 \\ 0 & 1 & 2 & 3 \\ 2 & 3 & 4 & 5 \\ 3 & 4 & 5 & 6 \end{pmatrix}$

(1)について

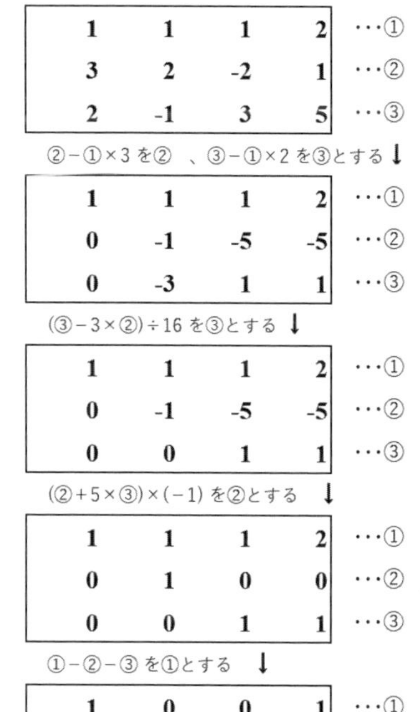

1	1	1	2	…①
3	2	-2	1	…②
2	-1	3	5	…③

②－①×3を②　、③－①×2を③とする ↓

1	1	1	2	…①
0	-1	-5	-5	…②
0	-3	1	1	…③

(③－3×②)÷16を③とする ↓

1	1	1	2	…①
0	-1	-5	-5	…②
0	0	1	1	…③

(②＋5×③)×(－1)を②とする ↓

1	1	1	2	…①
0	1	0	0	…②
0	0	1	1	…③

①－②－③を①とする ↓

1	0	0	1	…①
0	1	0	0	…②
0	0	1	1	…③

よって、行列Aの階数は3です。

なぜならば、

$r(1,0,0,1)$
$+t(0,1,0,0)$
$+s(0,0,1,1)$
$=(0,0,0,0)$

を満たすr、t、sはともに0の場合に限るからです。

(注)　次節の階段行列の考えも使えます。

ここでは、行列の成分を( )ではなく四角形で囲っています。

(2)について

1	2	3	4	…①
0	1	2	3	…②
2	3	4	5	…③
3	4	5	6	…④

③−①×2 を③ 、④−①×3 を④とする↓

1	2	3	4	…①
0	1	2	3	…②
0	-1	-2	-3	…③
0	-2	-4	-6	…④

③+② を③とする↓

1	2	3	4	…①
0	1	2	3	…②
0	0	0	0	…③
0	-2	-4	-6	…④

③と④を交換する↓

1	2	3	4	…①
0	1	2	3	…②
0	-2	-4	-6	…③
0	0	0	0	…④

③×(−1/2)を③とする↓

1	2	3	4	…①
0	1	2	3	…②
0	1	2	3	…③
0	0	0	0	…④

③−②を③とする↓

1	2	3	4	…①
0	1	2	3	…②
0	0	0	0	…③
0	0	0	0	…④

よって、行列 A の階数は 2 です。

なぜならば、

$$s(1,2,3,4)+t(0,1,2,3)=(0,0,0,0)$$

を満たす s、t はともに 0 の場合に限るからです。

(注) 次節の階段行列の考えも使えます。

ここでは、行列の成分を( )ではなく四角形で囲っています。

5-3 基本変形の目標パターン

$m \times n$ 行列 A の階数がわかるように、**基本変形**（前節）を用いて行列 A を変形するには、ある特殊な行列（**階段行列**）を目指すとよい。

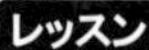

行列 A の階数 r を求めたければ下記の基本変形を試みましょう。

$$A=\begin{pmatrix} a_{11} & a_{12} & \cdots & a_{1j} & \cdots & a_{1n} \\ a_{21} & a_{22} & \cdots & a_{2j} & \cdots & a_{2n} \\ \vdots & \vdots & \vdots & \vdots & \vdots & \vdots \\ a_{i1} & a_{i2} & \cdots & a_{ij} & \cdots & a_{in} \\ \vdots & \vdots & \vdots & \vdots & \vdots & \vdots \\ a_{m1} & a_{m2} & \cdots & a_{mj} & \cdots & a_{mn} \end{pmatrix}$$

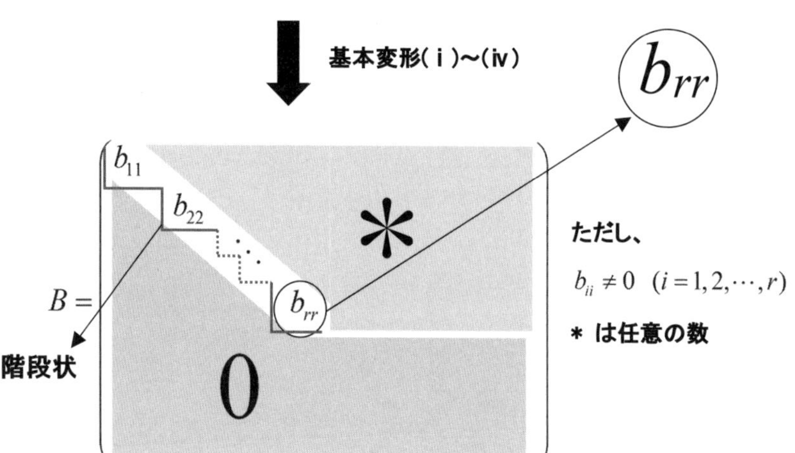

〔解説〕 $m \times n$ 行列 A に対する基本変形は次の 4 つです。

（ⅰ） 2つの行を交換する

（ⅱ） ある行 $\boldsymbol{a}_i$ を $k\boldsymbol{a}_i$ で置き換える（ただし　$k \neq 0$）

（ⅲ） ある行に他の行の k 倍を加える

（ⅳ） 2つの列を交換する

この 4 つの基本変形を繰り返せば、行列 A は行列 B のパターン（前ページ）になります。ここで、行列 B の階数は r なので（本節＜MEMO＞参照）、行列 A の階数も r となります（同じく＜MEMO＞参照）。

なお、次の行列 C、D は前ページの行列 B の特殊なパターンであり、いずれも階数は r です。このような行列 B, C, D を**階段行列**といいます（＜MEMO＞参照）。

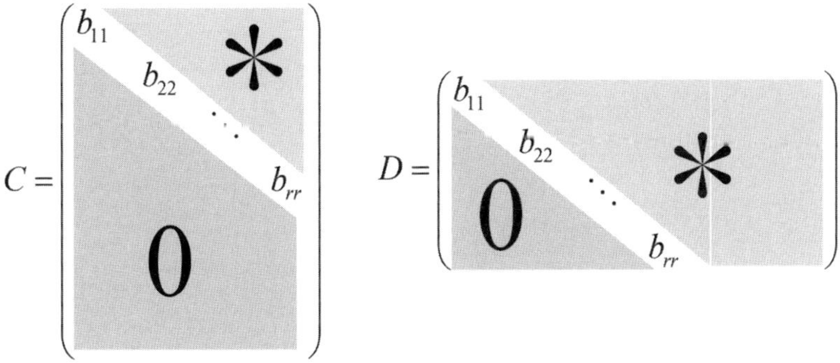

$$C = \begin{pmatrix} b_{11} & & & * \\ & b_{22} & & \\ & & \ddots & \\ & & & b_{rr} \\ & 0 & & \end{pmatrix} \qquad D = \begin{pmatrix} b_{11} & & & & * \\ & b_{22} & & & \\ 0 & & \ddots & & \\ & & & b_{rr} & \end{pmatrix}$$

〔例〕 次の行列 A の階数はいずれも 3 です。

(1) $$A = \begin{pmatrix} 1 & 2 & 3 \\ 2 & 3 & 1 \\ 1 & 1 & 1 \end{pmatrix} \Rightarrow B = \begin{pmatrix} 1 & 1 & 1 \\ 0 & 1 & 2 \\ 0 & 0 & -3 \end{pmatrix}$$

B は基本変形の手順によって様々です。

(2) $$A = \begin{pmatrix} 1 & 2 & -1 & 2 & 3 \\ 2 & -3 & 1 & 0 & 1 \\ 1 & 0 & 1 & 0 & 1 \\ 4 & 1 & -1 & 4 & 7 \end{pmatrix} \Rightarrow B = \begin{pmatrix} 1 & 2 & -1 & 2 & 3 \\ 0 & -1 & 1 & -1 & -1 \\ 0 & 0 & -4 & 3 & 2 \\ 0 & 0 & 0 & 0 & 0 \end{pmatrix}$$

<MEMO> 階段行列とその階数

次の $m\times n$ 行列 B の階数は r となります。

$$B=\begin{pmatrix} b_{11} & b_{12} & b_{13} & b_{14} & \cdots & \cdots & b_{1n} \\ 0 & b_{22} & b_{23} & b_{24} & \cdots & \cdots & b_{2n} \\ \vdots & 0 & \ddots & \ddots & \vdots & \vdots & \vdots \\ 0 & \cdots & 0 & b_{rr} & b_{r(r+1)} & \cdots & b_{rn} \\ 0 & \cdots & 0 & 0 & 0 & \cdots & 0 \\ \vdots & \vdots & \vdots & \vdots & \vdots & \ddots & \vdots \\ 0 & \cdots & 0 & 0 & 0 & \cdots & 0 \end{pmatrix}$$

ただし、

$b_{ii}\neq 0\ \ (i=1,2,\cdots,r)$

その理由を調べてみましょう。

零ベクトルを含むベクトルの組は１次独立にはなりません（§2-4)。したがって、次の r 個の行ベクトルが１次独立になることがわかれば、行列 B の階数は r ということになります。

$$\begin{aligned} \boldsymbol{b}_1 &= (b_{11}, b_{12}, b_{13}, b_{14}, \cdots, \cdots, b_{1n}) \\ \boldsymbol{b}_2 &= (0, b_{22}, b_{23}, b_{24}, \cdots, \cdots, b_{2n}) \\ &\ \ \vdots \qquad \vdots \qquad \vdots \qquad \vdots \qquad \vdots \\ \boldsymbol{b}_r &= (0, \cdots, 0, b_{rr}, b_{r(r+1)}, \cdots, b_{rn}) \end{aligned}$$

そこで、$\lambda_1, \lambda_2, \cdots, \lambda_r$ をスカラーとして、

$$\lambda_1\boldsymbol{b}_1+\lambda_2\boldsymbol{b}_2+\cdots+\lambda_r\boldsymbol{b}_r=\boldsymbol{0}$$

としてみます。これを成分表示すると、

$$\begin{aligned} &\lambda_1 b_{11}+\lambda_2\cdot 0+\lambda_3\cdot 0+\cdots+\lambda r\cdot 0=0 \\ &\lambda_1 b_{12}+\lambda_2 b_{22}+\lambda_3\cdot 0+\cdots+\lambda_r\cdot 0=0 \\ &\qquad \cdots\cdots\cdots\cdots\cdots \\ &\lambda_1 b_{1r}+\lambda_2 b_{2r}+\lambda_3 b_{23}+\cdots+\lambda_r b_{rr}=0 \\ &\lambda_1 b_{1(r+1)}+\lambda_2 b_{2(r+1)}+\lambda_3 b_{3(r+1)}+\cdots+\lambda_r b_{r(r+1)}=0 \\ &\qquad \cdots\cdots\cdots\cdots\cdots \\ &\lambda_1 b_{1n}+\lambda_2 b_{2n}+\lambda_3 b_{3n}+\cdots+\lambda_r b_{rn}=0 \end{aligned}$$

$\lambda_1, \lambda_2, \cdots, \lambda_r$ に関するこの n 個の方程式を満たす $\lambda_1, \lambda_2, \cdots, \lambda_r$ を求めてみましょう。

$b_{11} \neq 0$ と 1 行目の式より、$\lambda_1 = 0$

$b_{22} \neq 0$ と $\lambda_1 = 0$ と 2 行目の式より、$\lambda_2 = 0$

……………

$b_{rr} \neq 0$ と $\lambda_1 = \lambda_2 = \cdots = \lambda_{r-1} = 0$ と r 行目の式より、$\lambda_r = 0$

したがって、$\lambda_1 = \lambda_2 = \cdots = \lambda_r = 0$ となります。

よって、r 個の行ベクトル $\boldsymbol{b}_1, \boldsymbol{b}_2, \cdots, \boldsymbol{b}_r$ は 1 次独立となります。

ゆえに、行列 B の階数は r となります。

なお、次のパターンの行列も**階段行列**といいます。この行列の階数も先の行列 B の階数と同様に r となります。

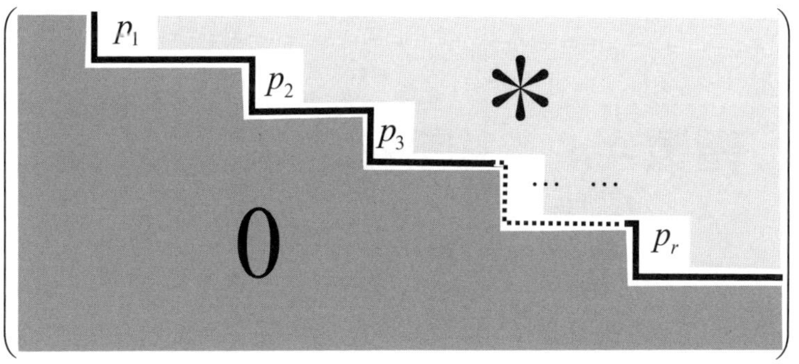

ただし、$p_1 p_2 \cdots p_r \neq 0$

薄いグレーの領域にある成分は任意の数

濃いグレーの領域にある成分はすべて 0

とします。

5-4 行列の階数と行列式（その1）

行列 A を n 次の正方行列とする。このとき次のことが成立する。

(1)　行列 A の階数が n であるための必要十分条件は $|A| \neq 0$

(2)　行列 A の階数が n より小であるための必要十分条件は $|A| = 0$

レッスン

行列の階数と行列式は密接な関係があります。

<n 次正方行列>

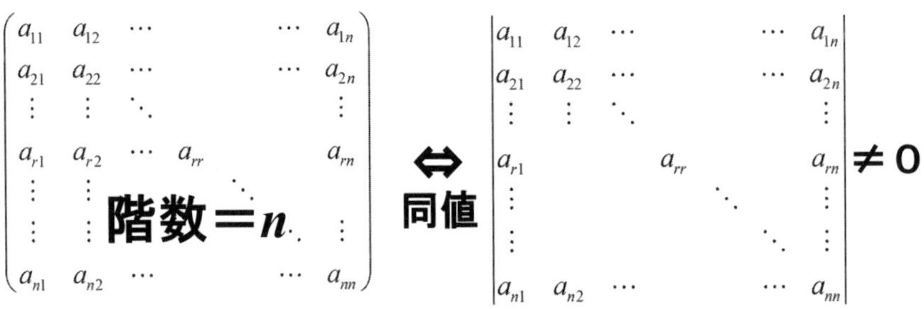

〔解説〕 n 次正方行列の階数は、その行列式が 0 でなければ n となり、0 であれば n より小であるというわかりやすい理論です。

(1)、(2)の成立理由を調べてみましょう。その際、n 次正方行列 A に§5-2の基本変形(ｉ)～(ⅳ)を施して得られる行列を B（右下）とすると、行列 A と B の行列式については λ を定数とした次の関係が成立することを使います。

$$B=\begin{pmatrix} b_{11} & & & & * \\ & b_{22} & & & \\ & & \ddots & & \\ & & & b_{rr} & \\ & & 0 & & \end{pmatrix}$$

$$|A|=\lambda|B| \quad (\lambda \neq 0) \qquad \cdots ①$$

この①の理由は以下のことによります。

（ｉ）２つの行を交換する

… **行列式の符号が変わる**

（ⅱ）ある行 $\boldsymbol{a}_i$ を $k\boldsymbol{a}_i$ で置き換える（ただし　$k\neq 0$）

… **行列式の値は k 倍になる**

（ⅲ）ある行に他の行の k 倍を加える

… **行列式の値は変わらない**

（ⅳ）２つの列を交換する　　… **行列式の符号が変わる**

したがって、(ｉ)～(ⅳ)を施しても、一方の行列式が他方の0倍になることはありません。

(1)について

(イ)　行列 A の階数が n のとき

このとき、行列 A は基本変形により次の行列 B に変形できます。

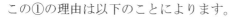

$$A=\begin{pmatrix} a_{11} & a_{12} & \cdots & a_{1j} & \cdots & a_{1n} \\ a_{21} & a_{22} & \cdots & a_{2j} & \cdots & a_{2n} \\ \vdots & \vdots & \vdots & \vdots & \vdots & \vdots \\ a_{i1} & a_{i2} & \cdots & a_{ij} & \cdots & a_{in} \\ \vdots & \vdots & \vdots & \vdots & \vdots & \vdots \\ a_{n1} & a_{n2} & \cdots & a_{nj} & \cdots & a_{nn} \end{pmatrix} \Longrightarrow B=\begin{pmatrix} b_{11} & & & & & * \\ & b_{22} & & & & \\ & & \ddots & & & \\ & & & b_{rr} & & \\ & 0 & & & \ddots & \\ & & & & & b_{nn} \end{pmatrix}$$

$$b_{11}\neq 0, b_{22}\neq 0, \cdots$$
$$\cdots, b_{rr}\neq 0, \cdots, b_{nn}\neq 0$$

行列式$|B|$の値は対角成分を掛け合わせた$b_{11}b_{22}\cdots b_{rr}\cdots b_{nn}$なので$|B|\neq 0$となります（§4-9)。よって、①より$|A|\neq 0$となります。

(ロ) $|A|\neq 0$のとき

このとき、行列Aより基本変形された行列Bの行列式$|B|$も①より0ではありません。つまり、$|B|\neq 0$となります。

ここで、$|B|=b_{11}b_{22}\cdots b_{rr}\cdots b_{nn}$なので(§4-9)、$b_{11}b_{22}\cdots b_{rr}\cdots b_{nn}\neq 0$が成立します。したがって、$b_{11}\neq 0, b_{22}\neq 0, \cdots, b_{rr}\neq 0, \cdots, b_{nn}\neq 0$を得ます。

これは行列Bのn個の行ベクトルが1次独立であり階数がnであることを意味します。したがって、行列Bと階数の等しい行列Aの階数もnとなります。

(注) 行列の基本変形によって階数は変わらない(§5-2)。

以上、(イ)と(ロ)より(1)の成立することがわかります。

(2)について

(1)の(イ)より「 行列Aの階数がn $\Rightarrow$ $|A|\neq 0$ 」が成立します。したがって、この対偶「 $|A|=0$ $\Rightarrow$ 行列Aの階数はnでない 」が成立します。ここで、n次正方行列Aの階数はn以下なので、

「 $|A|=0$ $\Rightarrow$ 行列Aの階数はnより小さい 」…②

が成立します。

(1)の(ロ)より「 $|A|\neq 0$ $\Rightarrow$ 行列Aの階数はn 」が成立します。したがって、この対偶「行列Aの階数はnでない $\Rightarrow$ $|A|=0$」が成立します。行列Aの階数はn以下なので、

「行列Aの階数がnより小さい $\Rightarrow$ $|A|=0$」…③

が成立します。

②と③より(2)の成立することがわかります。

〔例〕 次の行列 A の階数を調べてみましょう。

$$A=\begin{pmatrix}1 & 1 & -4\\ 5 & -1 & 14\\ 1 & -2 & 3\end{pmatrix}$$

（解） サラスの方法を用いて行列 A の行列式を求めると、

$$|A|=\begin{vmatrix}1 & 1 & -4\\ 5 & -1 & 14\\ 1 & -2 & 3\end{vmatrix}=1\cdot(-1)\cdot3+1\cdot14\cdot1+(-4)\cdot5\cdot(-2)$$

$$-1\cdot14\cdot(-2)-1\cdot5\cdot3-(-4)\cdot(-1)\cdot1=60\neq0$$

よって、行列 A の階数は 3

<MEMO> 正方行列 A の行ベクトルと列ベクトルの 1 次独立

本節より n 次正方行列 A について $|A|\neq0$ ならば A の階数が n であり n 個の行ベクトルは 1 次独立です。また、正方行列 A と転置行列 ${}^tA$ の行列式は等しく $|A|=|{}^tA|$ となります（§4-6）。したがって、$|A|\neq0$ ならば、$|{}^tA|\neq0$ となり ${}^tA$ の n 個の行ベクトル、つまりは、A の n 個の列ベクトルは 1 次独立となります。このことから、次の関係が成立します。

$|A|\neq0$
⇔ A の n 個の行ベクトルは 1 次独立
⇔ A の n 個の列ベクトルは 1 次独立

$|A|=0$
⇔ A の n 個の行ベクトルは 1 次従属
⇔ A の n 個の列ベクトルは 1 次従属

第5章 行列の階数

5-5 行列の階数と行列式（その2）

行列 A の階数が r であるための必要十分条件は、A の r 次の小行列式の中には値が 0 でないものがあるが、$(r+1)$ 次以上の小行列式の値についてはすべて 0 となることである。

レッスン

階数が r である行列 A と小行列式（§4-3）の関係を図で示すと次のようになります。

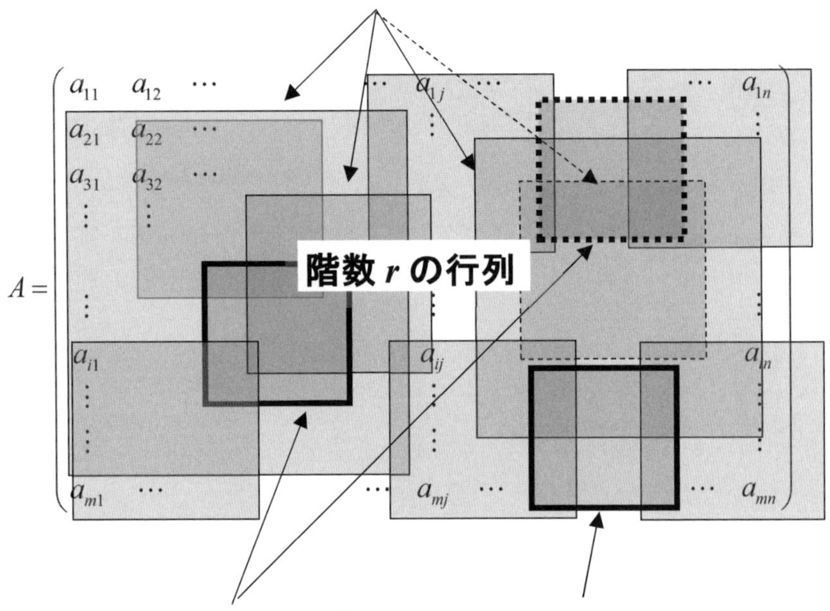

〔解説〕 行列の階数とは「その行列の行ベクトルの１次独立なベクトルの最大個数」と定義しました（§5-1）。実は、このことと小行列式を使った冒頭の条件は同値なのです。つまり、次の２つの条件 p、q は同値なのです。同値記号で書けば $p \Leftrightarrow q$ となります。

p：行列 A の階数は r（つまり、1 次独立な行ベクトルの最大個数は r）。

q：行列 A において、r 次の小行列式の中には値が 0 でないものがあるが、$(r+1)$ 次以上の小行列式の値はすべて 0 である。

なお、$p \Leftrightarrow q$ の成立理由については、階段行列の考え方などを利用して説明することになります。

（注） 多くの専門書では、小行列式を使って行列の階数を定義しています。本書では行ベクトルを使って階数を定義し、これをもとに小行列式との関係を導いています。

〔例〕 $A=\begin{pmatrix} 1 & -2 & 3 \\ 4 & 5 & -6 \\ 7 & -8 & 9 \end{pmatrix}$ の階数を求めてみましょう。

サラスの方法を用いて行列 A の行列式を求めると、

$$|A|=\begin{vmatrix} 1 & -2 & 3 \\ -4 & 5 & -6 \\ 7 & -8 & 9 \end{vmatrix}=(-2)\cdot(-6)\cdot 7+1\cdot 5\cdot 9+3\cdot(-4)\cdot(-8)$$

$$-1\cdot(-6)\cdot(-8)-3\cdot 5\cdot 7-(-2)\cdot(-4)\cdot 9=0$$

よって、行列 A の階数は 3 より小です。

次に、A の小行列式 $=\begin{vmatrix} 1 & -2 \\ -4 & 5 \end{vmatrix}$ に着目して、その値を求めると、

$$1\cdot 5-(-2)\cdot(-4)=-3\neq 0$$

となって 0 ではありません。よって、A の階数は 2 となります。

5-6 行列の階数と行列式（その3）

$m \times n$ 行列において、行ベクトルに着目しても、列ベクトルに着目しても、1次独立なベクトルの数は同じになる。

レッスン

前節によると行列 A の階数 r は、行列 A の 0 でない k 次の小行列式の k の最大値のことでした。

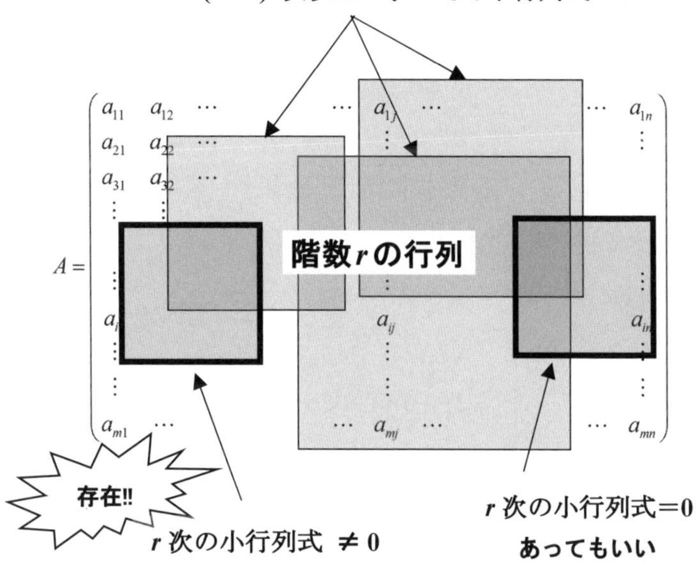

もとの行列とその転置行列は、行列式の値はともに同じです（§4-6）。したがって、行列 A の転置行列 ${}^tA$ を調べてみると、次のことがわかります。

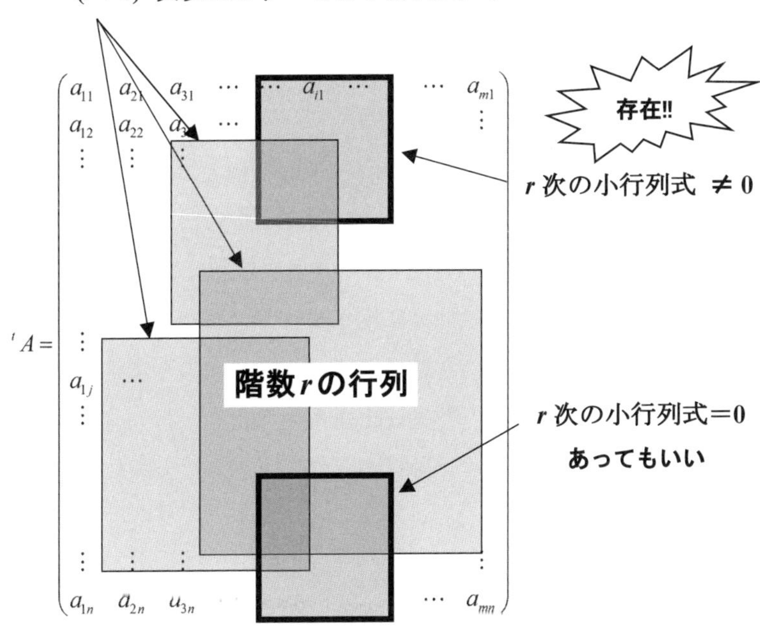

第5章 行列の階数

このことが§5-1で紹介した「行ベクトルに着目しても、列ベクトルに着目しても行列の階数は変わらない」理由なのです。

〔解説〕 行列Aの0でないk次の小行列式が対応する転置行列${}^tA$の小行列式は値が同じです。なぜならば、もとの行列の行列式と転置行列の行列式は値が同じだからです。したがって、行列Aとその転置行列${}^tA$の階数は前節の考えより一致します。よって、行列Aの１次独立な行ベクトルの最大個数と転置行列${}^tA$の１次独立な行ベクトルの最大個数、つまりは、行列Aの１次独立な列ベクトルの最大個数は一致します。

<MEMO>　線形代数の学習にコンピューターは強力

ベクトル、行列、行列式、とくに、行列や行列式の計算はその次数が大きくなると、手計算では処理が困難です。したがって、線形代数を利用して仕事や研究をするときはもちろん、その学習段階でも **R** や **Python**（パイソン）などのソフトウェアの活用が欠かせません。これらのソフトは無料でダウンロードして使うことができます。また、パソコンユーザーにおなじみの **Excel** も、線形代数の学習に便利です。

身のまわりのちょっとした計算に電卓が有効なように、これらのソフトウェアを使えば線形代数の学習効率は飛躍的に高まります。

本書では、学習の補助として **Excel** を用いた行列、行列式に関する計算例を付録で紹介しています。計算が大変だと思ったときには上手く活用してください。

第6章　線形写像

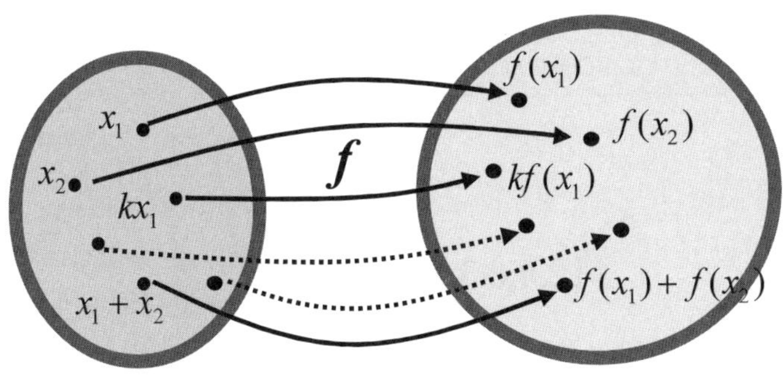

写像にはいろいろなものがあります
が、線形写像は極めて素直なものであ
り、いろいろな世界に応用できます。

6-1 集合

ある条件を満たすものの集まりを**集合**（*set*）といい、そのメンバーを**要素**（**元**）という。集合を表現するには、中カッコ**{　}**や**ベン図**を利用する。

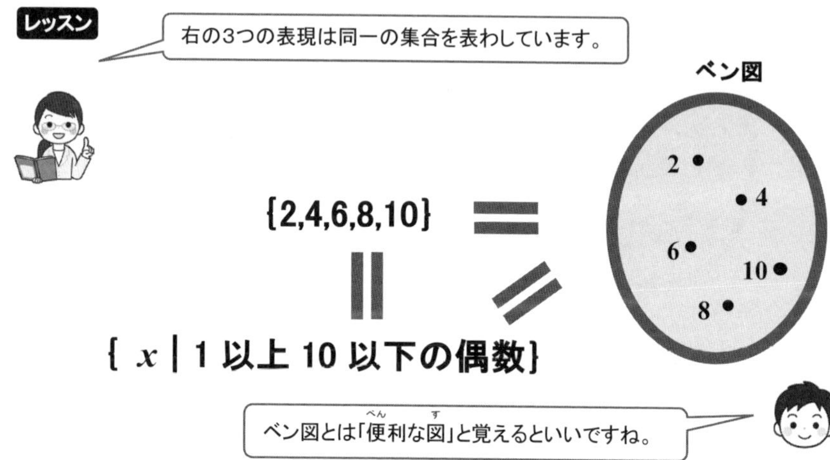

レッスン
右の3つの表現は同一の集合を表わしています。
ベン図
2
4
6
10
8
{2,4,6,8,10}
{ x | 1 以上 10 以下の偶数}
ベン図とは「便利な図」と覚えるといいですね。

〔解説〕 すでに、「集合」という言葉は使ってきましたが、本章で「**写像**」を調べるにあたって、集合の定義を確認しておきます。

ある条件を満たすものの集まりを**集合**（*set*）といい、集合に名前を付けるときには、通常、アルファベットの大文字を使います。また、集合を構成する個々のメンバーを**元**（げん）とか**要素**（*element*）といい、x が集合Aの要素であることを　$x \in A$　と書きます。

（注） 記号∈は要素（*element*）の頭文字Eをもとに作成されたものです。e → E → ∈
数学で使われる記号はこのように頭文字を変形してつくられることがよくあります。

集合を表現するには中カッコ**{　}**を利用します。例えば、「1 以上 10 以下の偶数」の集合は要素を中カッコでくくって、

{2,4,6,8,10}

と表わします。また、要素が多いときには要素を文字で代表させ、その文字についての条件を記述する方法を使います。そのとき、代表の文字と条件は縦棒 **|** で区切ります。もし、代表の文字を x とすれば、

{ x | x に関する条件 }

となります。すると、「1 以上 1000 以下の偶数」とする集合は

$\{x \mid x$ は 1 以上 1000 以下の偶数$\}$

と書けます。

（注 1） 縦棒ではなくコロン「：」を使うこともあります。

（注 2） 左ページのように閉曲線などを用いて集合を表わした図を**ベン図（ベン-オイラー図）**といいます。

● 部分集合

2 つの集合 A と B があり、A の要素が必ず B の要素であるとき、「A は B の**部分集合**である」といい、$A \subset B$ と書きます。つまり、

「$x \in A \Rightarrow x \in B$」のとき「$A \subset B$」

と定義します。また、

「（$x \in A \Rightarrow x \in B$）かつ（$x \in B \Rightarrow x \in A$）」のとき「$A = B$」

と定義し、集合 A と集合 B は**等しい**といいます。

<MEMO> $\{a,a,a\} = \{a\}$ ？

例えば「同じ鉛筆が 3 本ある」という表現に出会ったとすると、ちょっと気になります。なぜならば、上記の集合の相等の定義によると、$\{a,a,a\} = \{a\}$ を認めざるを得ません。つまり、世の中には「同じものは 1 つしか存在しない」と考えるのです。

（注） $A = \{a,a,a\}$, $B = \{a\}$ としましょう。すると、「（$x \in A \Rightarrow x \in B$）かつ（$x \in B \Rightarrow x \in A$）」が成立します。よって、$A = B$ 、つまり、$\{a,a,a\} = \{a\}$ となります。

6-2 写像とは

２つの集合M､Nがあって、Mの任意の要素xに対してNのある要素yをただ１つ対応させる規則fが与えられたとき、これをMからNへの**写像**（*mapping*）といい、この対応を$y=f(x)$ などと書きます。

レッスン

写像は集合から集合への対応の規則で身の周りにもにいろいろあります。

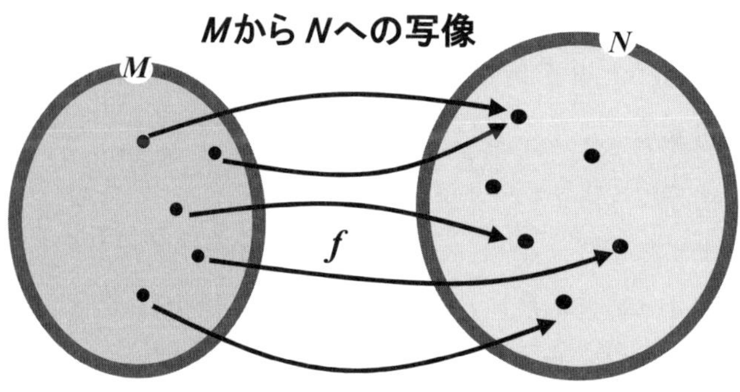

人に名前をつけるのも写像ですね。商品の値段も…。

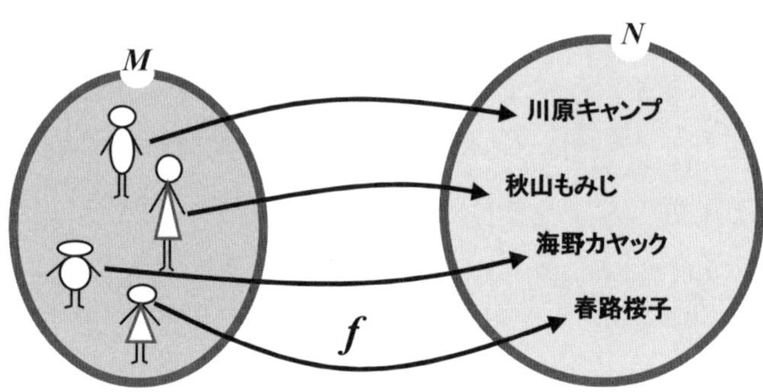

〔**解説**〕 集合M、Nは数の集合に限らずどんな集合でもかまいません。また、このとき集合Mを写像fの**定義域**、Nを**終域**、Nの部分集合

$$R=\{y \mid y=f(x),\ x\in M\}$$

を写像fの**値域**といい、簡単に$f(M)$と書きます。また、$f(x)$をxのfによる**像**といいます。

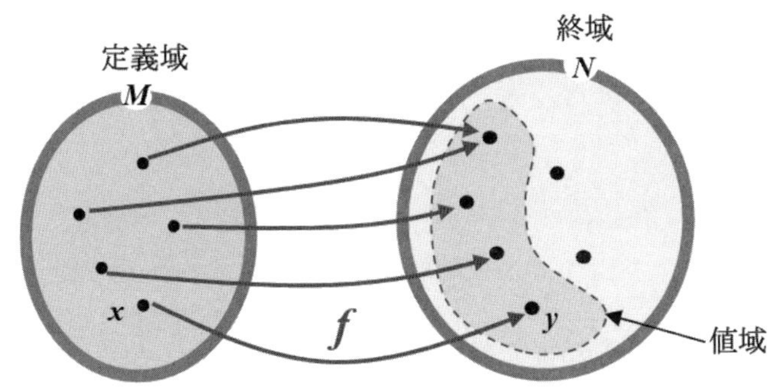

なお、定義域Mの異なる2つ以上の要素がNの同一の要素に対応していても写像であることに反しません（上図）。しかし、定義域Mの1つの要素xが終域Nの異なる2つの要素に対応していたら、基本的には、それは写像とはいいません（下図）。

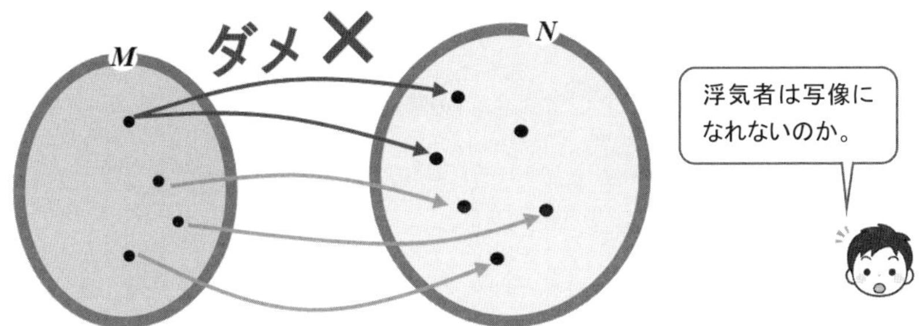

以下に特別な性質をもった写像を紹介しましょう。

第6章 線形写像

● 上への写像、1対1の写像、逆写像

終域 N のどの要素に対しても定義域 M の要素が少なくとも1つ存在する写像を**上への写像**とか**全射**といいます。つまり、**値域と終域が等しい写像**のことです。式で書けば $N=f(M)=\{f(x)|x\in M\}$ となります。

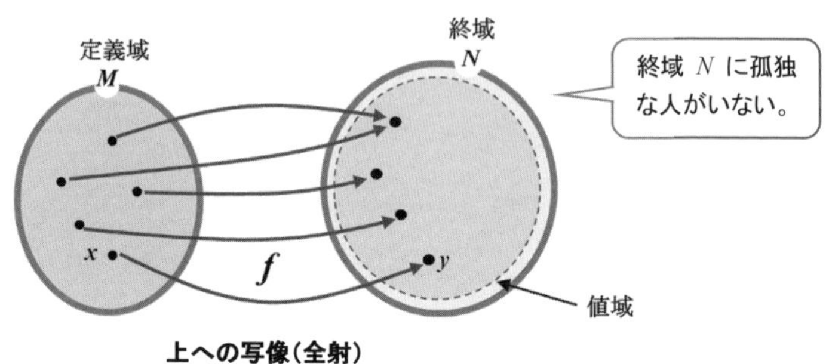

上への写像（全射）

全射に対して「**もとが違えば行き先が違う**」という写像を**1対1の写像**、あるいは**単射**といいます。式で書けば、

「M の任意の要素 x_1, x_2 に対して　$x_1 \neq x_2 \Rightarrow f(x_1) \neq f(x_2)$　」

ということです。

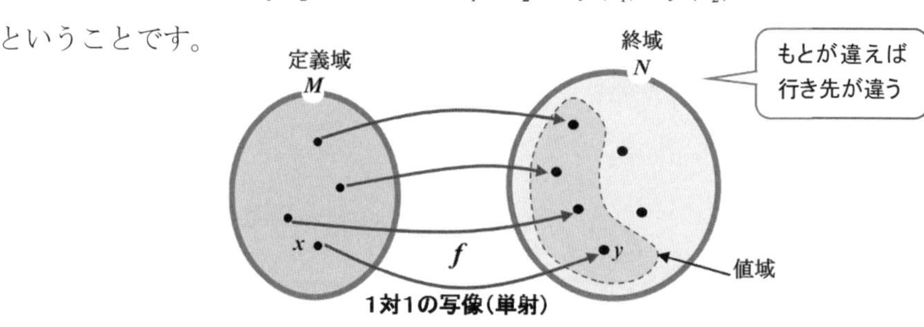

1対1の写像（単射）

「$p \Rightarrow q$」とその対偶「q でない $\Rightarrow p$ でない」は同値なので上記の条件はは次のように書き換えられます。

「M の任意の要素 x_1, x_2 に対して　$f(x_1)=f(x_2) \Rightarrow x_1 = x_2$　」

つまり、「**行き先が同じならば、もとは同じ**」ということです。

次に、全射と単射を兼ね備えた写像を考えることにします。つまり、

「1対1、かつ、上へ」の写像です。この写像を**1対1上への写像**とか**全単射**といいます。これは、**Mの要素とNの要素が過不足なく、1対1に対応している写像**のことです。

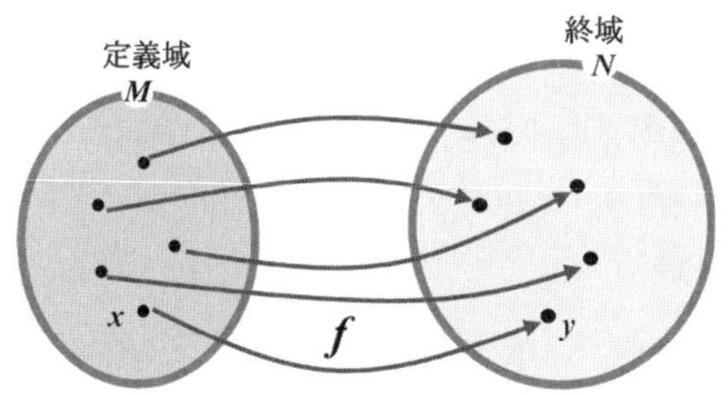

MからNへの写像fが**1対1上への**写像ならば、Nの任意の要素yに対して$y=f(x)$なる$x \in M$がただ1つ存在します。したがってNからMへの写像gを定義することができます。この写像gを写像fの**逆写像**といい、記号f^{-1}で表わします。つまり、写像fが**1対1上への**写像であるとき「$y=f(x)$ ならば$x=f^{-1}(y)$」となります。

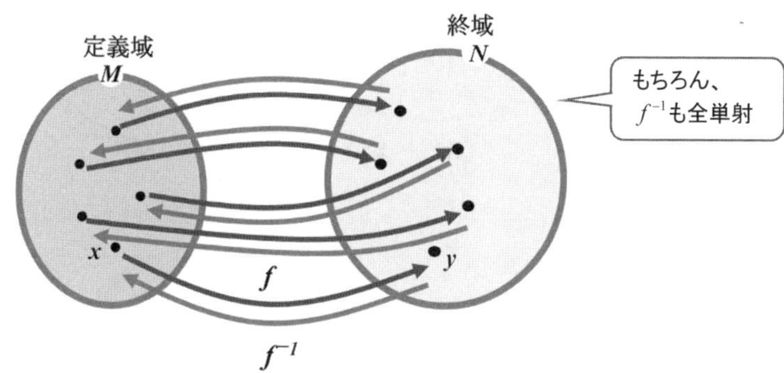

（注） 集合Mから集合Nへの写像で全単射であるものが存在するとき、集合Mと集合Nの要素の個数は等しくなります。集合Mと集合Nの要素が無数にあるときも全単射が存在すれば、2つの集合の**濃度**（個数ではありません）は等しいといいます。

6-3 線形写像とは

ベクトル空間 V からベクトル空間 W への写像 f が次の２つの条件を満たすとき、f を**線形写像**（または、**１次写像**）という。

(1)　$f(\boldsymbol{x}_1+\boldsymbol{x}_2)=f(\boldsymbol{x}_1)+f(\boldsymbol{x}_2)$

(2)　$f(k\boldsymbol{x})=kf(\boldsymbol{x})$

　ただし、$\boldsymbol{x}_1, \boldsymbol{x}_2, \boldsymbol{x}$ は V の任意の要素で k は数（スカラー）とする。

レッスン

(1)、(2)を図示すると次のようになります。

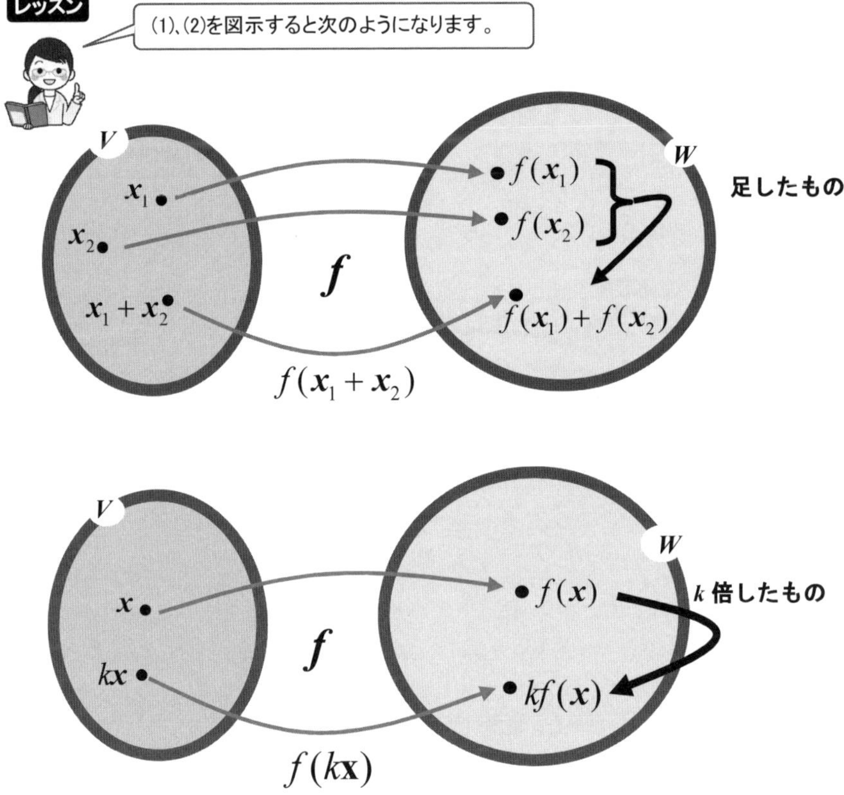

〔解説〕 和を写すと、別々に写したものの和と等しくなり、定数倍を写すと、もとを写したものの定数倍になるという性質を**線形性**といいます。例えば、微分積分の分野では次のことが成り立っています。これも線形性です。

微分　$\{f(x)+g(x)\}'=f'(x)+g'(x)$, $\{kf(x)\}'=kf'(x)$

積分　$\int\{f(x)+g(x)\}dx=\int f(x)dx+\int g(x)dx$, $\int kf(x)dx=k\int f(x)dx$

線形性は極めて扱いやすい性質で、この性質をもった線形写像はいろいろな分野で応用されています。

なお、線形写像fは次の性質をもちます。

$$\boldsymbol{f(0)=0}\ ,\ \boldsymbol{f(-x)=-f(x)}$$

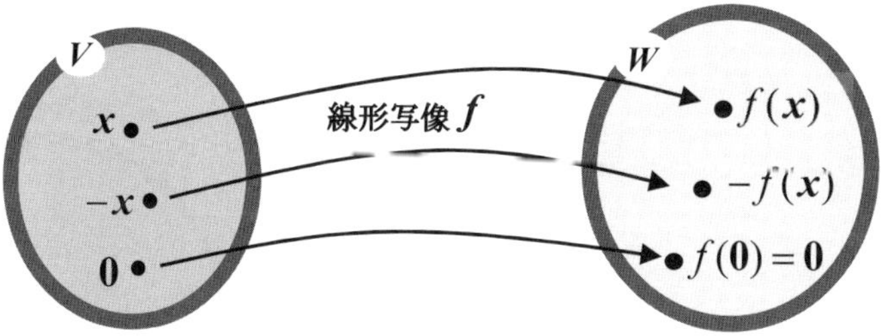

その理由は以下の通りです。

(1)において $\boldsymbol{x}_1=0,\ \boldsymbol{x}_2=0$ とすると $f(\boldsymbol{0})=f(\boldsymbol{0})+f(\boldsymbol{0})$ よって $f(\boldsymbol{0})=\boldsymbol{0}$

(2)において $k=-1$ とすると $f(-\boldsymbol{x})=-f(\boldsymbol{x})$

<MEMO>　線形とは

1次式$ax+by$やベクトルの1次結合$\boldsymbol{au+bv+cw}$のように、基本となる式x、yやベクトル$\boldsymbol{u}$、$\boldsymbol{v}$、$\boldsymbol{w}$の定数倍の和の形（1次結合）に書かれたものを**線形**といいます。また、1次結合の形を保存する演算を線形演算といいます。線形写像はまさしく線形を保存する演算なのです。

本書のタイトルである**線形代数**とはベクトル空間、および、その線形写像に関する理論を研究する数学を意味します。

6-4 線形写像と行列

$n \times m$ 行列 A、または $m \times n$ 行列 B を用いた次の写像

$$\boldsymbol{y} = f(\boldsymbol{x}) = A\boldsymbol{x} \quad \cdots ① \qquad \text{または} \qquad \boldsymbol{y} = f(\boldsymbol{x}) = \boldsymbol{x}B \quad \cdots ②$$

は m 次元ベクトル空間 V から n 次元ベクトル空間 W への線形写像である。ただし、$\boldsymbol{x}, \boldsymbol{y}$ は①においては行ベクトル、②においては列ベクトルとする。なお、このとき、行列 A, B を線形写像 f の**表現行列**という。

レッスン

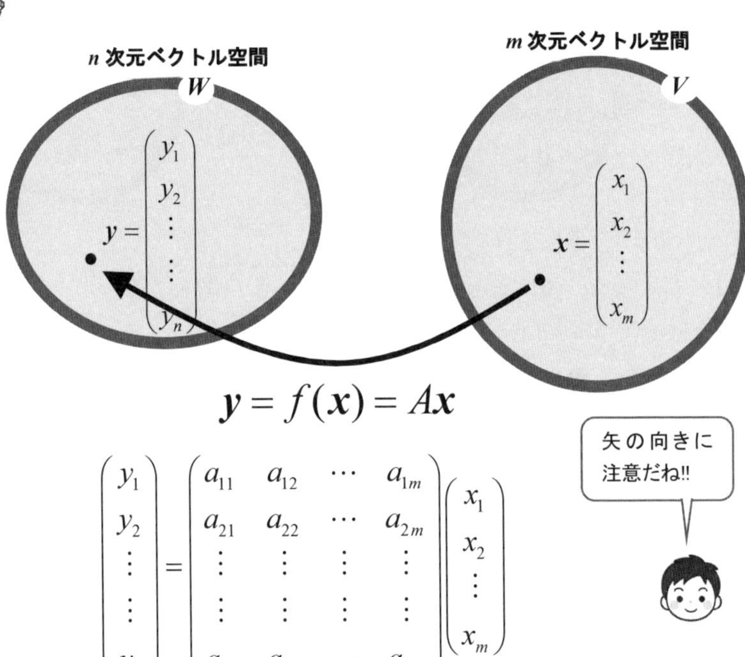

$$\boldsymbol{y} = f(\boldsymbol{x}) = A\boldsymbol{x}$$

$$\begin{pmatrix} y_1 \\ y_2 \\ \vdots \\ \vdots \\ y_n \end{pmatrix} = \begin{pmatrix} a_{11} & a_{12} & \cdots & a_{1m} \\ a_{21} & a_{22} & \cdots & a_{2m} \\ \vdots & \vdots & \vdots & \vdots \\ \vdots & \vdots & \vdots & \vdots \\ a_{n1} & a_{n2} & \cdots & a_{nm} \end{pmatrix} \begin{pmatrix} x_1 \\ x_2 \\ \vdots \\ x_m \end{pmatrix}$$

②の内容を図示すれば次のようになります。

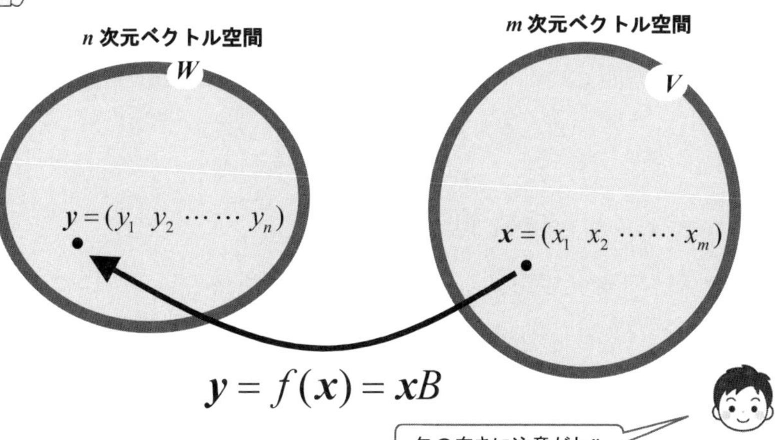

$$\begin{pmatrix} y_1 & y_2 & \cdots & \cdots & y_n \end{pmatrix} = \begin{pmatrix} x_1 & x_2 & \cdots & x_m \end{pmatrix} \begin{pmatrix} b_{11} & b_{12} & \cdots & \cdots & b_{1n} \\ b_{21} & b_{22} & \cdots & \cdots & b_{2n} \\ \vdots & \vdots & \vdots & \vdots & \vdots \\ b_{m1} & b_{m2} & \cdots & \cdots & b_{mn} \end{pmatrix}$$

①と②が同じ写像であれば、①の転置行列をとると②に一致することより、$B = {}^t A$ となります。つまり、A と B は互いに転置行列です。

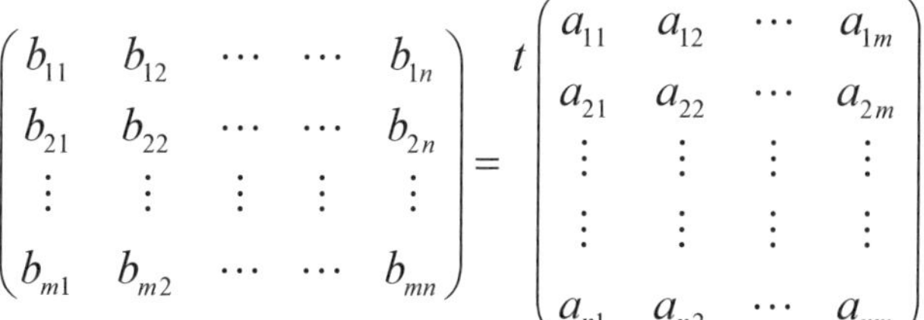

$$\begin{pmatrix} b_{11} & b_{12} & \cdots & \cdots & b_{1n} \\ b_{21} & b_{22} & \cdots & \cdots & b_{2n} \\ \vdots & \vdots & \vdots & \vdots & \vdots \\ b_{m1} & b_{m2} & \cdots & \cdots & b_{mn} \end{pmatrix} = {}^t \begin{pmatrix} a_{11} & a_{12} & \cdots & a_{1m} \\ a_{21} & a_{22} & \cdots & a_{2m} \\ \vdots & \vdots & \vdots & \vdots \\ \vdots & \vdots & \vdots & \vdots \\ a_{n1} & a_{n2} & \cdots & a_{nm} \end{pmatrix}$$

〔解説〕 もとのベクトル（列ベクトル）に行列Aを左から掛けたものを像とする写像、つまり、$\boldsymbol{y}=f(\boldsymbol{x})=A\boldsymbol{x}$は線形写像であることを確かめましょう。

ベクトル空間Vからベクトル空間Wへの写像fが線形写像である条件は次の(1)、(2)を満たすことでした。

(1) $f(\boldsymbol{x}_1+\boldsymbol{x}_2)=f(\boldsymbol{x}_1)+f(\boldsymbol{x}_2)$

(2) $f(k\boldsymbol{x})=kf(\boldsymbol{x})$

ただし、$\boldsymbol{x}_1, \boldsymbol{x}_2, \boldsymbol{x}$は$V$の任意の要素で$k$は数（スカラー）とする。

①の$\boldsymbol{y}=f(\boldsymbol{x})=A\boldsymbol{x}$の場合、行列の積に関する分配法則の成立と行列の定数倍の定義から

$$\boldsymbol{y}=f(\boldsymbol{x}_1+\boldsymbol{x}_2)=A(\boldsymbol{x}_1+\boldsymbol{x}_2)=A\boldsymbol{x}_1+A\boldsymbol{x}_2=f(\boldsymbol{x}_1)+f(\boldsymbol{x}_2)$$

$$\boldsymbol{y}=f(k\boldsymbol{x})=A(k\boldsymbol{x})=k(A\boldsymbol{x})=kf(\boldsymbol{x})$$

となります。これは写像fが上記(1)、(2)を満たすことを示しています。したがって、$\boldsymbol{y}=f(\boldsymbol{x})=A\boldsymbol{x}$は線形写像です。

次に、もとのベクトル（行ベクトル）に行列Bを右から掛けたものを像とする写像、つまり、$\boldsymbol{y}=f(\boldsymbol{x})=\boldsymbol{x}B$も線形写像$f$であることを確かめてましょう。

行列の積に関する分配法則の成立と行列の定数倍の定義から、

$$\boldsymbol{y}=f(\boldsymbol{x}_1+\boldsymbol{x}_2)=(\boldsymbol{x}_1+\boldsymbol{x}_2)B=\boldsymbol{x}_1B+\boldsymbol{x}_2B=f(\boldsymbol{x}_1)+f(\boldsymbol{x}_2)$$

$$\boldsymbol{y}=f(k\boldsymbol{x})=(k\boldsymbol{x})B=k(\boldsymbol{x}B)=kf(\boldsymbol{x})$$

となります。これは写像fが上記(1)、(2)を満たすことを示しています。したがって、$\boldsymbol{y}=f(\boldsymbol{x})=\boldsymbol{x}B$は線形写像です。

〔例〕 写像$\begin{pmatrix} y_1 \\ y_2 \\ y_3 \end{pmatrix} = \begin{pmatrix} 5 & -7 \\ -2 & 1 \\ 3 & 4 \end{pmatrix} \begin{pmatrix} x_1 \\ x_2 \end{pmatrix}$ は2次元ベクトル空間から3次元ベクトル空間への線形写像です。これは、両辺の転置行列をとることにより、次のように書くことができます。

$$(y_1 \ y_2 \ y_3) = (x_1 \ x_2) \begin{pmatrix} 5 & -2 & 3 \\ -7 & 1 & 4 \end{pmatrix}$$

上記の例からもわかるように、ベクトル $\boldsymbol{x}, \boldsymbol{y}$ を列ベクトルで表現するか、行ベクトルで表現するかというだけで、①と②に本質的な違いはありません。①、②の両辺の転置行列をとることによって、一方が他方に変身するからです。したがって、**今後、本章ではベクトル $\boldsymbol{x}, \boldsymbol{y}$ が列ベクトルの場合を想定して**線形写像の性質を調べることにします。

（注） 積の行列の転置行列については次の性質があります。${}^t(AB) = {}^tB\,{}^tA$

● f が線形写像 ⇔ $\boldsymbol{y} = f(\boldsymbol{x}) = A\boldsymbol{x}$

本節で、ベクトル空間の要素である列ベクトルに行列 A を左から掛けたものを像とする写像、つまり、$\boldsymbol{y} = f(\boldsymbol{x}) = A\boldsymbol{x}$ は線形写像であることを示しました。実はこの逆も成立します。つまり、線形写像 f は行列 A を用いて $\boldsymbol{y} = f(\boldsymbol{x}) = A\boldsymbol{x}$ と書けるのです（この成立理由は次節の§6-5によります）。したがって、

f が線形写像 ⇔ $\boldsymbol{y} = f(\boldsymbol{x}) = A\boldsymbol{x}$

が成立します。

6-5 基底と線形写像

m 次元ベクトル空間 V の基底を $\boldsymbol{v}_1, \boldsymbol{v}_2, \cdots, \boldsymbol{v}_m$ とし、n 次元ベクトル空間 W の基底を $\boldsymbol{w}_1, \boldsymbol{w}_2, \cdots, \boldsymbol{w}_n$ とし、V から W への線形写像 f が V の基底 $\boldsymbol{v}_1, \boldsymbol{v}_2, \cdots, \boldsymbol{v}_m$ を次のように写すとする。

$$\left.\begin{array}{l} f(\boldsymbol{v}_1) = a_{11}\boldsymbol{w}_1 + a_{12}\boldsymbol{w}_2 + \cdots + a_{1n}\boldsymbol{w}_n \\ f(\boldsymbol{v}_2) = a_{21}\boldsymbol{w}_1 + a_{22}\boldsymbol{w}_2 + \cdots + a_{2n}\boldsymbol{w}_n \\ \quad \cdots\cdots\cdots\cdots\cdots\cdots\cdots \\ f(\boldsymbol{v}_m) = a_{m1}\boldsymbol{w}_1 + a_{m2}\boldsymbol{w}_2 + \cdots + a_{mn}\boldsymbol{w}_n \end{array}\right\} \cdots ①$$

このとき、Vの任意のベクトル

$\boldsymbol{x} = \begin{pmatrix} x_1 \\ x_2 \\ \vdots \\ x_m \end{pmatrix}$ が f によって写った先を $\boldsymbol{y} = f(\boldsymbol{x}) = \begin{pmatrix} y_1 \\ y_2 \\ \vdots \\ y_n \end{pmatrix}$ とすると

次の関係が成立する。

$$\begin{pmatrix} y_1 \\ y_2 \\ \vdots \\ \vdots \\ y_n \end{pmatrix} = \begin{pmatrix} a_{11} & a_{21} & \cdots & a_{m1} \\ a_{12} & a_{22} & \cdots & a_{m2} \\ \vdots & \vdots & \vdots & \vdots \\ \vdots & \vdots & \vdots & \vdots \\ a_{1n} & a_{2n} & \cdots & a_{mn} \end{pmatrix} \begin{pmatrix} x_1 \\ x_2 \\ \vdots \\ x_m \end{pmatrix} \cdots ②$$

(行列の添え字の順番に注意!!)

上記の内容を図示すれば次ページのようになります。

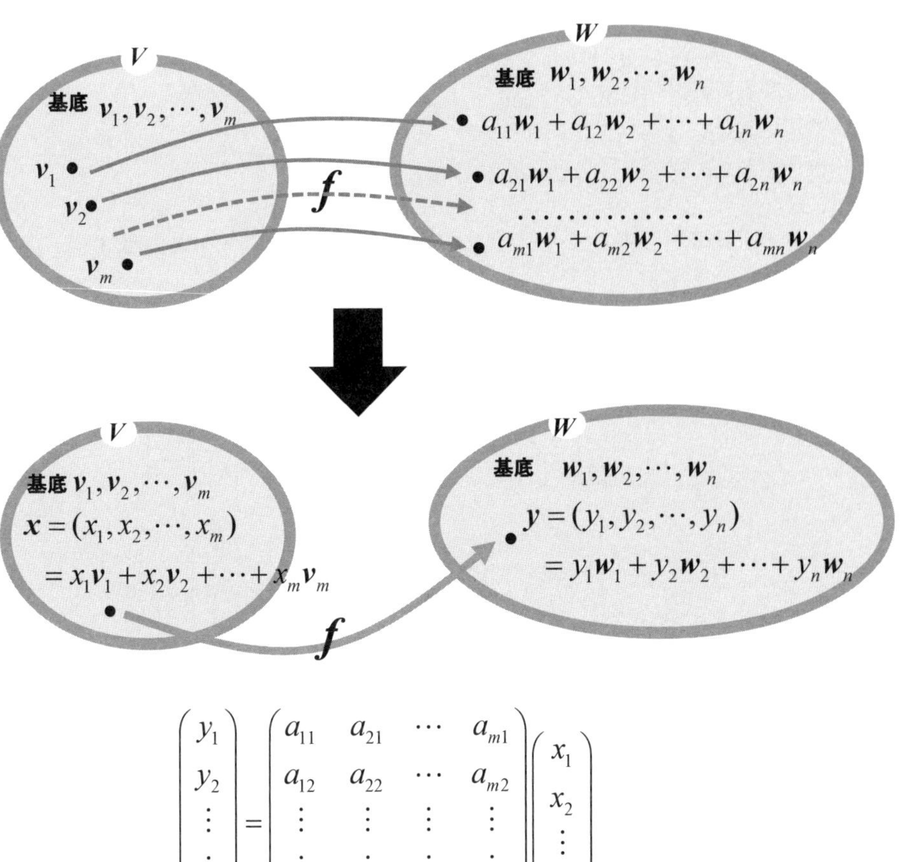

$$\begin{pmatrix} y_1 \\ y_2 \\ \vdots \\ \vdots \\ y_n \end{pmatrix} = \begin{pmatrix} a_{11} & a_{21} & \cdots & a_{m1} \\ a_{12} & a_{22} & \cdots & a_{m2} \\ \vdots & \vdots & \vdots & \vdots \\ \vdots & \vdots & \vdots & \vdots \\ a_{1n} & a_{2n} & \cdots & a_{mn} \end{pmatrix} \begin{pmatrix} x_1 \\ x_2 \\ \vdots \\ x_m \end{pmatrix}$$

〔解説〕 ①から②が導かれる理由を調べてみましょう。

①は m 次元ベクトル空間 V から n 次元ベクトル空間 W への線形写像 f が V の基底 $\boldsymbol{v}_1, \boldsymbol{v}_2, \cdots, \boldsymbol{v}_m$ を写した先のベクトル $f(\boldsymbol{v}_1), f(\boldsymbol{v}_2), \cdots, f(\boldsymbol{v}_m)$ が W の基底 $\boldsymbol{w}_1, \boldsymbol{w}_2, \cdots, \boldsymbol{w}_n$ でどのように表現されるかを示しています。この①を行列で表現すれば次のようになります。

$$\begin{pmatrix} f(\boldsymbol{v}_1) \\ f(\boldsymbol{v}_2) \\ \vdots \\ f(\boldsymbol{v}_m) \end{pmatrix} = \begin{pmatrix} a_{11} & a_{12} & \cdots & \cdots & a_{1n} \\ a_{21} & a_{22} & \cdots & \cdots & a_{2n} \\ \vdots & \vdots & \vdots & \vdots & \vdots \\ a_{m1} & a_{m2} & \cdots & \cdots & a_{mn} \end{pmatrix} \begin{pmatrix} \boldsymbol{w}_1 \\ \boldsymbol{w}_2 \\ \vdots \\ \vdots \\ \boldsymbol{w}_n \end{pmatrix} \quad \cdots ③$$

③とfが線形写像であることより、Vの任意のベクトル$\boldsymbol{x}$の像$\boldsymbol{y}$は、

$$\boldsymbol{y} = f(\boldsymbol{x}) = f(x_1\boldsymbol{v}_1 + x_2\boldsymbol{v}_2 + \cdots + x_m\boldsymbol{v}_m) = x_1 f(\boldsymbol{v}_1) + x_2 f(\boldsymbol{v}_2) + \cdots + x_m f(\boldsymbol{v}_m)$$

$$= \begin{pmatrix} x_1 & x_2 & \cdots & x_m \end{pmatrix} \begin{pmatrix} f(\boldsymbol{v}_1) \\ f(\boldsymbol{v}_2) \\ \vdots \\ f(\boldsymbol{v}_m) \end{pmatrix} = \begin{pmatrix} x_1 & x_2 & \cdots & x_m \end{pmatrix} \begin{pmatrix} a_{11} & a_{12} & \cdots & \cdots & a_{1n} \\ a_{21} & a_{22} & \cdots & \cdots & a_{2n} \\ \vdots & \vdots & \vdots & \vdots & \vdots \\ a_{m1} & a_{m2} & \cdots & \cdots & a_{mn} \end{pmatrix} \begin{pmatrix} \boldsymbol{w}_1 \\ \boldsymbol{w}_2 \\ \vdots \\ \vdots \\ \boldsymbol{w}_n \end{pmatrix} \quad \cdots ④$$

また

$$\boldsymbol{y} = y_1\boldsymbol{w}_1 + y_2\boldsymbol{w}_2 + \cdots + y_n\boldsymbol{w}_n = \begin{pmatrix} y_1 & y_2 & \cdots & \cdots & y_n \end{pmatrix} \begin{pmatrix} \boldsymbol{w}_1 \\ \boldsymbol{w}_2 \\ \vdots \\ \vdots \\ \boldsymbol{w}_n \end{pmatrix} \quad \cdots ⑤$$

④と⑤が等しいので、次の⑥式を得ます。

$$\begin{pmatrix} y_1 & y_2 & \cdots & \cdots & y_n \end{pmatrix} = \begin{pmatrix} x_1 & x_2 & \cdots & x_m \end{pmatrix} \begin{pmatrix} a_{11} & a_{12} & \cdots & \cdots & a_{1n} \\ a_{21} & a_{22} & \cdots & \cdots & a_{2n} \\ \vdots & \vdots & \vdots & \vdots & \vdots \\ a_{m1} & a_{m2} & \cdots & \cdots & a_{mn} \end{pmatrix} \cdots ⑥$$

⑥式の両辺の転置行列をとれば冒頭の②式を得ます。

ここで、⑥の右辺の行列をAとすると、②の右辺の行列は${}^tA$と書けます。

$$A = \begin{pmatrix} a_{11} & a_{12} & \cdots & \cdots & a_{1n} \\ a_{21} & a_{22} & \cdots & \cdots & a_{2n} \\ \vdots & \vdots & \vdots & \vdots & \vdots \\ a_{m1} & a_{m2} & \cdots & \cdots & a_{mn} \end{pmatrix} \qquad {}^tA = \begin{pmatrix} a_{11} & a_{21} & \cdots & a_{m1} \\ a_{12} & a_{22} & \cdots & a_{m2} \\ \vdots & \vdots & \vdots & \vdots \\ \vdots & \vdots & \vdots & \vdots \\ a_{1n} & a_{2n} & \cdots & a_{mn} \end{pmatrix}$$

この行列 A、または、${}^tA$ を V の基底 $\boldsymbol{v}_1, \boldsymbol{v}_2, \cdots, \boldsymbol{v}_m$ と W の基底 $\boldsymbol{w}_1, \boldsymbol{w}_2, \cdots, \boldsymbol{w}_n$ に関する線形写像 f の**表現行列**といいます。

〔例〕 2 次元数ベクトル空間 R^2 から 3 次元数ベクトル空間 R^3 への線形写像を f とし、V の基底を $\boldsymbol{v}_1 = (1,2)$, $\boldsymbol{v}_2 = (3,4)$、W の基底を $\boldsymbol{w}_1 = (2,5,6)$, $\boldsymbol{w}_2 = (-1,7,-2)$, $\boldsymbol{w}_3 = (3,-3,4)$ とします。また、各 $\boldsymbol{v}_i$ を線形写像 f で写した先のベクトルが W の基底 $\{\boldsymbol{w}_1, \boldsymbol{w}_2, \boldsymbol{w}_3\}$ を用いて次のように表現されたとします。

$$f(\boldsymbol{v}_1) = 5\boldsymbol{w}_1 + 2\boldsymbol{w}_2 - 3\boldsymbol{w}_3$$
$$f(\boldsymbol{v}_2) = -4\boldsymbol{w}_1 + \boldsymbol{w}_2 + 7\boldsymbol{w}_3$$

このとき V の任意のベクトル $\boldsymbol{x} = (x_1, x_2)$ が線形写像 f によって写った先を $\boldsymbol{y} = f(\boldsymbol{x}) = (y_1, y_2, y_3)$ とすると⑥、②より次の関係が成立します。

$$\begin{pmatrix} y_1 & y_2 & y_3 \end{pmatrix} = \begin{pmatrix} x_1 & x_2 \end{pmatrix} \begin{pmatrix} 5 & 2 & -3 \\ -4 & 1 & 7 \end{pmatrix}、\quad \begin{pmatrix} y_1 \\ y_2 \\ y_3 \end{pmatrix} = \begin{pmatrix} 5 & -4 \\ 2 & 1 \\ -3 & 7 \end{pmatrix} \begin{pmatrix} x_1 \\ x_2 \end{pmatrix}$$

（注） 一方の等式の両辺の転置行列をとれば他方の式が導かれます。

<MEMO> 同型写像

線形写像 $f: V \to W$ が 1 : 1 上への写像（全単射）であるとき、f を**同型写像**といいます。また、このとき 2 つのベクトル空間 V と W は**同型**であるといいます。2 つのベクトル空間のあいだに同型写像が存在する場合、その対応関係に線形性があるのでベクトル空間としての性質を共有できると考えられます。

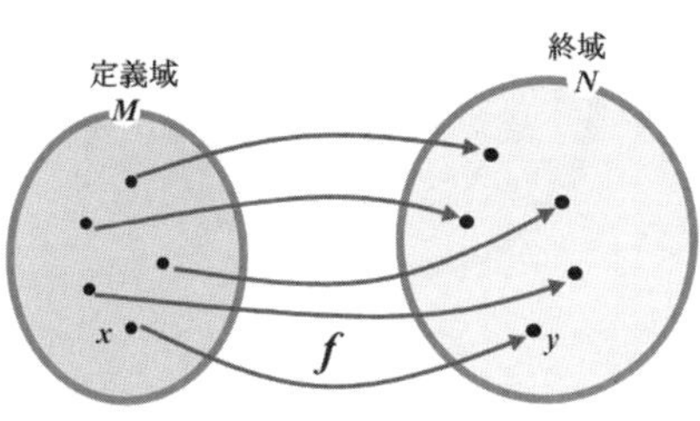

6-6 線形写像の合成

３つのベクトル空間を V、W、Z とし、f は V から W へ、g は W から Z への線形写像とし f、g の表現行列を各々 A、B とする。このとき、V の任意のベクトル $\boldsymbol{x}$ に対して $g \circ f$ を

$$(g \circ f)(\boldsymbol{x}) = g(f(\boldsymbol{x}))$$

とすれば、$g \circ f$ は V から Z への線形写像となり $g \circ f$ の表現行列は $\boldsymbol{BA}$ となる。つまり、$\boldsymbol{z} = BA\boldsymbol{x}$ …①

レッスン

上記の内容を図示すれば次のようになります。

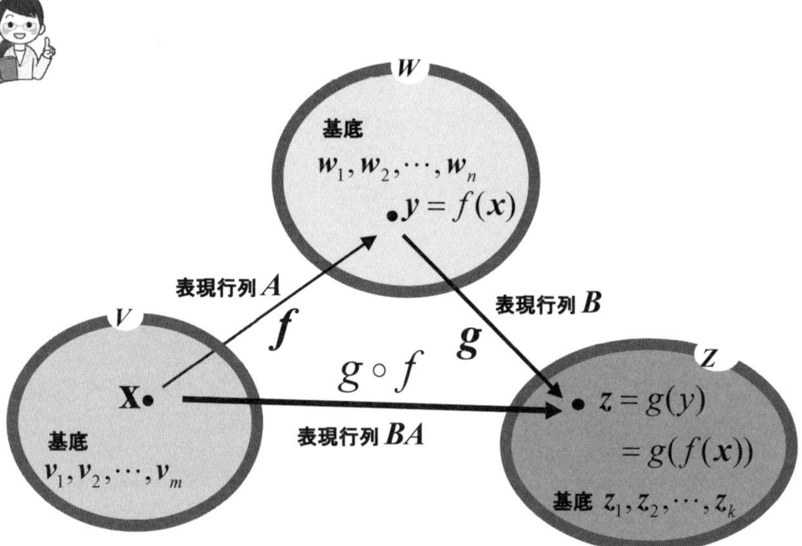

①の理由を探るため、線形写像 $\boldsymbol{y} = f(\boldsymbol{x})$, $\boldsymbol{z} = g(\boldsymbol{y})$ をそれぞれ表現行列 A、B（前節の②）を使って表わしてみます。

$$
\boldsymbol{y}=\begin{pmatrix} y_1 \\ y_2 \\ \vdots \\ \vdots \\ y_n \end{pmatrix}=A\begin{pmatrix} x_1 \\ x_2 \\ \vdots \\ x_m \end{pmatrix} \quad \cdots② \qquad \boldsymbol{z}=\begin{pmatrix} z_1 \\ z_2 \\ \vdots \\ \vdots \\ z_k \end{pmatrix}=B\begin{pmatrix} y_1 \\ y_2 \\ \vdots \\ \vdots \\ y_k \end{pmatrix} \quad \cdots③
$$

②を③に代入すれば①を得ますね。

$$
\boldsymbol{z}=\begin{pmatrix} z_1 \\ z_2 \\ \vdots \\ \vdots \\ z_k \end{pmatrix}=B\begin{pmatrix} y_1 \\ y_2 \\ \vdots \\ \vdots \\ y_k \end{pmatrix}=BA\begin{pmatrix} x_1 \\ x_2 \\ \vdots \\ x_m \end{pmatrix}=BA\boldsymbol{x}
$$

〔解説〕 線形写像$g\circ f$の表現行列はBAとなりますが、注意が必要です。表現行列がBAとなるのは、あくまでもベクトル$\boldsymbol{x},\boldsymbol{y},\boldsymbol{z}$を列ベクトルで表現した場合です。これらを行ベクトルで表現すると、

$$
\begin{pmatrix} y_1 & y_2 & \cdots & \cdots & y_n \end{pmatrix}=\begin{pmatrix} x_1 & x_2 & \cdots & x_m \end{pmatrix}A
$$

$$
\begin{pmatrix} z_1 & z_2 & \cdots & z_k \end{pmatrix}=\begin{pmatrix} y_1 & y_2 & \cdots & \cdots & y_n \end{pmatrix}B \quad \text{より}
$$

$$
\begin{pmatrix} z_1 & z_2 & \cdots & \cdots & z_k \end{pmatrix}=\begin{pmatrix} y_1 & y_2 & \cdots & \cdots & y_n \end{pmatrix}B=\begin{pmatrix} x_1 & x_2 & \cdots & x_m \end{pmatrix}AB
$$

となり、線形写像$g\circ f$の表現行列はABになります。そこで、**本書では線形写像を表現するときベクトルは列ベクトルを利用することにします。**

〔例〕 $\boldsymbol{y}=\begin{pmatrix} y_1 \\ y_2 \\ y_3 \end{pmatrix}=\begin{pmatrix} a_{11} & a_{12} \\ a_{21} & a_{22} \\ a_{31} & a_{32} \end{pmatrix}\begin{pmatrix} x_1 \\ x_2 \end{pmatrix}$、$\boldsymbol{z}=\begin{pmatrix} z_1 \\ z_2 \end{pmatrix}=\begin{pmatrix} b_{11} & b_{12} & b_{13} \\ b_{21} & b_{22} & b_{23} \end{pmatrix}\begin{pmatrix} y_1 \\ y_2 \\ y_3 \end{pmatrix}$ のとき

$$
\boldsymbol{z}=\begin{pmatrix} z_1 \\ z_2 \end{pmatrix}=\begin{pmatrix} b_{11} & b_{12} & b_{13} \\ b_{21} & b_{22} & b_{23} \end{pmatrix}\begin{pmatrix} y_1 \\ y_2 \\ y_3 \end{pmatrix}=\begin{pmatrix} b_{11} & b_{12} & b_{13} \\ b_{21} & b_{22} & b_{23} \end{pmatrix}\begin{pmatrix} a_{11} & a_{12} \\ a_{21} & a_{22} \\ a_{31} & a_{32} \end{pmatrix}\begin{pmatrix} x_1 \\ x_2 \end{pmatrix}
$$

6-7 1次変換と行列

n 次元数ベクトル空間 V から V 自身への線形写像 $f:V\to V$ を **1次変換**（または、**線形変換**）という。1次変換 f は n 次正方行列 $A=(a_{ij})$ を用いて、 $\boldsymbol{y}=A\boldsymbol{x}$ …①
と表わせる。

レッスン

n 次元数ベクトル空間 V の基底を $\boldsymbol{v}_1,\boldsymbol{v}_2,\cdots,\boldsymbol{v}_n$ とすれば、1次変換①は $n\times n$ 行列を使って②のように表わせます。

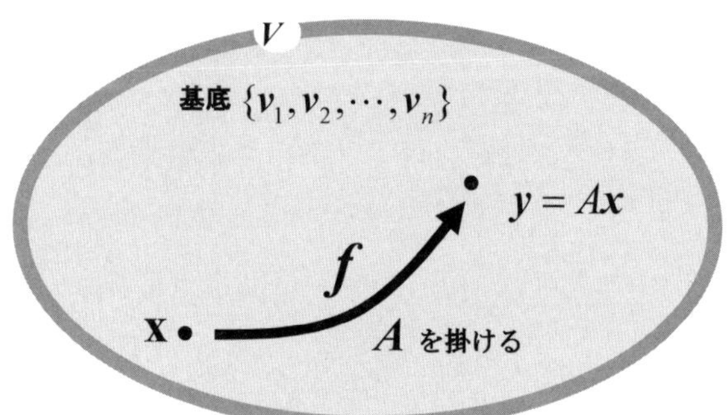

$$\begin{pmatrix} y_1 \\ y_2 \\ \vdots \\ y_n \end{pmatrix} = \begin{pmatrix} a_{11} & a_{12} & \cdots & a_{1n} \\ a_{21} & a_{22} & \cdots & a_{2n} \\ \vdots & \vdots & \vdots & \vdots \\ a_{n1} & a_{n2} & \cdots & a_{nn} \end{pmatrix} \begin{pmatrix} x_1 \\ x_2 \\ \vdots \\ x_n \end{pmatrix} \quad \cdots ②$$

〔解説〕 n 次元ベクトル空間 V の基底を $\boldsymbol{v}_1,\boldsymbol{v}_2,\cdots,\boldsymbol{v}_n$ とすれば、$\boldsymbol{x},\boldsymbol{y}$ は V の基底 $\boldsymbol{v}_1,\boldsymbol{v}_2,\cdots,\boldsymbol{v}_n$ を使って次のように書けます。

$$\boldsymbol{x}=x_1\boldsymbol{v}_1+x_2\boldsymbol{v}_2+\cdots+x_n\boldsymbol{v}_n \quad 、\quad \boldsymbol{y}=y_1\boldsymbol{v}_1+y_2\boldsymbol{v}_2+\cdots+y_n\boldsymbol{v}_n$$

これを成分表示すると、$\boldsymbol{x}=\begin{pmatrix}x_1\\x_2\\\vdots\\x_n\end{pmatrix}$、$\boldsymbol{y}=\begin{pmatrix}y_1\\y_2\\\vdots\\y_n\end{pmatrix}$となりますが、１次変換はこれらの成分の間に②式が成立している線形写像ということになります。とくに、Aが単位行列Eの場合はVの任意のベクトルは自分自身に写ります。

$$\begin{pmatrix}y_1\\y_2\\\vdots\\y_n\end{pmatrix}=\begin{pmatrix}1&0&\cdots&0\\0&1&\cdots&0\\\vdots&\vdots&\vdots&\vdots\\0&0&\cdots&1\end{pmatrix}\begin{pmatrix}x_1\\x_2\\\vdots\\x_n\end{pmatrix}=\begin{pmatrix}x_1\\x_2\\\vdots\\x_n\end{pmatrix}$$

この１次変換を**恒等変換**といいます。

〔例〕　２次元直交座標平面上のベクトルにおいて、基底を基本ベクトル$\boldsymbol{e}_1=\begin{pmatrix}1\\0\end{pmatrix},\boldsymbol{e}_2=\begin{pmatrix}0\\1\end{pmatrix}$にとると、ベクトル$\boldsymbol{x}=\begin{pmatrix}x_1\\x_2\end{pmatrix}$を原点０のまわりに角$\theta$だけ回転移動する変換は１次変換で、変換式は次のようになります。

$$\begin{pmatrix}y_1\\y_2\end{pmatrix}=\begin{pmatrix}\cos\theta&-\sin\theta\\\sin\theta&\cos\theta\end{pmatrix}\begin{pmatrix}x_1\\x_2\end{pmatrix}$$

理由は右図より

$x_1=r\cos\alpha$, $x_2=r\sin\alpha$

$$\begin{aligned}y_1&=r\cos(\theta+\alpha)\\&=r(\cos\theta\cos\alpha-\sin\theta\sin\alpha)\\&=x_1\cos\theta-x_2\sin\theta\\y_2&=r\sin(\theta+\alpha)\\&=r(\sin\theta\cos\alpha+\cos\theta\sin\alpha)\\&=x_1\sin\theta+x_2\cos\theta\end{aligned}$$

6-8 正則1次変換と行列式

1次変換 $f:V \to V$ が逆変換 f^{-1} をもつとき、f を**正則1次変換**という。また、f は**正則**であるともいう。

1次変換 f の表現行列を A とするとき、次のことが成り立つ。

f が正則1次変換 $\Leftrightarrow$ $|A| \neq 0$（つまり、A は正則） ……＊

レッスン

f が逆変換 f^{-1} をもつということは、f が1対1上への写像（全単射）であることを意味します。

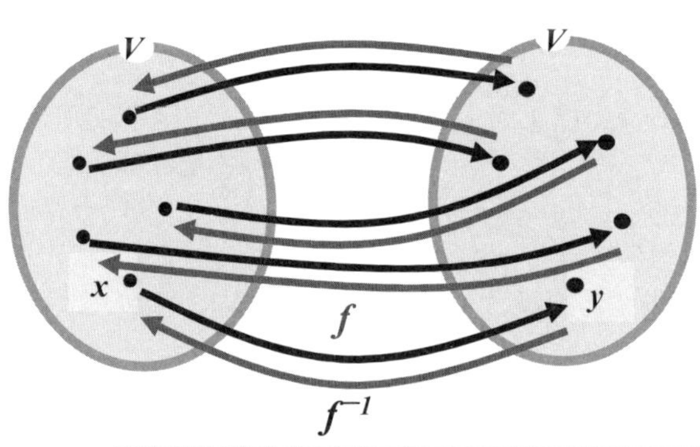

f の表現行列を A とすれば、f^{-1} の存在する条件は A^{-1} が存在する ということですね。

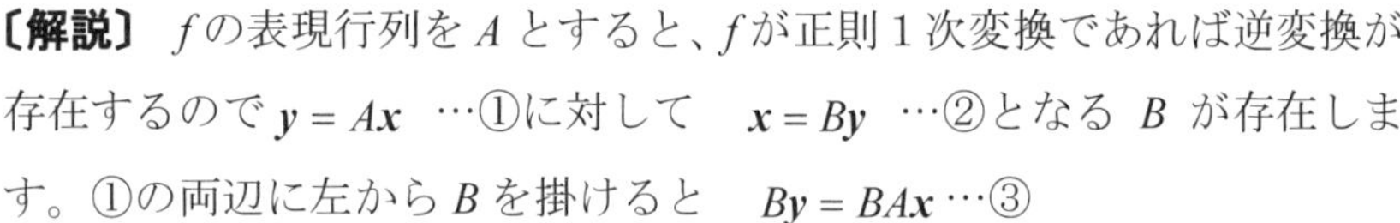

〔解説〕 f の表現行列を A とすると、f が正則1次変換であれば逆変換が存在するので $\boldsymbol{y} = A\boldsymbol{x}$ …①に対して $\boldsymbol{x} = B\boldsymbol{y}$ …②となる B が存在します。①の両辺に左から B を掛けると $B\boldsymbol{y} = BA\boldsymbol{x}$ …③

②、③より $\boldsymbol{x} = BA\boldsymbol{x}$ …④

④は恒等変換だから $BA = E$ …⑤

よって、$|BA| = |B||A| = |E| = 1$　ゆえに　$|A| \neq 0$

逆に、$|A| \neq 0$ であれば、A^{-1} が存在します（§4-13）。

すると１次変換で　$\boldsymbol{y} = A\boldsymbol{x}$ …①　の両辺に左から A^{-1} を掛けて
$A^{-1}\boldsymbol{y} = A^{-1}A\boldsymbol{x}$ を得ます。つまり、$\boldsymbol{x} = A^{-1}\boldsymbol{y}$　を得ます。これは f の逆変換の存在を示しています。

以上のことから、冒頭の＊が成立することがわかります。

〔例 1〕　２次元直交座標平面上で点 $\mathrm{P}(x_1, y_1)$ を原点 O の周りに角 θ だけ回転移動する変換は１次変換で、変換式は次のようになります。

$$\begin{pmatrix} y_1 \\ y_2 \end{pmatrix} = \begin{pmatrix} \cos\theta & -\sin\theta \\ \sin\theta & \cos\theta \end{pmatrix}\begin{pmatrix} x_1 \\ x_2 \end{pmatrix} \quad (\S 6\text{-}7)$$

この変換の表現行列の行列式は

$$\begin{vmatrix} \cos\theta & \sin\theta \\ -\sin\theta & \cos\theta \end{vmatrix} = \cos^2\theta + \sin^2\theta = 1 \neq 0$$

となり、0 ではありません。よって、この１次変換は正則１次変換といえます。

〔例 2〕　２次元直交座標平面上で次の式で表わされる１次変換は正則ではありません。$\begin{pmatrix} y_1 \\ y_2 \end{pmatrix} = \begin{pmatrix} 2 & 1 \\ 6 & 3 \end{pmatrix}\begin{pmatrix} x_1 \\ x_2 \end{pmatrix}$

なぜならば、この変換の表現行列の行列式は $\begin{vmatrix} 2 & 1 \\ 6 & 3 \end{vmatrix} = 2\times3 - 1\times6 = 0$

となるからです。

6-9 基底変換と成分表示の変換

n 次元ベクトル空間 V における２組の基底をそれぞれ

$$\boldsymbol{v}_1, \boldsymbol{v}_2, \cdots, \boldsymbol{v}_n \quad と \quad \boldsymbol{v}'_1, \boldsymbol{v}'_2, \cdots, \boldsymbol{v}'_n$$

とし、V のベクトル $\boldsymbol{x}$ のこれらの基底に関する成分をそれぞれ

$$(x_1\ x_2\ \cdots\ x_n) \quad 、(x'_1\ x'_2\ \cdots\ x'_n)$$

とする。ここで、基底 $\boldsymbol{v}_1, \boldsymbol{v}_2, \cdots, \boldsymbol{v}_n$ と基底 $\boldsymbol{v}'_1, \boldsymbol{v}'_2, \cdots, \boldsymbol{v}'_n$ の関係が

$$\left.\begin{array}{l} \boldsymbol{v}'_1 = a_{11}\boldsymbol{v}_1 + a_{12}\boldsymbol{v}_2 + \cdots + a_{1n}\boldsymbol{v}_n \\ \boldsymbol{v}'_2 = a_{21}\boldsymbol{v}_1 + a_{22}\boldsymbol{v}_2 + \cdots + a_{2n}\boldsymbol{v}_n \\ \quad \cdots\cdots \\ \boldsymbol{v}'_n = a_{n1}\boldsymbol{v}_1 + a_{n2}\boldsymbol{v}_2 + \cdots + a_{nn}\boldsymbol{v}_n \end{array}\right\} \cdots ①$$

（基底変換を表わす式）

であれば、

$$\begin{pmatrix} x'_1 \\ x'_2 \\ \vdots \\ x'_n \end{pmatrix} = \begin{pmatrix} a_{11} & a_{21} & \cdots & a_{n1} \\ a_{12} & a_{22} & \cdots & a_{n2} \\ \vdots & \vdots & \vdots & \vdots \\ a_{1n} & a_{2n} & \cdots & a_{nn} \end{pmatrix}^{-1} \begin{pmatrix} x_1 \\ x_2 \\ \vdots \\ x_n \end{pmatrix} \quad \cdots ②$$

（添え字の順番に注意!!）

レッスン

同じベクトル空間内でも基底が異なればベクトル x の成分表示は異なります。

V

基底 α

$\boldsymbol{v}_1, \boldsymbol{v}_2, \cdots, \boldsymbol{v}_n$

基底 β

$\boldsymbol{v}'_1, \boldsymbol{v}'_2, \cdots, \boldsymbol{v}'_n$

$$\boldsymbol{x} \begin{cases} (x_1, x_2, \cdots, x_n) = x_1\boldsymbol{v}_1 + x_2\boldsymbol{v}_2 + \cdots + x_n\boldsymbol{v}_n & \cdots \text{基底}\,\alpha \\ (x'_1, x'_2, \cdots, x'_n) = x'_1\boldsymbol{v}'_1 + x'_2\boldsymbol{v}'_2 + \cdots + x'_n\boldsymbol{v}'_n & \cdots \text{基底}\,\beta \end{cases}$$

同じベクトルの異なる基底による成分表示 $(x_1 \ \ x_2 \ \ \cdots \ \ x_n)$ と $(x_1' \ x_2' \ \cdots \ x_n')$ は①をもとにした②の関係で結ばれているということですね。

基底変換を表わす①式を行列で表わすと、次のように表現できます。

$$\begin{pmatrix} \boldsymbol{v}_1' \\ \boldsymbol{v}_2' \\ \vdots \\ \boldsymbol{v}_n' \end{pmatrix} = \begin{pmatrix} a_{11} & a_{12} & \cdots & a_{1n} \\ a_{21} & a_{22} & \cdots & a_{2n} \\ \vdots & \vdots & \vdots & \vdots \\ a_{n1} & a_{n2} & \cdots & a_{nn} \end{pmatrix} \begin{pmatrix} \boldsymbol{v}_1 \\ \boldsymbol{v}_2 \\ \vdots \\ \boldsymbol{v}_n \end{pmatrix} \quad \cdots ③$$

つまり、②における正方行列は、基底変換を表わす③における正方行列の「転置行列の逆行列」ということですね。ややこしい！

〔解説〕　基底 $\boldsymbol{v}_1, \boldsymbol{v}_2, \cdots, \boldsymbol{v}_n$ と基底 $\boldsymbol{v}_1', \boldsymbol{v}_2', \cdots, \boldsymbol{v}_n'$ の関係を表わす①式を**基底変換**を表わす式といいます。この①から②を導いてみましょう。

n 次元ベクトル空間 V におけるベクトル $\boldsymbol{x}$ は２組の基底を用いて

$$\boldsymbol{x} = x_1'\boldsymbol{v}_1' + x_2'\boldsymbol{v}_2' + \cdots + x_n'\boldsymbol{v}_n' = x_1\boldsymbol{v}_1 + x_2\boldsymbol{v}_2 + \cdots + x_n\boldsymbol{v}_n \cdots ④$$

と書けます。よって、③、④より、

$$\boldsymbol{x} = x_1'\boldsymbol{v}_1' + x_2'\boldsymbol{v}_2' + \cdots + x_n'\boldsymbol{v}_n' = \begin{pmatrix} x_1' & x_2' & \cdots & x_n' \end{pmatrix} \begin{pmatrix} \boldsymbol{v}_1' \\ \boldsymbol{v}_2' \\ \vdots \\ \boldsymbol{v}_n' \end{pmatrix}$$

$$= \begin{pmatrix} x_1' & x_2' & \cdots & x_n' \end{pmatrix} \begin{pmatrix} a_{11} & a_{12} & \cdots & a_{1n} \\ a_{21} & a_{22} & \cdots & a_{2n} \\ \vdots & \vdots & \vdots & \vdots \\ a_{n1} & a_{n2} & \cdots & a_{nn} \end{pmatrix} \begin{pmatrix} \boldsymbol{v}_1 \\ \boldsymbol{v}_2 \\ \vdots \\ \boldsymbol{v}_n \end{pmatrix}$$

また、④より、　$\boldsymbol{x}=\begin{pmatrix} x_1 & x_2 & \cdots & x_n \end{pmatrix}\begin{pmatrix} \boldsymbol{v}_1 \\ \boldsymbol{v}_2 \\ \vdots \\ \boldsymbol{v}_n \end{pmatrix}$

よって、次の式を得ます。

$$(x_1\ x_2\ \cdots\ x_n)=(x'_1\ x'_2\ \cdots\ x'_n)\begin{pmatrix} a_{11} & a_{12} & \cdots & a_{1n} \\ a_{21} & a_{22} & \cdots & a_{2n} \\ \vdots & \vdots & \vdots & \vdots \\ a_{n1} & a_{n2} & \cdots & a_{nn} \end{pmatrix}$$

この式の両辺の転置行列をとると、

$$\begin{pmatrix} x_1 \\ x_2 \\ \vdots \\ x_n \end{pmatrix}=\begin{pmatrix} a_{11} & a_{21} & \cdots & a_{n1} \\ a_{12} & a_{22} & \cdots & a_{n2} \\ \vdots & \vdots & \vdots & \vdots \\ a_{1n} & a_{2n} & \cdots & a_{nn} \end{pmatrix}\begin{pmatrix} x'_1 \\ x'_2 \\ \vdots \\ x'_n \end{pmatrix}$$

この式の右辺の n 次正方行列の逆行列(注)をこの等式の両辺に左から掛け、左辺と右辺を交換すると、次の②式を得ます。

$$\begin{pmatrix} x'_1 \\ x'_2 \\ \vdots \\ x'_n \end{pmatrix}=\begin{pmatrix} a_{11} & a_{21} & \cdots & a_{n1} \\ a_{12} & a_{22} & \cdots & a_{n2} \\ \vdots & \vdots & \vdots & \vdots \\ a_{1n} & a_{2n} & \cdots & a_{nn} \end{pmatrix}^{-1}\begin{pmatrix} x_1 \\ x_2 \\ \vdots \\ x_n \end{pmatrix} \quad \cdots②$$　（再掲）

（注）　逆行列をもつことについては本節<MEMO>参照。

●　基底変換の式の表現を変えると

基底変換を表わす①式は基底 $\boldsymbol{v}_1,\boldsymbol{v}_2,\cdots,\boldsymbol{v}_n$ を基底 $\boldsymbol{v}'_1,\boldsymbol{v}'_2,\cdots,\boldsymbol{v}'_n$ に対応させる式です。これに対して次の⑤のように基底 $\boldsymbol{v}'_1,\boldsymbol{v}'_2,\cdots,\boldsymbol{v}'_n$ を基底 $\boldsymbol{v}_1,\boldsymbol{v}_2,\cdots,\boldsymbol{v}_n$ に対応させる式が与えられた場合、$(x_1\ x_2\ \cdots\ x_n)$　と

$(x'_1\ x'_2\ \cdots\ x'_n)$ の関係はどう表現されるのでしょうか。

$$\left.\begin{aligned} \boldsymbol{v}_1 &= b_{11}\boldsymbol{v}'_1 + b_{12}\boldsymbol{v}'_2 + \cdots + b_{1n}\boldsymbol{v}'_n \\ \boldsymbol{v}_2 &= b_{21}\boldsymbol{v}'_1 + b_{22}\boldsymbol{v}'_2 + \cdots + b_{2n}\boldsymbol{v}'_n \\ &\cdots\cdots \\ \boldsymbol{v}_n &= b_{n1}\boldsymbol{v}'_1 + b_{n2}\boldsymbol{v}'_2 + \cdots + b_{nn}\boldsymbol{v}'_n \end{aligned}\right\} \cdots ⑤$$

これは行列で表わすと、

$$\begin{pmatrix} \boldsymbol{v}_1 \\ \boldsymbol{v}_2 \\ \vdots \\ \boldsymbol{v}_n \end{pmatrix} = \begin{pmatrix} b_{11} & b_{12} & \cdots & b_{1n} \\ b_{21} & b_{22} & \cdots & b_{2n} \\ \vdots & \vdots & \vdots & \vdots \\ b_{n1} & b_{n2} & \cdots & b_{nn} \end{pmatrix} \begin{pmatrix} \boldsymbol{v}'_1 \\ \boldsymbol{v}'_2 \\ \vdots \\ \boldsymbol{v}'_n \end{pmatrix}$$

このときは、③と④から②を導いたのと同様にして⑤と④から次の式を導くことができます。

$$\begin{pmatrix} x'_1 & x'_2 & \cdots & x'_n \end{pmatrix} = \begin{pmatrix} x_1 & x_2 & \cdots & x_n \end{pmatrix} \begin{pmatrix} b_{11} & b_{12} & \cdots & b_{1n} \\ b_{21} & b_{22} & \cdots & b_{2n} \\ \vdots & \vdots & \vdots & \vdots \\ b_{n1} & b_{n2} & \cdots & b_{nn} \end{pmatrix}$$

両辺の転置行列をとると、次の変換式を得ます。

$$\begin{pmatrix} x'_1 \\ x'_2 \\ \vdots \\ x'_n \end{pmatrix} = \begin{pmatrix} b_{11} & b_{21} & \cdots & b_{n1} \\ b_{12} & b_{22} & \cdots & b_{n2} \\ \vdots & \vdots & \vdots & \vdots \\ b_{1n} & b_{2n} & \cdots & b_{nn} \end{pmatrix} \begin{pmatrix} x_1 \\ x_2 \\ \vdots \\ x_n \end{pmatrix}$$ **(添え字の順番に注意!!)**

(注)　上式と②より
$$\begin{pmatrix} b_{11} & b_{21} & \cdots & b_{n1} \\ b_{12} & b_{22} & \cdots & b_{n2} \\ \vdots & \vdots & \vdots & \vdots \\ b_{1n} & b_{2n} & \cdots & b_{nn} \end{pmatrix} = \begin{pmatrix} a_{11} & a_{21} & \cdots & a_{n1} \\ a_{12} & a_{22} & \cdots & a_{n2} \\ \vdots & \vdots & \vdots & \vdots \\ a_{1n} & a_{2n} & \cdots & a_{nn} \end{pmatrix}^{-1}$$

〔例〕 2次元数ベクトル空間 R^2 の2つの正規直交基底を $\boldsymbol{e}_1, \boldsymbol{e}_2$ と $\boldsymbol{e}'_1, \boldsymbol{e}'_2$ とします。ただし、$\boldsymbol{e}'_1, \boldsymbol{e}'_2$ は各々 $\boldsymbol{e}_1, \boldsymbol{e}_2$ を右図のように θ 回転したものとします。

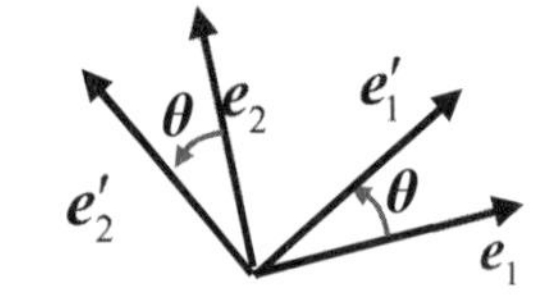

このとき、2つの基底の間に次の関係が成立します(注)。

$$\begin{pmatrix} \boldsymbol{e}'_1 \\ \boldsymbol{e}'_2 \end{pmatrix} = \begin{pmatrix} \cos\theta & \sin\theta \\ -\sin\theta & \cos\theta \end{pmatrix} \begin{pmatrix} \boldsymbol{e}_1 \\ \boldsymbol{e}_2 \end{pmatrix} \quad \cdots ⑥$$

これが基底変換を表わす式となります。ここで、R^2 のベクトル $\boldsymbol{x}$ の基底 $\boldsymbol{e}_1, \boldsymbol{e}_2$ による成分表示を $(x_1\ x_2)$、基底 $\boldsymbol{e}'_1, \boldsymbol{e}'_2$ による成分表示を $(x'_1\ x'_2)$ とすると、②、③より次の変換式を得ます。

$$\begin{pmatrix} x'_1 \\ x'_2 \end{pmatrix} = \begin{pmatrix} \cos\theta & \sin\theta \\ -\sin\theta & \cos\theta \end{pmatrix} \begin{pmatrix} x_1 \\ x_2 \end{pmatrix} \quad \cdots ⑦$$

ここで、⑦式の応用として、直交座標軸の θ 回転によって、グラフの方程式がどのように変化するかを放物線を例にして調べてみましょう。

基底 $\boldsymbol{e}_1, \boldsymbol{e}_2$ で定まる x_1x_2 直交座標平面における方程式が $x_2 = {x_1}^2$ で表わされるグラフ（放物線）を考えます。

これが、基底 $\boldsymbol{e}'_1, \boldsymbol{e}'_2$ で定まる $x'_1x'_2$ 直交座標平面ではどういう方程式で表わされるか調べてみましょう。

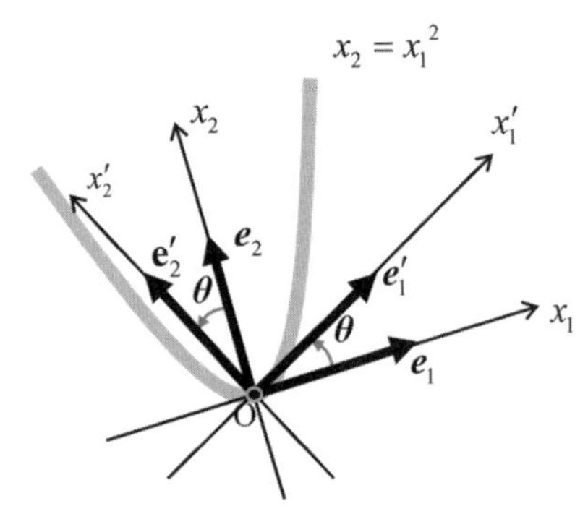

⑦に $\begin{pmatrix} \cos\theta & \sin\theta \\ -\sin\theta & \cos\theta \end{pmatrix}$ の逆行列を左から掛けることにより、

$$\begin{pmatrix} x_1 \\ x_2 \end{pmatrix} = \begin{pmatrix} \cos\theta & -\sin\theta \\ \sin\theta & \cos\theta \end{pmatrix} \begin{pmatrix} x'_1 \\ x'_2 \end{pmatrix}$$

ゆえに $\begin{cases} x_1 = x_1'\cos\theta - x_2'\sin\theta \\ x_2 = x_1'\sin\theta + x_2'\cos\theta \end{cases}$

これを $x_2 = {x_1}^2$ に代入すると

$$x_1'\sin\theta + x_2'\cos\theta = (x_1'\cos\theta - x_2'\sin\theta)^2 \quad \cdots ⑧$$

これが、$x_1'x_2'$ 座標平面での放物線の方程式になります。

例えば、$\theta = \pi/6$ のとき⑧は　$2x_1' + 2\sqrt{3}x_2' = 3{x_1'}^2 - 2\sqrt{3}x_1'x_2' + {x_2'}^2$

$\theta = \pi/2$ のとき⑧は　$x_1' = {x_2'}^2$

となります。

（注）　⑥は右図から次のように導かれます。

$$e_1' = (\cos\theta)e_1 + (\sin\theta)e_2$$
$$e_2' = -(\sin\theta)e_1 + (\cos\theta)e_2$$

これを行列で表現すると

$$\begin{pmatrix} e_1' \\ e_2' \end{pmatrix} = \begin{pmatrix} \cos\theta & \sin\theta \\ -\sin\theta & \cos\theta \end{pmatrix}\begin{pmatrix} e_1 \\ e_2 \end{pmatrix}$$

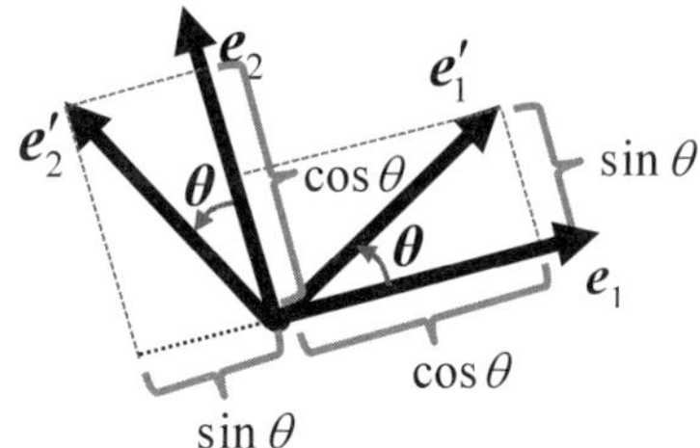

<MEMO>　基底変換は正則１次変換

n 次元ベクトル空間 V における２組の基底をそれぞれ

$$v_1, v_2, \cdots, v_n \quad と \quad v_1', v_2', \cdots, v_n'$$

とすれば、基底の性質から一方の基底の各ベクトルは他方の基底のベクトルの１次結合で必ず書けます。

$$\begin{pmatrix} v_1' \\ v_2' \\ \vdots \\ v_n' \end{pmatrix} = \begin{pmatrix} a_{11} & a_{12} & \cdots & a_{1n} \\ a_{21} & a_{22} & \cdots & a_{2n} \\ \vdots & \vdots & \vdots & \vdots \\ a_{n1} & a_{n2} & \cdots & a_{nn} \end{pmatrix}\begin{pmatrix} v_1 \\ v_2 \\ \vdots \\ v_n \end{pmatrix} 、 \quad \begin{pmatrix} v_1 \\ v_2 \\ \vdots \\ v_n \end{pmatrix} = \begin{pmatrix} b_{11} & b_{12} & \cdots & b_{1n} \\ b_{21} & b_{22} & \cdots & b_{2n} \\ \vdots & \vdots & \vdots & \vdots \\ b_{n1} & b_{n2} & \cdots & b_{nn} \end{pmatrix}\begin{pmatrix} v_1' \\ v_2' \\ \vdots \\ v_n' \end{pmatrix}$$

上記の２つの等式の右辺の n 次正方行列を A、B とすれば、これらはお互いに逆行列であることがわかります。したがって、基底変換は正則１次変換であることがわかります。

<MEMO>　ベクトルの歴史

線分による大きさの表現については古代ギリシャの数学に見ることができます。ある意味では矢線ベクトルの萌芽とも考えられますが、有効線分には至っていません。その後、いろいろな紆余曲折を経て、ほぼ19世紀に本書で紹介したベクトルの考えに到達したと考えられます。

- 物理における力の直観的イメージを表現するために有効線分を利用した。
  - レオナルド・ダ・ヴィンチ（イタリア：1452〜1519）
  - ガリレオ・ガリレイ（イタリア：1564〜1642）
  - ヨハネス・ケプラー（ドイツ：1571〜1630）
- G.ライプニッツ（ドイツ：1646〜1716）がホイヘンス（オランダ：1629〜1695）に宛てた手紙（1679年）の中に幾何学的ベクトル（矢線ベクトル）らしきものが見出される。
- W.ハミルトン（アイルランド：1805〜1865）がはじめて「ベクトル」という用語を採用。ほぼ、同時期にH.グラスマン（ドイツ：1809〜1877）もハミルトンとは独立にベクトルの概念に到達。両者ともにスカラー積（内積）、ベクトル積（外積）に言及。
- J.ギッブス（米：1839〜1903）が『ベクトル解析の基礎』を執筆（1881〜1884）

第7章　連立方程式

$$\begin{pmatrix} a_{11} & a_{12} & \cdots & a_{1n} \\ a_{21} & a_{22} & \cdots & a_{2n} \\ \vdots & \vdots & \vdots & \vdots \\ a_{n1} & a_{n2} & \cdots & a_{nn} \end{pmatrix} \begin{pmatrix} x_1 \\ x_2 \\ \vdots \\ x_n \end{pmatrix} = \begin{pmatrix} b_1 \\ b_2 \\ \vdots \\ b_n \end{pmatrix}$$

連立方程式は行列、行列式と密接に結びついています。したがって、行列や行列式を扱ったそれぞれの章ですでに連立方程式についてすでに言及しています。
この章では、バラバラに扱った連立方程式を統一した観点で眺めることにしました。他章とダブルこともありますがお許しください。

7-1 特殊な連立方程式の解

未知数の個数と方程式の個数が n に等しい n 元連立1次方程式

$$\begin{cases} a_{11}x_1 + a_{12}x_2 + \cdots + a_{1n}x_n = b_1 \\ a_{21}x_1 + a_{22}x_2 + \cdots + a_{2n}x_n = b_2 \\ \cdots\cdots\cdots\cdots\cdots\cdots\cdots\cdots \\ a_{n1}x_1 + a_{n2}x_2 + \cdots + a_{nn}x_n = b_n \end{cases}$$

つまり、$\begin{pmatrix} a_{11} & a_{12} & \cdots & a_{1n} \\ a_{21} & a_{22} & \cdots & a_{2n} \\ \vdots & \vdots & \vdots & \vdots \\ a_{n1} & a_{n2} & \cdots & a_{nn} \end{pmatrix} \begin{pmatrix} x_1 \\ x_2 \\ \vdots \\ x_n \end{pmatrix} = \begin{pmatrix} b_1 \\ b_2 \\ \vdots \\ b_n \end{pmatrix}$ の解は

$$\begin{pmatrix} x_1 \\ x_2 \\ \vdots \\ x_n \end{pmatrix} = \begin{pmatrix} a_{11} & a_{12} & \cdots & a_{1n} \\ a_{21} & a_{22} & \cdots & a_{2n} \\ \vdots & \vdots & \vdots & \vdots \\ a_{n1} & a_{n2} & \cdots & a_{nn} \end{pmatrix}^{\mathbf{-1}} \begin{pmatrix} b_1 \\ b_2 \\ \vdots \\ b_n \end{pmatrix}$$

ただし、$\begin{vmatrix} a_{11} & a_{12} & \cdots & a_{1n} \\ a_{21} & a_{22} & \cdots & a_{2n} \\ \vdots & \vdots & \vdots & \vdots \\ a_{n1} & a_{n2} & \cdots & a_{nn} \end{vmatrix} \neq 0$

何だか複雑そうだけど、行列を一文字で表現すれば次のようにスッキリします。

$$AX = B \,,\, |A| \neq 0 \;\Rightarrow\; X = A^{-1}B$$

ただし、 $A = \begin{pmatrix} a_{11} & a_{12} & \cdots & a_{1n} \\ a_{21} & a_{22} & \cdots & a_{2n} \\ \vdots & \vdots & \vdots & \vdots \\ a_{n1} & a_{n2} & \cdots & a_{nn} \end{pmatrix}$, $X = \begin{pmatrix} x_1 \\ x_2 \\ \vdots \\ x_n \end{pmatrix}$, $B = \begin{pmatrix} b_1 \\ b_2 \\ \vdots \\ b_n \end{pmatrix}$

n 元連立1次方程式の解き方は、行列で表現すると、単なる1次方程式 $ax = b$ の解き方（下記）と同じですね。

$$ax = b \,,\, a \neq 0 \;\Rightarrow\; x = a^{-1}b \quad \left(= \frac{b}{a}\right)$$

ただ、行列では $A^{-1}B = \dfrac{B}{A}$ とはならないことに注意してください。
行列では和、差、積は定義しましたが、商は定義しませんでした。

なぜ定義しなかったのか気になります（§7-2 参照）。

第7章 連立方程式

〔解説〕 行列を使うことによって n 元連立1次方程式は、未知数が1つの方程式 $ax=b$ と同じ原理で解くことができるようになります。ただ、ここで紹介した解法はあくまでも理論的に解けることを示しただけです。これを使って実際の連立方程式を解くのは大変です。なぜならば、未知数の係数からなる行列 A の逆行列は、

$$A^{-1}=\frac{1}{|A|}\begin{pmatrix} A_{11} & A_{21} & \cdots & A_{n1} \\ A_{12} & A_{22} & \cdots & A_{n2} \\ \vdots & \vdots & \vdots & \vdots \\ A_{1n} & A_{2n} & \cdots & A_{nn} \end{pmatrix}$$
（A_{ij} は行列式 $|A|$ の a_{ij} の余因数）

となり、至る所で、何回も行列式の計算を強いられるからです。

例えば、3 元連立1次方程式 $\begin{pmatrix} a_{11} & a_{12} & a_{13} \\ a_{21} & a_{22} & a_{23} \\ a_{31} & a_{32} & a_{33} \end{pmatrix}\begin{pmatrix} x_1 \\ x_2 \\ x_3 \end{pmatrix}=\begin{pmatrix} b_1 \\ b_2 \\ b_3 \end{pmatrix}$ でさえも、その解を求めるには下記のようにたくさんの行列式の計算をすることになります。

$$\begin{pmatrix} x_1 \\ x_2 \\ x_3 \end{pmatrix}=\frac{1}{|A|}\begin{pmatrix} A_{11} & A_{21} & A_{31} \\ A_{12} & A_{22} & A_{32} \\ A_{13} & A_{23} & A_{33} \end{pmatrix}\begin{pmatrix} b_1 \\ b_2 \\ b_3 \end{pmatrix}$$

$$=\frac{1}{|A|}\begin{pmatrix} (-1)^{1+1}\begin{vmatrix} a_{22} & a_{23} \\ a_{32} & a_{33} \end{vmatrix} & (-1)^{2+1}\begin{vmatrix} a_{12} & a_{13} \\ a_{32} & a_{33} \end{vmatrix} & (-1)^{3+1}\begin{vmatrix} a_{12} & a_{13} \\ a_{22} & a_{23} \end{vmatrix} \\ (-1)^{1+2}\begin{vmatrix} a_{21} & a_{23} \\ a_{31} & a_{33} \end{vmatrix} & (-1)^{2+2}\begin{vmatrix} a_{11} & a_{13} \\ a_{31} & a_{33} \end{vmatrix} & (-1)^{3+2}\begin{vmatrix} a_{11} & a_{13} \\ a_{21} & a_{23} \end{vmatrix} \\ (-1)^{1+3}\begin{vmatrix} a_{21} & a_{22} \\ a_{31} & a_{32} \end{vmatrix} & (-1)^{2+3}\begin{vmatrix} a_{11} & a_{12} \\ a_{31} & a_{32} \end{vmatrix} & (-1)^{3+3}\begin{vmatrix} a_{11} & a_{12} \\ a_{21} & a_{22} \end{vmatrix} \end{pmatrix}\begin{pmatrix} b_1 \\ b_2 \\ b_3 \end{pmatrix} \quad \cdots①$$

ただし、$A=(a_{ij})$

〔例〕 次の連立方程式を先の公式を用いて解いてみましょう。

$$\begin{cases} 3x+2y-2z=2 \\ 4x-5y-z=0 \\ 2x+y+3z=14 \end{cases}$$

（解）　$A=\begin{pmatrix} a_{11} & a_{12} & a_{13} \\ a_{21} & a_{22} & a_{23} \\ a_{31} & a_{32} & a_{33} \end{pmatrix}=\begin{pmatrix} 3 & 2 & -2 \\ 4 & -5 & -1 \\ 2 & 1 & 3 \end{pmatrix}$ とします。

すると、$|A|=\begin{vmatrix} 3 & 2 & -2 \\ 4 & -5 & -1 \\ 2 & 1 & 3 \end{vmatrix}=-98$ 　　……　サラスの方法など利用

これと①より、

$$\begin{pmatrix} x_1 \\ x_2 \\ x_3 \end{pmatrix}=\frac{1}{-98}\begin{pmatrix} A_{11} & A_{21} & A_{31} \\ A_{12} & A_{22} & A_{32} \\ A_{13} & A_{23} & A_{33} \end{pmatrix}\begin{pmatrix} 2 \\ 0 \\ 14 \end{pmatrix}$$

$$=\frac{-1}{98}\begin{pmatrix} (-1)^{1+1}\begin{vmatrix} -5 & -1 \\ 1 & 3 \end{vmatrix} & (-1)^{2+1}\begin{vmatrix} 2 & -2 \\ 1 & 3 \end{vmatrix} & (-1)^{3+1}\begin{vmatrix} 2 & -2 \\ -5 & -1 \end{vmatrix} \\ (-1)^{1+2}\begin{vmatrix} 4 & -1 \\ 2 & 3 \end{vmatrix} & (-1)^{2+2}\begin{vmatrix} 3 & -2 \\ 2 & 3 \end{vmatrix} & (-1)^{3+2}\begin{vmatrix} 3 & -2 \\ 4 & -1 \end{vmatrix} \\ (-1)^{1+3}\begin{vmatrix} 4 & -5 \\ 2 & 1 \end{vmatrix} & (-1)^{2+3}\begin{vmatrix} 3 & 2 \\ 2 & 1 \end{vmatrix} & (-1)^{3+3}\begin{vmatrix} 3 & 2 \\ 4 & -5 \end{vmatrix} \end{pmatrix}\begin{pmatrix} 2 \\ 0 \\ 14 \end{pmatrix}$$

$$=\frac{-1}{98}\begin{pmatrix} -14 & -8 & -12 \\ -14 & 13 & -5 \\ 14 & 1 & -23 \end{pmatrix}\begin{pmatrix} 2 \\ 0 \\ 14 \end{pmatrix}=\frac{-1}{98}\begin{pmatrix} -196 \\ -98 \\ -294 \end{pmatrix}=\begin{pmatrix} 2 \\ 1 \\ 3 \end{pmatrix}$$

一応、解を得ることができましたが、この連立方程式を解くだけならば、掃き出し法（加減法）などを利用するほうがずっと簡単です。

7-2 クラーメルの公式

未知数の個数と方程式の個数が n に等しい n 元連立 1 次方程式

$$\begin{cases} a_{11}x_1 + a_{12}x_2 + \cdots + a_{1n}x_n = b_1 \\ a_{21}x_1 + a_{22}x_2 + \cdots + a_{2n}x_n = b_2 \\ \cdots\cdots\cdots\cdots\cdots\cdots\cdots\cdots\cdots \\ a_{n1}x_1 + a_{n2}x_2 + \cdots + a_{nn}x_n = b_n \end{cases}$$

つまり $\begin{pmatrix} a_{11} & a_{12} & \cdots & a_{1n} \\ a_{21} & a_{22} & \cdots & a_{2n} \\ \vdots & \vdots & \vdots & \vdots \\ a_{n1} & a_{n2} & \cdots & a_{nn} \end{pmatrix} \begin{pmatrix} x_1 \\ x_2 \\ \vdots \\ x_n \end{pmatrix} = \begin{pmatrix} b_1 \\ b_2 \\ \vdots \\ b_n \end{pmatrix}$ の解は

$$x_1 = \frac{\begin{vmatrix} b_1 & a_{12} & \cdots & a_{1n} \\ b_2 & a_{22} & \cdots & a_{2n} \\ \vdots & \vdots & \vdots & \vdots \\ b_n & a_{n2} & \cdots & a_{nn} \end{vmatrix}}{\begin{vmatrix} a_{11} & a_{12} & \cdots & a_{1n} \\ a_{21} & a_{22} & \cdots & a_{2n} \\ \vdots & \vdots & \vdots & \vdots \\ a_{n1} & a_{n2} & \cdots & a_{nn} \end{vmatrix}},\ x_2 = \frac{\begin{vmatrix} a_{11} & b_1 & \cdots & a_{1n} \\ a_{21} & b_2 & \cdots & a_{2n} \\ \vdots & \vdots & \vdots & \vdots \\ a_{n1} & b_n & \cdots & a_{nn} \end{vmatrix}}{\begin{vmatrix} a_{11} & a_{12} & \cdots & a_{1n} \\ a_{21} & a_{22} & \cdots & a_{2n} \\ \vdots & \vdots & \vdots & \vdots \\ a_{n1} & a_{n2} & \cdots & a_{nn} \end{vmatrix}}, \cdots, x_n = \frac{\begin{vmatrix} a_{11} & a_{12} & \cdots & b_1 \\ a_{21} & a_{22} & \cdots & b_2 \\ \vdots & \vdots & \vdots & \vdots \\ a_{n1} & a_{n2} & \cdots & b_n \end{vmatrix}}{\begin{vmatrix} a_{11} & a_{12} & \cdots & a_{1n} \\ a_{21} & a_{22} & \cdots & a_{2n} \\ \vdots & \vdots & \vdots & \vdots \\ a_{n1} & a_{n2} & \cdots & a_{nn} \end{vmatrix}}$$

ただし、$\begin{vmatrix} a_{11} & a_{12} & \cdots & a_{1n} \\ a_{21} & a_{22} & \cdots & a_{2n} \\ \vdots & \vdots & \vdots & \vdots \\ a_{n1} & a_{n2} & \cdots & a_{nn} \end{vmatrix} \neq 0$

これを**クラーメルの公式**という。

レッスン

公式というと前ページのように「…」などが多用され、この部分を想像するのに疲れます。でも、下記の未知数が 3 個の例がわかればこれで十分です。

3 元連立 1 次方程式 $\begin{cases} a_{11}x_1 + a_{12}x_2 + a_{13}x_3 = b_1 \\ a_{21}x_1 + a_{22}x_2 + a_{23}x_3 = b_2 \\ a_{31}x_1 + a_{32}x_2 + a_{33}x_3 = b_3 \end{cases}$

つまり、 $\begin{pmatrix} a_{11} & a_{12} & a_{13} \\ a_{21} & a_{22} & a_{23} \\ a_{31} & a_{32} & a_{33} \end{pmatrix}\begin{pmatrix} x_1 \\ x_2 \\ x_3 \end{pmatrix} = \begin{pmatrix} b_1 \\ b_2 \\ b_3 \end{pmatrix}$ の解は

$$x_1 = \frac{\begin{vmatrix} b_1 & a_{12} & a_{13} \\ b_2 & a_{22} & a_{23} \\ b_3 & a_{32} & a_{33} \end{vmatrix}}{\begin{vmatrix} a_{11} & a_{12} & a_{13} \\ a_{21} & a_{22} & a_{23} \\ a_{31} & a_{32} & a_{33} \end{vmatrix}}, \quad x_2 = \frac{\begin{vmatrix} a_{11} & b_1 & a_{13} \\ a_{21} & b_2 & a_{23} \\ a_{31} & b_3 & a_{33} \end{vmatrix}}{\begin{vmatrix} a_{11} & a_{12} & a_{13} \\ a_{21} & a_{22} & a_{23} \\ a_{31} & a_{32} & a_{33} \end{vmatrix}}, \quad x_3 = \frac{\begin{vmatrix} a_{11} & a_{12} & b_1 \\ a_{21} & a_{22} & b_2 \\ a_{31} & a_{32} & b_3 \end{vmatrix}}{\begin{vmatrix} a_{11} & a_{12} & a_{13} \\ a_{21} & a_{22} & a_{23} \\ a_{31} & a_{32} & a_{33} \end{vmatrix}}$$

この例から、未知数が n 個の一般の場合の解が容易に想像できます。

〔解説〕 このクラーメルの公式によって未知数の個数、方程式の個数がともに n 個である n 元連立 1 次方程式は、未知数の係数からなる n 次正方行列 $A=(a_{ij})$ の行列式 $|A|$ が 0 でなければ解は必ず求められます。しかし、行列式の計算は一般にはかなり大変なので、実際に利用する観点

からすると、この公式はそれほど便利とはいえないようです。

なお、クラーメルの公式の成立理由ですが、ここでは、$n=3$ の場合について調べてみます。その他の n についてもここでの論法は使えます。

(注) クラーメル(Cramer:1704-1752)はスイスの数学者。

$$\begin{pmatrix} a_{11} & a_{12} & a_{13} \\ a_{21} & a_{22} & a_{23} \\ a_{31} & a_{32} & a_{33} \end{pmatrix}\begin{pmatrix} x_1 \\ x_2 \\ x_3 \end{pmatrix}=\begin{pmatrix} b_1 \\ b_2 \\ b_3 \end{pmatrix}$$ …①から x_1, x_2, x_3 を求めてみましょう。

①の左辺の正方行列を A とします。つまり、$A=\begin{pmatrix} a_{11} & a_{12} & a_{13} \\ a_{21} & a_{22} & a_{23} \\ a_{31} & a_{32} & a_{33} \end{pmatrix}$

①の両辺に A の逆行列 A^{-1} を左から掛けます。すると、

$$\begin{pmatrix} x_1 \\ x_2 \\ x_3 \end{pmatrix}=\begin{pmatrix} a_{11} & a_{12} & a_{13} \\ a_{21} & a_{22} & a_{23} \\ a_{31} & a_{32} & a_{33} \end{pmatrix}^{-1}\begin{pmatrix} b_1 \\ b_2 \\ b_3 \end{pmatrix} \quad \cdots②$$

ここで、逆行列の公式から

$$\begin{pmatrix} a_{11} & a_{12} & a_{13} \\ a_{21} & a_{22} & a_{23} \\ a_{31} & a_{32} & a_{33} \end{pmatrix}^{-1}=\frac{1}{|A|}\begin{pmatrix} A_{11} & A_{21} & A_{31} \\ A_{12} & A_{22} & A_{32} \\ A_{13} & A_{23} & A_{33} \end{pmatrix} \quad \cdots③$$

ただし、A_{ij} は行列式 $|A|$ の成分 a_{ij} の余因数(§4-3)です。すると、

②、③より次の式が成立します。

$$\begin{pmatrix} x_1 \\ x_2 \\ x_3 \end{pmatrix}=\frac{1}{|A|}\begin{pmatrix} A_{11} & A_{21} & A_{31} \\ A_{12} & A_{22} & A_{32} \\ A_{13} & A_{23} & A_{33} \end{pmatrix}\begin{pmatrix} b_1 \\ b_2 \\ b_3 \end{pmatrix}$$

ゆえに、　$$x_1 = \frac{1}{|A|}(A_{11}b_1 + A_{21}b_2 + A_{31}b_3) = \frac{\begin{vmatrix} b_1 & a_{12} & a_{13} \\ b_2 & a_{22} & a_{23} \\ b_3 & a_{32} & a_{33} \end{vmatrix}}{|A|}$$

（注）　A_{11}, A_{21}, A_{31}は行列式$|A|$の成分a_{11}, a_{21}, a_{31}の余因数であることより、

$$A_{11} = (-1)^{1+1}\begin{vmatrix} a_{22} & a_{23} \\ a_{32} & a_{33} \end{vmatrix}, A_{21} = (-1)^{2+1}\begin{vmatrix} a_{12} & a_{13} \\ a_{32} & a_{33} \end{vmatrix}, A_{31} = (-1)^{3+1}\begin{vmatrix} a_{12} & a_{13} \\ a_{22} & a_{23} \end{vmatrix}$$

ゆえに、$$\begin{vmatrix} b_1 & a_{21} & a_{13} \\ b_2 & a_{22} & a_{23} \\ b_3 & a_{32} & a_{33} \end{vmatrix} = b_1(-1)^{1+1}\begin{vmatrix} a_{22} & a_{23} \\ a_{32} & a_{33} \end{vmatrix} + b_2(-1)^{2+1}\begin{vmatrix} a_{12} & a_{13} \\ a_{32} & a_{33} \end{vmatrix} + b_3(-1)^{3+1}\begin{vmatrix} a_{12} & a_{13} \\ a_{22} & a_{23} \end{vmatrix}$$

$$= b_1A_{11} + b_2A_{21} + b_3A_{31}$$

同様にしてx_2, x_3を導くことができます。

＜MEMO＞　なぜ行列では商（割り算）を定義しないのか

行列の割り算は定義されていません。しかし、「割るということは逆数（逆元）を掛けることだ」と考えると、次のように、行列Aが正則であるとき、行列Bを行列Aで割ることができます。

$AX = B$　のとき　$A^{-1}(AX) = A^{-1}B$　よって　$X = A^{-1}B$

$XA = B$　のとき　$(XA)A^{-1} = BA^{-1}$　よって　$X = BA^{-1}$

ここで、行列の積では交換法則が成立しないので、$A^{-1}B$とBA^{-1}は一般には等しくありません。つまり、商が一意的に決まらないのです。

例えば、$A = \begin{pmatrix} 1 & 2 \\ 2 & 3 \end{pmatrix}$、$B = \begin{pmatrix} 1 & 2 \\ 3 & 4 \end{pmatrix}$のとき

$$A^{-1}B = \begin{pmatrix} -3 & 2 \\ 2 & -1 \end{pmatrix}\begin{pmatrix} 1 & 2 \\ 3 & 4 \end{pmatrix} = \begin{pmatrix} 3 & 2 \\ -1 & 0 \end{pmatrix}、BA^{-1} = \begin{pmatrix} 1 & 2 \\ 3 & 4 \end{pmatrix}\begin{pmatrix} -3 & 2 \\ 2 & -1 \end{pmatrix} = \begin{pmatrix} 1 & 0 \\ -1 & 2 \end{pmatrix}$$

そのため、(イ)や(ロ)を$X = \frac{B}{A}$と表現することには問題があります。

7-3 係数行列と拡大係数行列

n 元連立１次方程式を一般に論じるとき、**係数行列**と**拡大係数行列**（添加行列）に着目すると便利である。

レッスン

n 元連立1次方程式は、未知数の個数 n と方程式の個数 m が等しいとは限りません。

$$\begin{cases} a_{11}x_1 + a_{12}x_2 + \cdots + a_{1n}x_n = b_1 \\ a_{21}x_1 + a_{22}x_2 + \cdots + a_{2n}x_n = b_2 \\ \cdots\cdots\cdots\cdots\cdots\cdots\cdots\cdots\cdots \\ \cdots\cdots\cdots\cdots\cdots\cdots\cdots\cdots\cdots \\ a_{m1}x_1 + a_{m2}x_2 + \cdots + a_{mn}x_n = b_m \end{cases}$$

行列で表現すると、そのことが顕著になりますね。

$$\begin{pmatrix} a_{11} & a_{12} & \cdots & a_{1n} \\ a_{21} & a_{22} & \cdots & a_{2n} \\ \vdots & \vdots & \vdots & \vdots \\ \vdots & \vdots & \vdots & \vdots \\ a_{m1} & a_{m2} & \cdots & a_{mn} \end{pmatrix} \begin{pmatrix} x_1 \\ x_2 \\ \vdots \\ x_n \end{pmatrix} = \begin{pmatrix} b_1 \\ b_2 \\ \vdots \\ \vdots \\ b_m \end{pmatrix}$$

行数が違う!!

このとき、左辺の未知数 $x_1, x_2, \cdots, x_n$ の係数からなる行列を「**係数行列**」、これに右辺の 1 列を添加した行列を「**拡大係数行列**」（添加行列）といいます。

$$A=\begin{pmatrix} a_{11} & a_{12} & \cdots & a_{1n} \\ a_{21} & a_{22} & \cdots & a_{2n} \\ \vdots & \vdots & \vdots & \vdots \\ \vdots & \vdots & \vdots & \vdots \\ a_{m1} & a_{m2} & \cdots & a_{mn} \end{pmatrix}$$ …… **係数行列**

$$B=\begin{pmatrix} a_{11} & a_{12} & \cdots & a_{1n} & b_1 \\ a_{21} & a_{22} & \cdots & a_{2n} & b_2 \\ \vdots & \vdots & \vdots & \vdots & \vdots \\ \vdots & \vdots & \vdots & \vdots & \vdots \\ a_{m1} & a_{m2} & \cdots & a_{mn} & b_m \end{pmatrix}$$ …… **拡大係数行列**（添加行列）

〔解説〕 ここまでは、n 元連立１次方程式は未知数の個数と方程式の個数が等しい、という前提でその解法を紹介してきました。

次節からは、等しくない場合も含めて、もっと、一般的な視点で n 元連立１次方程式の解を調べます。このとき、係数行列や拡大係数行列（§3-8）という言葉を使うと便利なので、これらの用語を再び紹介しています。

〔例〕 連立方程式

$$\begin{cases} x-y+2z=1 \\ 2x-y+7z=2 \\ x-y+3z=3 \end{cases} \cdots ① \quad は \quad \begin{pmatrix} 1 & -1 & 2 \\ 2 & -1 & 7 \\ 1 & -1 & 3 \end{pmatrix}\begin{pmatrix} x \\ y \\ z \end{pmatrix}=\begin{pmatrix} 1 \\ 2 \\ 3 \end{pmatrix} \cdots ②$$

と書けます。したがって、

$$\begin{pmatrix} 1 & -1 & 2 \\ 2 & -1 & 7 \\ 1 & -1 & 3 \end{pmatrix} \cdots ①の係数行列、\begin{pmatrix} 1 & -1 & 2 & 1 \\ 2 & -1 & 7 & 2 \\ 1 & -1 & 3 & 3 \end{pmatrix} \cdots ①の拡大係数行列$$

第7章 連立方程式

7-4 同次連立1次方程式

n 元連立 1 次方程式においてどの方程式の定数項も 0 であるとき、これを**同次連立 1 次方程式**という。

n 個の未知数 $x_1, x_2, \cdots, x_n$ についての同次連立 1 次方程式は、つねに、

$$(x_1, x_2, \cdots, x_n) = (0, 0, \cdots, 0)$$

という解をもつ。この解を**自明な解**という。

レッスン

連立1次方程式は、一般に次のように書けます。ここで、未知数の個数 n と方程式の個数 m が等しいとは限りません。

$$\begin{cases} a_{11}x_1 + a_{12}x_2 + \cdots + a_{1n}x_n = b_1 \\ a_{21}x_1 + a_{22}x_2 + \cdots + a_{2n}x_n = b_2 \\ \cdots\cdots\cdots\cdots\cdots\cdots\cdots\cdots \\ \cdots\cdots\cdots\cdots\cdots\cdots\cdots\cdots \\ a_{m1}x_1 + a_{m2}x_2 + \cdots + a_{mn}x_n = b_m \end{cases}$$

$\cdots$ **連立 1 次方程式**

この方程式において $b_1 = b_2 = \cdots = b_m = 0$ の場合が同次連立1次方程式なのですね。

$$\begin{cases} a_{11}x_1 + a_{12}x_2 + \cdots + a_{1n}x_n = 0 \\ a_{21}x_1 + a_{22}x_2 + \cdots + a_{2n}x_n = 0 \\ \cdots\cdots\cdots\cdots\cdots\cdots\cdots\cdots \\ \cdots\cdots\cdots\cdots\cdots\cdots\cdots\cdots \\ a_{m1}x_1 + a_{m2}x_2 + \cdots + a_{mn}x_n = 0 \end{cases}$$

$\cdots$① **同次連立 1 次方程式**

同次連立1次方程式を行列で表わせば次のようになります。

$$\begin{pmatrix} a_{11} & a_{12} & \cdots & a_{1n} \\ a_{21} & a_{22} & \cdots & a_{2n} \\ \vdots & \vdots & \vdots & \vdots \\ \vdots & \vdots & \vdots & \vdots \\ a_{m1} & a_{m2} & \cdots & a_{mn} \end{pmatrix} \begin{pmatrix} x_1 \\ x_2 \\ \vdots \\ x_n \end{pmatrix} = \begin{pmatrix} 0 \\ 0 \\ \vdots \\ \vdots \\ 0 \end{pmatrix} \cdots ②$$ **同次連立１次方程式**

〔解説〕 n 個の未知数 $x_1, x_2, \cdots, x_n$ についての同次連立１次方程式が $(x_1, x_2, \cdots, x_n) = (0, 0, \cdots, 0)$ を解としてもつことは、①式または②式から**明らかです**。

$$\begin{array}{l} a_{11}0 + a_{12}0 + \cdots + a_{1n}0 = 0 \\ a_{21}0 + a_{22}0 + \cdots + a_{2n}0 = 0 \\ \cdots\cdots\cdots\cdots\cdots\cdots \\ \cdots\cdots\cdots\cdots\cdots\cdots \\ a_{m1}0 + a_{m2}0 + \cdots + a_{mn}0 = 0 \end{array} 、 \begin{pmatrix} a_{11} & a_{12} & \cdots & a_{1n} \\ a_{21} & a_{22} & \cdots & a_{2n} \\ \vdots & \vdots & \vdots & \vdots \\ \vdots & \vdots & \vdots & \vdots \\ a_{m1} & a_{m2} & \cdots & a_{mn} \end{pmatrix} \begin{pmatrix} 0 \\ 0 \\ \vdots \\ 0 \end{pmatrix} = \begin{pmatrix} 0 \\ 0 \\ \vdots \\ \vdots \\ 0 \end{pmatrix}$$

したがって、この解を**自明な解**といいます。

（注） 同次連立１次方程式は「自明な解」以外にも解をもつことがあります（§7-5）。

連立１次方程式の解と同次連立１次方程式の解は密接な関係にあります。このことについては、後の§7-6<MEMO>で紹介します。なお、同次連立１次方程式は**斉次連立１次方程式**とも呼ばれます。

〔例〕

方程式 $\begin{cases} x - y + 2z = 0 \\ 2x - y + 7z = 0 \\ x - y + 3z = 0 \end{cases}$ は同次連立１次方程式です。この解として少なくとも１つ　$(x, y, z) = (0, 0, 0)$ という自明な解があります。

7-5 同次連立1次方程式の解

n 個の未知数 $x_1, x_2, \cdots, x_n$ をもつ同次連立１次方程式の係数からなる行列を A とするとき、この方程式の解について次のことが成り立つ。

(1) $r(A) = n$ のとき　自明な解のみ

(2) $r(A) < n$ のとき　自明な解以外にも解をもつ

ただし、$r(A)$ は行列 A の階数（*rank*）を表わす。

レッスン

同次連立1次方程式は、一般に次のように書けます。ここで、未知数の個数 n と方程式の個数 m が等しいとは限りません。

$$\begin{pmatrix} a_{11} & a_{12} & \cdots & a_{1n} \\ a_{21} & a_{22} & \cdots & a_{2n} \\ \vdots & \vdots & \vdots & \vdots \\ \vdots & \vdots & \vdots & \vdots \\ a_{m1} & a_{m2} & \cdots & a_{mn} \end{pmatrix} \begin{pmatrix} x_1 \\ x_2 \\ \vdots \\ x_n \end{pmatrix} = \begin{pmatrix} 0 \\ 0 \\ \vdots \\ \vdots \\ 0 \end{pmatrix}$$

同次連立1次方程式の係数からなる行列 A とは次の行列のことですね？

$$A = \begin{pmatrix} a_{11} & a_{12} & \cdots & a_{1n} \\ a_{21} & a_{22} & \cdots & a_{2n} \\ \vdots & \vdots & \vdots & \vdots \\ \vdots & \vdots & \vdots & \vdots \\ a_{m1} & a_{m2} & \cdots & a_{mn} \end{pmatrix} \quad \cdots \quad \boldsymbol{m \times n} \text{ 行列}$$

$r(A)$ とは行列 A の1次独立な列ベクトルの最大個数のことです（§5-1）から、次のことがいえます。

$$\begin{pmatrix} a_{11} & a_{12} & \cdots & a_{1n} \\ a_{21} & a_{22} & \cdots & a_{2n} \\ \vdots & \vdots & \vdots & \vdots \\ \vdots & \vdots & \vdots & \vdots \\ a_{m1} & a_{m2} & \cdots & a_{mn} \end{pmatrix} \begin{pmatrix} x_1 \\ x_2 \\ \vdots \\ x_n \end{pmatrix} = \begin{pmatrix} 0 \\ 0 \\ \vdots \\ \vdots \\ 0 \end{pmatrix}$$

のとき、解は自明な解のみ

1次独立な列ベクトルの最大数は n

$$\begin{pmatrix} a_{11} & a_{12} & \cdots & a_{1n} \\ a_{21} & a_{22} & \cdots & a_{2n} \\ \vdots & \vdots & \vdots & \vdots \\ \vdots & \vdots & \vdots & \vdots \\ a_{m1} & a_{m2} & \cdots & a_{mn} \end{pmatrix} \begin{pmatrix} x_1 \\ x_2 \\ \vdots \\ x_n \end{pmatrix} = \begin{pmatrix} 0 \\ 0 \\ \vdots \\ \vdots \\ 0 \end{pmatrix}$$

のとき、自明な解以外に解をもつ

1次独立な列ベクトルの最大数は n より小

行列 A の階数が r のとき、1次独立な行ベクトルの最大個数も r になります。したがって次のように言い換えることができますね。

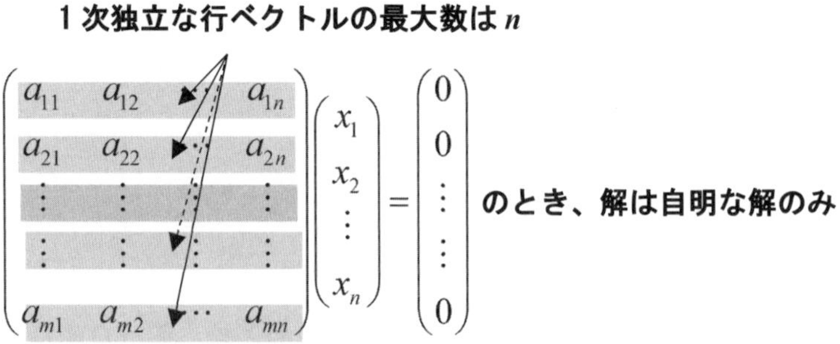

1次独立な行ベクトルの最大数は n

$$\begin{pmatrix} a_{11} & a_{12} & \cdots & a_{1n} \\ a_{21} & a_{22} & \cdots & a_{2n} \\ \vdots & \vdots & \vdots & \vdots \\ \vdots & \vdots & \vdots & \vdots \\ a_{m1} & a_{m2} & \cdots & a_{mn} \end{pmatrix} \begin{pmatrix} x_1 \\ x_2 \\ \vdots \\ x_n \end{pmatrix} = \begin{pmatrix} 0 \\ 0 \\ \vdots \\ \vdots \\ 0 \end{pmatrix}$$

のとき、解は自明な解のみ

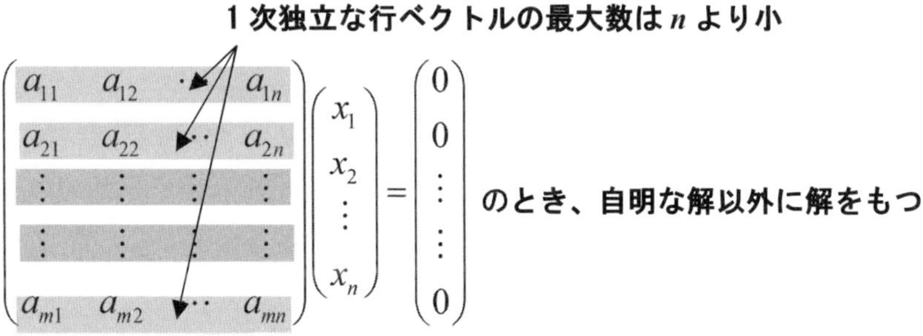

1次独立な行ベクトルの最大数は n より小

$$\begin{pmatrix} a_{11} & a_{12} & \cdots & a_{1n} \\ a_{21} & a_{22} & \cdots & a_{2n} \\ \vdots & \vdots & \vdots & \vdots \\ \vdots & \vdots & \vdots & \vdots \\ a_{m1} & a_{m2} & \cdots & a_{mn} \end{pmatrix} \begin{pmatrix} x_1 \\ x_2 \\ \vdots \\ x_n \end{pmatrix} = \begin{pmatrix} 0 \\ 0 \\ \vdots \\ \vdots \\ 0 \end{pmatrix}$$

のとき、自明な解以外に解をもつ

〔解説〕 n 個の未知数 $x_1, x_2, \cdots, x_n$ についての同次連立1次方程式は、必ず、自明な解 $(x_1, x_2, \cdots, x_n) = (0, 0, \cdots, 0)$ を解にもちます。この他にも解をもつかどうかを、係数からなる行列 A の階数によって判定したのが、冒頭の定理です。成立理由は次のようになります。

行列 A の階数が r であることより行列 A に階数を変えない基本変形（ⅰ）、（ⅱ）、（ⅲ）、（ⅳ）（§5-2）を施すと、行列 A は次の P' または Q' のいずれかの行列に変形することができます。ただし、行列 Q, Q' において記号「＊」は任意の数を意味します。

（注） 行列 A に階数を変えない基本変形(ⅰ)、(ⅱ)、(ⅲ)は与えられた連立方程式の解を変えない変形でもあります。

$$\begin{pmatrix} a_{11} & a_{12} & \cdots & a_{1n} \\ a_{21} & a_{22} & \cdots & a_{2n} \\ \vdots & \vdots & \vdots & \vdots \\ \vdots & \vdots & \vdots & \vdots \\ a_{m1} & a_{m2} & \cdots & a_{mn} \end{pmatrix} \begin{pmatrix} x_1 \\ x_2 \\ \vdots \\ x_n \end{pmatrix} = \begin{pmatrix} 0 \\ 0 \\ \vdots \\ \vdots \\ 0 \end{pmatrix}$$

$r(A)=n$ の場合　　　　**行列の基本変形**　　　　$r(A)$ の場合

$$P = \begin{pmatrix} a_1 & 0 & 0 & 0 & \cdots & 0 \\ 0 & a_2 & 0 & 0 & \cdots & 0 \\ 0 & 0 & a_3 & 0 & \cdots & 0 \\ 0 & 0 & 0 & a_4 & \ddots & \vdots \\ \vdots & \vdots & \vdots & \ddots & \ddots & 0 \\ 0 & 0 & 0 & \cdots & 0 & a_n \\ 0 & 0 & 0 & \cdots & \cdots & 0 \\ \vdots & \vdots & \vdots & \vdots & \vdots & \vdots \\ 0 & 0 & 0 & \cdots & \cdots & 0 \end{pmatrix}$$

$$Q = \begin{pmatrix} a_1 & 0 & \cdots & 0 & * & \cdots & * \\ 0 & a_2 & \ddots & \vdots & \vdots & \vdots & \vdots \\ \vdots & \ddots & \ddots & 0 & * & \cdots & * \\ 0 & \cdots & 0 & a_r & * & \cdots & * \\ 0 & \cdots & 0 & 0 & 0 & \cdots & 0 \\ 0 & \cdots & 0 & 0 & 0 & \cdots & 0 \\ \vdots & \vdots & \vdots & \vdots & \vdots & \vdots & \vdots \\ \vdots & \vdots & \vdots & \vdots & \vdots & \vdots & \vdots \\ 0 & \cdots & 0 & 0 & 0 & \cdots & 0 \end{pmatrix}$$

行列の基本変形

$$P' = \begin{pmatrix} 1 & 0 & 0 & 0 & \cdots & 0 \\ 0 & 1 & 0 & 0 & \cdots & 0 \\ 0 & 0 & 1 & 0 & \cdots & 0 \\ 0 & 0 & 0 & 1 & \ddots & \vdots \\ \vdots & \vdots & \vdots & \ddots & \ddots & 0 \\ 0 & 0 & 0 & \cdots & 0 & 1 \\ 0 & 0 & 0 & \cdots & \cdots & 0 \\ \vdots & \vdots & \vdots & \vdots & \vdots & \vdots \\ 0 & 0 & 0 & \cdots & \cdots & 0 \end{pmatrix}$$

$$Q' = \begin{pmatrix} 1 & 0 & \cdots & 0 & * & \cdots & * \\ 0 & 1 & \ddots & \vdots & \vdots & \vdots & \vdots \\ \vdots & \ddots & \ddots & 0 & * & \cdots & * \\ 0 & \cdots & 0 & 1 & * & \cdots & * \\ 0 & \cdots & 0 & 0 & 0 & \cdots & 0 \\ 0 & \cdots & 0 & 0 & 0 & \cdots & 0 \\ \vdots & \vdots & \vdots & \vdots & \vdots & \vdots & \vdots \\ \vdots & \vdots & \vdots & \vdots & \vdots & \vdots & \vdots \\ 0 & \cdots & 0 & 0 & 0 & \cdots & 0 \end{pmatrix}$$

それでは行列 A を階数を変えないまま基本変形した行列 P' と Q' をもとに冒頭の定理の成立を調べてみましょう。

行列 A によって表わされる同次連立１次方程式は次のようになります。

$$\begin{cases} a_{11}x_1 + a_{12}x_2 + \cdots + a_{1n}x_n = 0 \\ a_{21}x_1 + a_{22}x_2 + \cdots + a_{2n}x_n = 0 \\ \cdots\cdots\cdots\cdots\cdots\cdots \\ \cdots\cdots\cdots\cdots\cdots\cdots \\ a_{m1}x_1 + a_{m2}x_2 + \cdots + a_{mn}x_n = 0 \end{cases} \quad \cdots①$$

(1)　$r(A) = n$ のとき

このとき行列 A は基本変形によって行列 P' になります。行列 P' によって表わされる同次連立１次方程式は次のようになります。

$$\begin{cases} x_1 \qquad\qquad\qquad = 0 \\ \quad x_2 \qquad\qquad = 0 \\ \qquad \ddots \\ \qquad\qquad \ddots \\ \qquad\qquad\quad x_n = 0 \\ 0x_1 + 0x_2 + \cdots\cdots + 0x_n = 0 \\ \cdots\cdots\cdots\cdots\cdots\cdots \\ 0x_1 + 0x_2 + \cdots\cdots + 0x_n = 0 \end{cases}$$

この部分があるのは $m > n$ のとき

この方程式は自明な解 $(x_1, x_2, \cdots, x_n) = (0, 0, \cdots, 0)$ しか解をもてません。したがって、①も自明な解しかもちません。

(注)　行列の列を交換する基本変形を行なった場合は未知数の名前が変わりますが、解全体としては同じものと考えることができます。このことは次の(2)でも同様です。

(2)　$r(A)<n$ のとき

このとき行列 A は基本変形によって行列 Q' になります。行列 Q' によって表わされる同次連立１次方程式は次のようになります。

$$\begin{cases} x_1 \qquad\qquad + c_{1,r+1}x_{r+1} + \cdots + c_{1,n}x_n = 0 \\ \quad x_2 \qquad\quad + c_{2,r+1}x_{r+1} + \cdots + c_{2,n}x_n = 0 \\ \qquad \ddots \\ \qquad\qquad x_r + c_{r,r+1}x_{r+1} + \cdots + c_{r,n}x_n = 0 \\ 0 \cdot x_1 + \cdots + 0 \cdot x_r + 0 \cdot x_{r+1} + \cdots + 0 \cdot x_n = 0 \\ \cdots\cdots\cdots\cdots\cdots\cdots \\ 0 \cdot x_1 + \cdots + 0 \cdot x_r + 0 \cdot x_{r+1} + \cdots + 0 \cdot x_n = 0 \end{cases}$$

ただし、$c_{i,r+1}, c_{i,r+2}, \cdots, c_{i,n}$ $(i=1,2,\cdots,r)$ は定数

この部分があるのは $m>r$ のとき（最後の $0 \cdot x_1 + \cdots$ の行の部分）

この方程式は自明な解 $(x_1, x_2, \cdots, x_n) = (0, 0, \cdots, 0)$ の他にも、次の解をもちます。

$$\begin{cases} x_1 = -(c_{1,r+1}s_{r+1} + \cdots + c_{1,n}s_n) \\ x_2 = -(c_{2,r+1}s_{r+1} + \cdots + c_{2,n}s_n) \\ \cdots\cdots\cdots\cdots\cdots\cdots \\ x_r = -(c_{r,r+1}s_{r+1} + \cdots + c_{r,n}s_n) \\ x_{r+1} = s_{r+1} \\ \cdots\cdots\cdots\cdots\cdots\cdots \\ x_n = s_n \end{cases}$$

ただし、$s_{r+1}, s_{r+2}, \cdots, s_n$ は任意の数。

なお、「任意の数」の個数、つまり、上記の $s_{r+1}, s_{r+2}, \cdots, s_n$ の個数は $(n-r)$ 個となります。

(注)　行列 A が次の P'' または Q'' のように変形されることがありますが、これは P' または Q' の特別の場合と考えられます。

第7章 連立方程式

$$P'' = \begin{pmatrix} 1 & 0 & 0 & 0 & \cdots & 0 \\ 0 & 1 & 0 & 0 & \cdots & 0 \\ 0 & 0 & 1 & 0 & \cdots & 0 \\ 0 & 0 & 0 & 1 & \ddots & \vdots \\ \vdots & \vdots & \vdots & \vdots & \ddots & 0 \\ 0 & 0 & 0 & 0 & \cdots & 1 \end{pmatrix} \qquad Q'' = \begin{pmatrix} 1 & 0 & \cdots & 0 & * & \cdots & * \\ 0 & 1 & \ddots & \vdots & \vdots & \vdots & \vdots \\ \vdots & \ddots & \ddots & 0 & * & \cdots & * \\ 0 & \cdots & 0 & 1 & * & \cdots & * \end{pmatrix}$$

記号「＊」は任意の数を意味します。

〔例〕 次の連立方程式の解を調べてみましょう。

(1) $\begin{cases} x_1 - x_2 + x_3 = 0 \\ 3x_1 + 2x_2 - x_3 = 0 \\ 2x_1 + x_2 - 3x_3 = 0 \end{cases}$

(2) $\begin{cases} x_1 - x_2 + x_3 = 0 \\ 3x_1 + 2x_2 - x_3 = 0 \\ 2x_1 + x_2 - 3x_3 = 0 \\ x_1 + x_2 + x_3 = 0 \end{cases}$

(3) $\begin{cases} x_1 - x_2 + x_3 = 0 \\ 3x_1 + 2x_2 - x_3 = 0 \\ -x_1 + x_2 - x_3 = 0 \end{cases}$

(4) $\begin{cases} x_1 - x_2 + x_3 = 0 \\ 3x_1 + 2x_2 - x_3 = 0 \end{cases}$

(1)　未知数の係数からなる行列を A とすると　$A = \begin{pmatrix} 1 & -1 & 1 \\ 3 & 2 & -1 \\ 2 & 1 & -3 \end{pmatrix}$

ここで、$|A| = \begin{vmatrix} 1 & -1 & 1 \\ 3 & 2 & -1 \\ 2 & 1 & -3 \end{vmatrix} = \begin{vmatrix} 1 & -1 & 1 \\ 0 & 5 & -4 \\ 0 & 3 & -5 \end{vmatrix} = \begin{vmatrix} 5 & -4 \\ 3 & -5 \end{vmatrix} = -13 \neq 0$

よって、A の階数は 3 となります（§5-4）。

ゆえに、(1) の同次連立１次方程式の解は自明な解 $(x_1, x_2, x_3) = (0, 0, 0)$ のみです。

(2)　未知数の係数からなる行列を A とすると　$A=\begin{pmatrix}1 & -1 & 1\\ 3 & 2 & -1\\ 2 & 1 & -3\\ 1 & 1 & 1\end{pmatrix}$

ここで、A は 4×3 行列なので、階数は 3 以下です。また、(1) より 3 つの行ベクトル $(1,-1,1),(3,2,-1),(2,1,-3)$ は 1 次独立です。よって、行列 A の階数は 3 となります。ゆえに、(2) の同次連立 1 次方程式の解は自明な解 $(x_1,x_2,x_3)=(0,0,0)$ のみです。

(3)　未知数の係数からなる行列を A とすると　$A=\begin{pmatrix}1 & -1 & 1\\ 3 & 2 & -1\\ -1 & 1 & -1\end{pmatrix}$

ここで、A を基本変形した行列 $A'=\begin{pmatrix}1 & -1 & 1\\ 3 & 2 & -1\\ 0 & 0 & 0\end{pmatrix}$ の階数は 2 です。未知数の数 3 より小さいので、(3) は自明な解 $(x_1,x_2,x_3)=(0,0,0)$ 以外にも解をもちます。実際に解くと $(x_1,x_2,x_3)=(-t,4t,5t)$ となります。ただし、t は任意の数で $t=0$ のとき自明な解となります。

(注)　(3) の 1 つ目と 3 つ目の方程式は同じものです。

(4)　未知数の係数からなる行列を A とすると　$A=\begin{pmatrix}1 & -1 & 1\\ 3 & 2 & -1\end{pmatrix}$ となり、2 つの行ベクトルは 1 次独立なので、行列 A の階数は 2 となり未知数の数 3 より小さい。よって、(3) は自明な解 $(x_1,x_2,x_3)=(0,0,0)$ 以外にも解をもちます。解は (3) と同じ $(x_1,x_2,x_3)=(-t,4t,5t)$ となります。ただし、t は任意の数で $t=0$ のとき自明な解となります。

第7章
連立方程式

7-6 一般の連立1次方程式の解

n 個の未知数 $x_1, x_2, \cdots, x_n$ からなる連立１次方程式の係数行列を A、拡大係数行列を B するとき、この方程式が解をもつ条件は、

$$r(A) = r(B)$$

である。とくに、この連立方程式が一組だけ解をもつ条件は、

$$r(A) = r(B) = n$$

である。

レッスン

まずは、n 個の未知数 $x_1, x_2, \cdots, x_n$ からなる連立1次方程式とその**係数行列** A、**拡大係数行列** B を確認しておきましょう。

n 元連立１次方程式

$$\begin{cases} a_{11}x_1 + a_{12}x_2 + \cdots + a_{1n}x_n = b_1 \\ a_{21}x_1 + a_{22}x_2 + \cdots + a_{2n}x_n = b_2 \\ \cdots\cdots\cdots\cdots\cdots\cdots \\ \cdots\cdots\cdots\cdots\cdots\cdots \\ a_{m1}x_1 + a_{m2}x_2 + \cdots + a_{mn}x_n = b_m \end{cases}$$

***n* 個の未知数、*m* 個の方程式**

$$A = \begin{pmatrix} a_{11} & a_{12} & \cdots & a_{1n} \\ a_{21} & a_{22} & \cdots & a_{2n} \\ \vdots & \vdots & \vdots & \vdots \\ \vdots & \vdots & \vdots & \vdots \\ a_{m1} & a_{m2} & \cdots & a_{mn} \end{pmatrix} \qquad B = \begin{pmatrix} a_{11} & a_{12} & \cdots & a_{1n} & b_1 \\ a_{21} & a_{22} & \cdots & a_{2n} & b_2 \\ \vdots & \vdots & \vdots & \vdots & \vdots \\ \vdots & \vdots & \vdots & \vdots & \vdots \\ a_{m1} & a_{m2} & \cdots & a_{mn} & b_m \end{pmatrix}$$

係数行列　　　　**拡大係数行列**

係数行列 A と拡大係数行列 B の階数によって n 元連立1次方程式の解がどうなるのか決まるわけですね。

$$A=\begin{pmatrix} a_{11} & a_{12} & \cdots & a_{1n} \\ a_{21} & a_{22} & \cdots & a_{2n} \\ \vdots & \vdots & \vdots & \vdots \\ \vdots & \vdots & \vdots & \vdots \\ a_{m1} & a_{m2} & \cdots & a_{mn} \end{pmatrix} \qquad B=\begin{pmatrix} a_{11} & a_{12} & \cdots & a_{1n} & b_1 \\ a_{21} & a_{22} & \cdots & a_{2n} & b_2 \\ \vdots & \vdots & \vdots & \vdots & \vdots \\ \vdots & \vdots & \vdots & \vdots & \vdots \\ a_{m1} & a_{m2} & \cdots & a_{mn} & b_m \end{pmatrix}$$

係数行列　　　　拡大係数行列

階数 → $r(A)$　　　　階数 → $r(B)$

係数行列 A と拡大係数行列 B の階数を見れば次のように n 元連立1次方程式の解が分類できるのです。

- $r(A)=r(B)$
  - $r(A)=n$ … **ただ一組の解**
  - $r(A)\neq n$ … **不定（解は無数）**
- $r(A)\neq r(B)$ … **不能（解なし）**

〔解説〕 n 元連立１次方程式を解くと解がただ１組だったり、無数にあったり（不定）、また、まったく存在しなかったり（不能）といろいろです。このことを係数行列と拡大係数行列の階数に着目し、整理したのが上記の分類図です。

この分類の成立理由を行列の階数を変えない行列の基本変形（§5-2）を利用して調べてみることにしましょう。

(1) $r(A)=n$ のとき

拡大係数行列 B に行列の基本変形を施すと次の行列 P のように変形できます。

$$P=\begin{pmatrix} 1 & 0 & 0 & \cdots & 0 & d_1 \\ 0 & 1 & 0 & \cdots & 0 & d_2 \\ 0 & \ddots & 1 & \ddots & 0 & d_3 \\ 0 & \cdots & 0 & \ddots & 0 & \vdots \\ 0 & \cdots & 0 & 0 & 1 & d_n \\ 0 & 0 & 0 & \cdots & 0 & d_{n+1} \\ 0 & 0 & 0 & \cdots & 0 & d_{n+2} \\ \vdots & \vdots & \vdots & \vdots & \vdots & \vdots \\ 0 & 0 & 0 & \cdots & 0 & d_m \end{pmatrix}$$

……　$m\times(n+1)$ **行列**

……　$m>n$ **のとき存在**（第 $n+1$ 行〜第 m 行）

これに対応する n 元連立1次方程式は次のようになります。

$$\begin{cases} x_1 \qquad\qquad\qquad = d_1 \\ \quad x_2 \qquad\qquad = d_2 \\ \qquad \ddots \qquad\qquad \vdots \\ \qquad\quad \ddots \qquad \vdots \\ \qquad\qquad\quad x_n = d_n \\ 0x_1+0x_2+\cdots\cdots\cdots+0x_n=d_{n+1} \\ 0x_1+0x_2+\cdots\cdots\cdots+0x_n=d_{n+2} \\ \cdots\cdots\cdots\cdots\cdots\cdots\cdots\cdots\cdots \vdots \\ 0x_1+0x_2+\cdots\cdots\cdots+0x_n=d_m \end{cases}$$

これは $(d_{n+1},d_{n+2},\cdots,d_m)=(0,0,\cdots,0)$ のときに限り1組の解

$(x_1, x_2, \cdots, x_n) = (d_1, d_2, \cdots, d_n)$をもち、このとき$r(A) = r(B)$が成立しています。また、$(d_{n+1}, d_{n+2}, \cdots, d_m) \neq (0, 0, \cdots, 0)$のとき、つまり、

「$d_{n+1}, d_{n+2}, \cdots, d_m$の中に少なくとも1つ0でないものがある」

ときn元連立1次方程式は**不能**となります。なお、このときは$r(P) > n$、つまり、$r(B) > n$となり$r(A) \neq r(B)$が成立しています。

(2) $r(A) \neq n$のとき

$r(A) = r$とすると拡大係数行列Bに行列の基本変形を施すと次の行列Qのように変形できます。

$$Q = \begin{pmatrix} 1 & 0 & \cdots & 0 & * & \cdots & * & d_1 \\ 0 & 1 & \ddots & \vdots & * & \cdots & * & d_2 \\ \vdots & \ddots & \ddots & 0 & \vdots & \vdots & \vdots & \vdots \\ 0 & \cdots & 0 & 1 & * & \cdots & * & d_r \\ 0 & \cdots & 0 & 0 & 0 & \cdots & 0 & d_{r+1} \\ 0 & \cdots & 0 & 0 & 0 & \cdots & 0 & d_{r+2} \\ \vdots & \vdots & \vdots & \vdots & \vdots & \vdots & \vdots & \vdots \\ 0 & \cdots & 0 & 0 & 0 & \cdots & 0 & d_m \end{pmatrix}$$

…… $m \times (n+1)$ **行列**

…… $m > r$ **のとき存在**

これに対応するn元連立1次方程式は次のようになります。

$$\begin{cases} x_1 \qquad\qquad + c_{1,r+1}x_{r+1} + \cdots + c_{1,n}x_n = d_1 \\ \quad x_2 \qquad\quad + c_{2,r+1}x_{r+1} + \cdots + c_{2,n}x_n = d_2 \\ \qquad \ddots \qquad\qquad\qquad\qquad\qquad \vdots \\ \qquad\qquad x_r + c_{r,r+1}x_{r+1} + \cdots + c_{r,n}x_n = d_r \\ 0 \cdot x_1 + \cdots + 0 \cdot x_r + 0 \cdot x_{r+1} + \cdots + 0 \cdot x_n = d_{r+1} \\ 0 \cdot x_1 + \cdots + 0 \cdot x_r + 0 \cdot x_{r+1} + \cdots + 0 \cdot x_n = d_{r+2} \\ \cdots\cdots\cdots\cdots\cdots\cdots \qquad \vdots \\ 0 \cdot x_1 + \cdots + 0 \cdot x_r + 0 \cdot x_{r+1} + \cdots + 0 \cdot x_n = d_m \end{cases}$$

ただし、$c_{i,r+1}, c_{i,r+2}, \cdots, c_{i,n}$ $(i = 1, 2, \cdots, r)$ は定数

第7章 連立方程式

これは、$(d_{r+1}, d_{r+2}, \cdots, d_m) = (0, 0, \cdots, 0)$ のとき、次の解（**不定**）をもちます。

$$
\begin{cases}
x_1 = d_1 - (c_{1,r+1}s_{r+1} + \cdots + c_{1,n}s_n) \\
x_2 = d_2 - (c_{2,r+1}s_{r+1} + \cdots + c_{2,n}s_n) \\
\ \vdots \\
x_r = d_r - (c_{r,r+1}s_{r+1} + \cdots + c_{r,n}s_n) \\
x_{r+1} = s_{r+1} \\
x_{r+2} = s_{r+2} \\
\vdots \\
x_n = s_n
\end{cases}
$$

ただし、$s_{r+1}, s_{r+2}, \cdots, s_n$ は任意の数

なお、このとき $r(Q) = r$ であり $r(A) = r(B)$ が成立しています。

また、$(d_{r+1}, d_{r+2}, \cdots, d_m) \neq (0, 0, \cdots, 0)$ のとき、すなわち、

「$d_{r+1}, d_{r+2}, \cdots, d_m$ の中に少なくとも 1 つ 0 でないものがある」

とき**不能**となります。なお、このとき階段行列（§5-3）の考えから $r(Q) > r$ 、つまり、$r(B) > r$ となり $r(A) \neq r(B)$ が成立しています。

〔例〕 次の連立方程式の解を調べなさい。

(1) $\begin{cases} x_1 - x_2 + x_3 = 1 \\ 3x_1 + 2x_2 - x_3 = 2 \\ 2x_1 + x_2 - 3x_3 = 3 \end{cases}$

(2) $\begin{cases} x_1 - x_2 + x_3 = 1 \\ 3x_1 + 2x_2 - x_3 = 2 \\ 2x_1 + x_2 - 3x_3 = 3 \\ x_1 + x_2 + x_3 = 4 \end{cases}$

(3) $\begin{cases} x_1 - x_2 + x_3 = 1 \\ 3x_1 + 2x_2 - x_3 = 2 \\ -x_1 + x_2 - x_3 = 3 \end{cases}$

(4) $\begin{cases} x_1 - x_2 + x_3 = 1 \\ 3x_1 + 2x_2 - x_3 = 2 \end{cases}$

(1)　未知数の係数からなる行列を A とすると　$A=\begin{pmatrix}1&-1&1\\3&2&-1\\2&1&-3\end{pmatrix}$

ここで、$|A|=\begin{vmatrix}1&-1&1\\3&2&-1\\2&1&-3\end{vmatrix}=\begin{vmatrix}1&-1&1\\0&5&-4\\0&3&-5\end{vmatrix}=\begin{vmatrix}5&-4\\3&-5\end{vmatrix}=-13\neq 0$

よって、A の階数は 3 となります（§5-4）。このとき、拡大係数行列 $B=\begin{pmatrix}1&-1&1&1\\3&2&-1&2\\2&1&-3&3\end{pmatrix}$ の階数も 3 となり（注）、$r(A)=r(B)=n=3$ が成立します。よって、この連立方程式はただ1組の解をもちます。クラーメルの公式などより (1) の解は　$(x_1,x_2,x_3)=\left(\dfrac{12}{13},-\dfrac{9}{13},-\dfrac{8}{13}\right)$　となります。

（注）　行列における 0 でない小行列式の最大次数が、この行列の階数となる（§5-5）。

(2)　未知数の係数からなる行列を A とすると　$A=\begin{pmatrix}1&-1&1\\3&2&-1\\2&1&-3\\1&1&1\end{pmatrix}$

ここで、A は 4×3 行列なので、階数は 3 以下です。また、(1) より 3 つの行ベクトル $(1,-1,1),(3,2,-1),(2,1,-3)$ は 1 次独立です。よって、行列 A の階数は 3 となります。ここで、拡大係数行列 $B=\begin{pmatrix}1&-1&1&1\\3&2&-1&2\\2&1&-3&3\\1&1&1&4\end{pmatrix}$

の行列式の値を求めると $|B| = -57 \neq 0$ となります。これは拡大係数行列 B の階数が 4 であることを意味します。したがって、$r(A) \neq r(B)$ となります。ゆえに、この連立方程式の解は存在しません（不能）。

(3)　未知数の係数からなる行列を A とすると　$A = \begin{pmatrix} 1 & -1 & 1 \\ 3 & 2 & -1 \\ -1 & 1 & -1 \end{pmatrix}$

ここで、A を基本変形した行列 $A' = \begin{pmatrix} 1 & -1 & 1 \\ 3 & 2 & -1 \\ 0 & 0 & 0 \end{pmatrix}$ の階数は 2 です。また、拡大係数行列 $B = \begin{pmatrix} 1 & -1 & 1 & 1 \\ 3 & 2 & -1 & 2 \\ -1 & 1 & -1 & 3 \end{pmatrix}$ を基本変形して得られる次の行列 Q の階数は 3 です（階段行列の考え）。　$Q = \begin{pmatrix} 1 & -1 & 1 & 1 \\ 0 & 5 & -4 & -1 \\ 0 & 0 & 0 & 4 \end{pmatrix}$

よって、$r(B) = 3$ となり $r(A) \neq r(B)$ が成立します。よって、この連立方程式の解は存在しません（不能）。

(4)　未知数の係数からなる行列を A とすると　$A = \begin{pmatrix} 1 & -1 & 1 \\ 3 & 2 & -1 \end{pmatrix}$ となり、2つの行ベクトルは1次独立なので、行列 A の階数は 2 となります。

また、拡大係数行列 $B = \begin{pmatrix} 1 & -1 & 1 & 1 \\ 3 & 2 & -1 & 2 \end{pmatrix}$ の階数も 2 です（小行列式の考え）。したがって、$r(A) = r(B) = 2 \neq n(=3)$ となります。ゆえに、この方程式の解は不定となります。$n - r(A) = 3 - 2 = 1$ より、解は 1 個

の任意定数を用いて次のように表わされます。

$$(x_1, x_2, x_3) = \left(-t + \frac{4}{5},\ 4t - \frac{1}{5},\ 5t\right)$$ ただし、t は任意定数。

（注）$(x_1, x_2, x_3) = \left(\frac{4}{5},\ -\frac{1}{5},\ 0\right)$ ……(イ) はこの方程式の１つの解です。また、この連立方程式の定数項を０とした同次連立方程式の解は

$(x_1, x_2, x_3) = (-t, 4t, 5t)$ ただし、t は任意定数 ……(ロ)

です。すると先の解 $(x_1, x_2, x_3) = \left(-t + \frac{4}{5},\ 4t - \frac{1}{5},\ 5t\right)$ は(イ)と(ロ)を加えたものになります。このことは、一般に、下記の＜MEMO＞のようにまとめることができます。

＜MEMO＞ 一般の連立１次方程式と同次連立方程式の解の関係

n 元連立１次方程式

$$\begin{cases} a_{11}x_1 + a_{12}x_2 + \cdots + a_{1n}x_n = b_1 \\ a_{21}x_1 + a_{22}x_2 + \cdots + a_{2n}x_n = b_2 \\ \cdots\cdots\cdots\cdots \\ \cdots\cdots\cdots\cdots \\ a_{m1}x_1 + a_{m2}x_2 + \cdots + a_{mn}x_n = b_m \end{cases}$$

の１つの解を $\boldsymbol{x}_0$ とすれば、この解 $\boldsymbol{x}$ は

$$\boldsymbol{x} = \boldsymbol{X} + \boldsymbol{x}_0$$

と表わせます。ただし、$\boldsymbol{X}$ は次の同次連立１次方程式の解とします。

$$\begin{cases} a_{11}x_1 + a_{12}x_2 + \cdots + a_{1n}x_n = 0 \\ a_{21}x_1 + a_{22}x_2 + \cdots + a_{2n}x_n = 0 \\ \cdots\cdots\cdots\cdots \\ \cdots\cdots\cdots\cdots \\ a_{m1}x_1 + a_{m2}x_2 + \cdots + a_{mn}x_n = 0 \end{cases}$$

7-7　n 元連立1次方程式と写像

n 元連立１次方程式を解く原理は写像の観点から見るとわかりやすい。

レッスン

n 個の未知数 $x_1, x_2, \cdots, x_n$ に関する1次方程式の個数が m 個である次の n 元連立1次方程式を写像の観点で見てみましょう。

$$\begin{cases} a_{11}x_1 + a_{12}x_2 + \cdots + a_{1n}x_n = b_1 \\ a_{21}x_1 + a_{22}x_2 + \cdots + a_{2n}x_n = b_2 \\ \cdots\cdots\cdots\cdots\cdots\cdots\cdots\cdots \\ \cdots\cdots\cdots\cdots\cdots\cdots\cdots\cdots \\ a_{m1}x_1 + a_{m2}x_2 + \cdots + a_{mn}x_n = b_m \end{cases}$$

この連立方程式を行列で表現すると次のようになります。

$$\begin{pmatrix} a_{11} & a_{12} & \cdots & a_{1n} \\ a_{21} & a_{22} & \cdots & a_{2n} \\ \vdots & \vdots & \vdots & \vdots \\ \vdots & \vdots & \vdots & \vdots \\ a_{m1} & a_{m2} & \cdots & a_{mn} \end{pmatrix} \begin{pmatrix} x_1 \\ x_2 \\ \vdots \\ x_n \end{pmatrix} = \begin{pmatrix} b_1 \\ b_2 \\ \vdots \\ \vdots \\ b_m \end{pmatrix} \quad \cdots①$$

この①式は n 次元数ベクトル空間 V から m 次元数ベクトル空間 W への写像 f において、像が $(b_1, b_2, \cdots\cdots b_m)$ であるときの原像 $(x_1,\ x_2, \cdots, x_n)$ が①の解ということを意味しています。

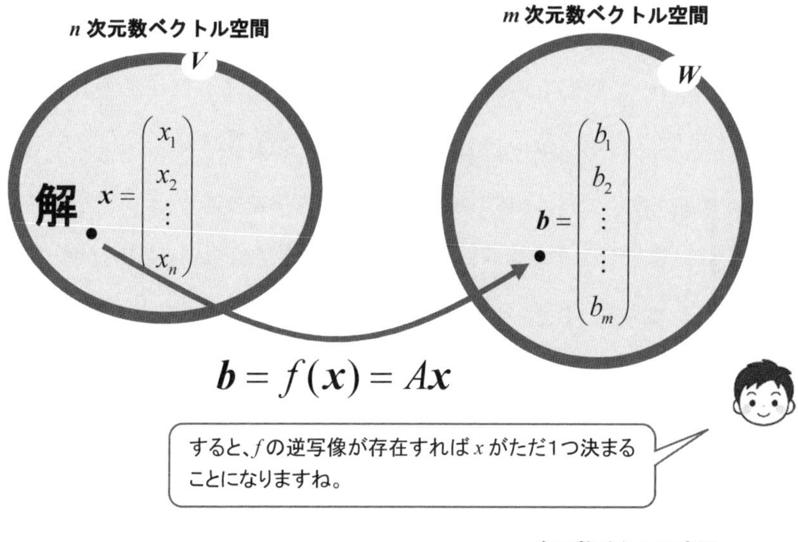

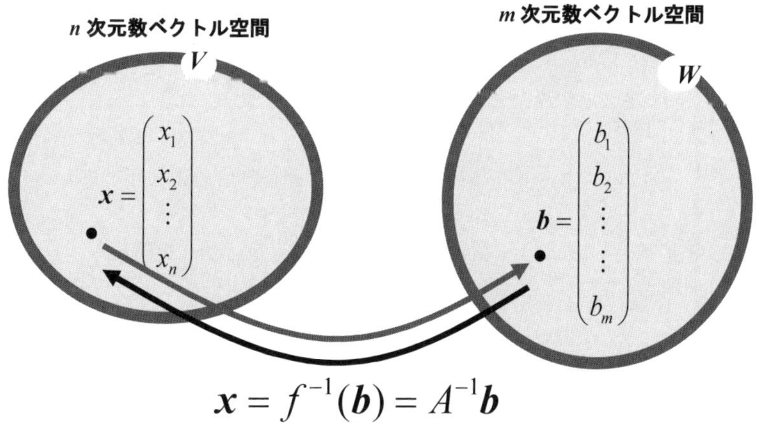

$$\boldsymbol{x} = f^{-1}(\boldsymbol{b}) = A^{-1}\boldsymbol{b}$$

〔解説〕 上記の A は①式の左辺の $m \times n$ 行列です。逆行列が存在する条件は行列 A が正則行列ということです。つまり、行列 A が正則行列であるとき連立方程式①はただ１つの解が存在し、そうでないとき、①は不定か不能となります。

<MEMO> 行列式、行列の歴史

ベクトルの歴史は§6-9 の<MEMO>で紹介しました。行列、行列式の歴史について概略を時系列で示すと、次のようになります。行列、行列式と密接な関係にあるベクトルの歴史と併せて読んでください。

- J.カルダーノ（イアリア:1501〜1576）が彼の著書『大いなる術』（1545）で連立1次方程式を係数によって機械的に解く方法を紹介。
- 関孝和（日本：1642?〜1708）が連立1次方程式を解く上で行列式を利用（1683年）。
- ライプニッツ（ドイツ：1646〜1716）が未知数が n 個の連立方程式の解法に行列式を導入（1693年）。
- G.クラメール（スイス：1704〜1752）が連立1次方程式の解を行列式で表わす（1750年）。この公式は§7-2で紹介。
- P.ラプラス（フランス：1749〜1827）やJ.ラグランジュ（フランス:1736〜1813）が行列式を成分とその余因数の積の和の形で表わす。
- A.ケーリー（イギリス：1821〜1895）が行列式を記号｜ ｜を使って表わす。
- ケーリー（イギリス：1821〜1895）、C.ヤコビ（ドイツ:1804〜1851）、J.ビネー（フランス：1786〜1856）、A.コーシー（フランス:1789〜1857）らが未知数の個数と方程式の個数が一致しないような連立1次方程式を解明する過程で**行列**の理論を大きく発展させた。
  J.シルヴェスター（イギリス：1814〜1897）が行列とそのランク（階数）の概念を行列の世界に導入した。

（注） 行列や行列式の考え方の萌芽は紀元前からすでに存在していたとの説もあります。上記の歴史はあくまでも参考としてください。

第8章　行列の固有値

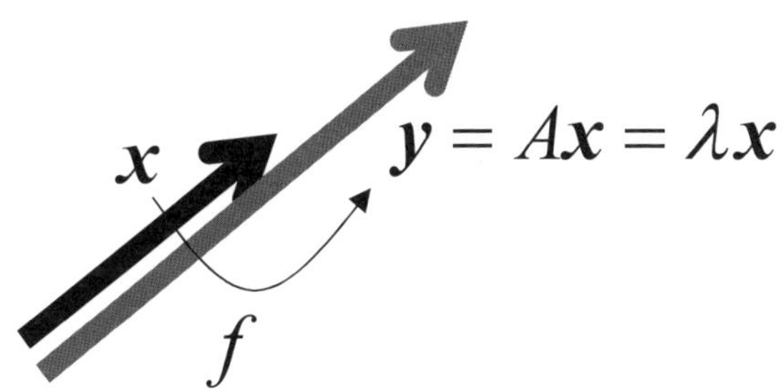

固有値、固有ベクトルの定義はシンプルです。しかし、これから産み出される固有値、固有ベクトルは科学の世界のさまざまな理論をしっかり支えています。その意味で、「行列の固有値」は、ぜひ身につけておきたい道具といえます。

8-1 固有値、固有ベクトル

n 次正方行列 A に対して

$$A\boldsymbol{x} = \lambda \boldsymbol{x} \quad (\boldsymbol{x} \neq \boldsymbol{0}) \cdots ①$$

を満たす数 λ と n 次元数ベクトル $\boldsymbol{x}$ が存在するとき、λ を A の**固有値**、$\boldsymbol{x}$ を固有値 λ に対する A の**固有ベクトル**という。

レッスン

n 次元数ベクトル空間 V において、行列 A による1次変換を f とすると、$\boldsymbol{x}$ を f で移した $\boldsymbol{y} = f(\boldsymbol{x}) = A\boldsymbol{x}$ はもとの $\boldsymbol{x}$ に平行（§2-2）とは限りません。つまり、通常は $A\boldsymbol{x} \neq \lambda \boldsymbol{x}$ となります。

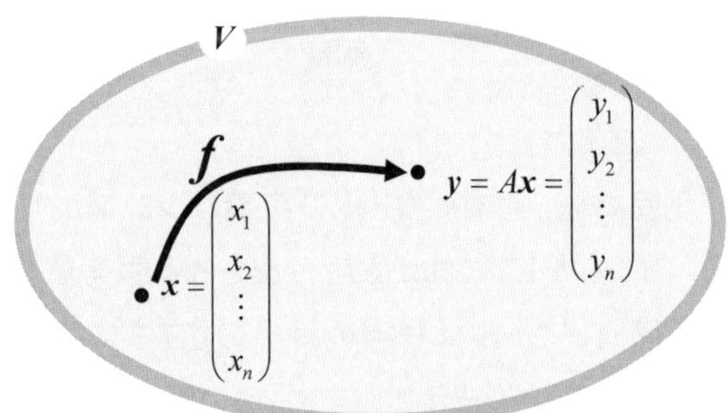

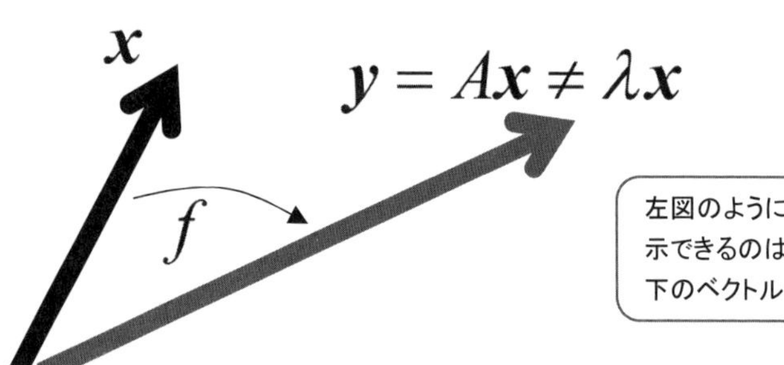

左図のように矢印で表示できるのは 3 次元以下のベクトルですね。

ところが、あるベクトル $\boldsymbol{x}$ が存在して $y = f(\boldsymbol{x}) = A\boldsymbol{x}$ がもとの $\boldsymbol{x}$ に平行になるとき、つまり、$A\boldsymbol{x} = \lambda\boldsymbol{x}$ となるときがあります。このとき、λ を A の固有値、$\boldsymbol{x}$ を固有値 λ に対する A の固有ベクトルというのです。

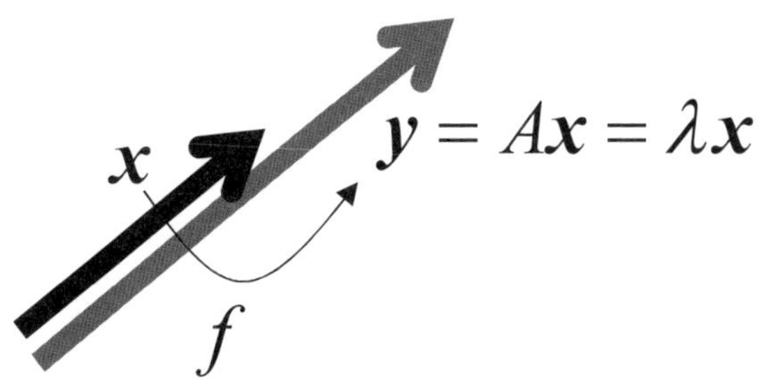

平行というのは、一方が他方のスカラー倍になるということでしたね（§2-2）。

$$\begin{pmatrix} y_1 \\ y_2 \\ \vdots \\ y_n \end{pmatrix} = \lambda \begin{pmatrix} x_1 \\ x_2 \\ \vdots \\ x_n \end{pmatrix}$$

〔解説〕 n 次元数ベクトル空間 V での１次変換 f は、任意の**ベクトル** $\boldsymbol{x} \neq \boldsymbol{0}$ に対して方向を保存しません。つまり、表現行列を A とすると、通常は $f(\boldsymbol{x}) = A\boldsymbol{x}$ と $\boldsymbol{x}$ は方向が異なります。

ところが、あるベクトル $\boldsymbol{x}$ をとると方向が保存されることがあります。つまり、$f(\boldsymbol{x}) = A\boldsymbol{x}$ と $\boldsymbol{x}$ は同方向になります。まずは、具体例で固有値、固有ベクトルを実感してみましょう。

（注） 本書では行列 A の成分は実数を前提とします

〔例〕 行列 $A=\begin{pmatrix}1 & 4\\ 3 & 2\end{pmatrix}$ の固有値、固有ベクトルを求めてみましょう。

$\boldsymbol{x}=\begin{pmatrix}x_1\\ x_2\end{pmatrix}\neq\boldsymbol{0}$ とすると①より $\begin{pmatrix}1 & 4\\ 3 & 2\end{pmatrix}\begin{pmatrix}x_1\\ x_2\end{pmatrix}=\lambda\begin{pmatrix}x_1\\ x_2\end{pmatrix}$

つまり $\begin{pmatrix}1-\lambda & 4\\ 3 & 2-\lambda\end{pmatrix}\begin{pmatrix}x_1\\ x_2\end{pmatrix}=\begin{pmatrix}0\\ 0\end{pmatrix}$ …② が成立します。

②が、$\begin{pmatrix}x_1\\ x_2\end{pmatrix}\neq\begin{pmatrix}0\\ 0\end{pmatrix}$ の解をもつことより、$\begin{vmatrix}1-\lambda & 4\\ 3 & 2-\lambda\end{vmatrix}=0$

よって、$(\lambda-5)(\lambda+2)=0$ となり、$\lambda=5,-2$ を得ます。

$\lambda=5$ のとき、②は $x_1-x_2=0$ と同値になります。

よって、固有値 5 に対する固有ベクトルは $\begin{pmatrix}x_1\\ x_2\end{pmatrix}=\begin{pmatrix}t\\ t\end{pmatrix}$ $(t\neq0)$

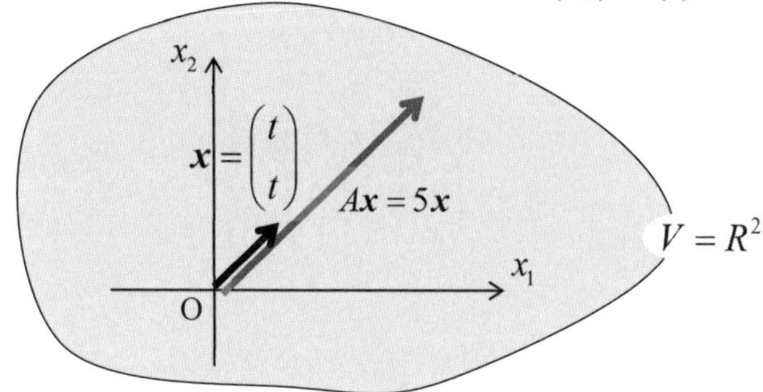

$\lambda=-2$ のとき、②は $3x_1+4x_2=0$ と同値になります。

よって、固有値−2 に対する固有ベクトルは $\begin{pmatrix}x_1\\ x_2\end{pmatrix}=\begin{pmatrix}t\\ -\frac{3}{4}t\end{pmatrix}$ $(t\neq0)$

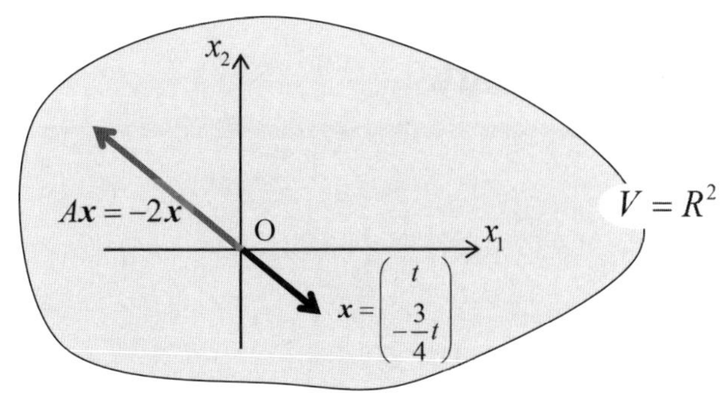

（注）　正方行列 A の成分が実数でも行列 A の固有値、固有ベクトルは虚数になることがあります。例えば、 $A=\begin{pmatrix} 1 & -1 \\ 1 & 1 \end{pmatrix}$ の固有値、固有ベクトルは上記と同様に計算すると、固有値は $1\pm i$ となり、固有値 $1+i$ に対する A の固有ベクトルは $\begin{pmatrix} x_1 \\ x_2 \end{pmatrix}=\begin{pmatrix} t \\ -it \end{pmatrix}$ $(t\neq 0)$、固有値 $1-i$ に対する A の固有ベクトルは $\begin{pmatrix} x_1 \\ x_2 \end{pmatrix}=\begin{pmatrix} t \\ it \end{pmatrix}$ $(t\neq 0)$ となります。

＜参考＞ 固有空間

n 次元数ベクトル空間 V の基底を $\{\boldsymbol{v}_1,\boldsymbol{v}_2,\cdots,\boldsymbol{v}_n\}$ とし、この空間において n 次正方行列 A を表現行列とする１次変換 $f(\boldsymbol{x})=A\boldsymbol{x}$ を考えます。このとき、行列 A の固有値 λ に対する固有ベクトル $\boldsymbol{x}\ (\neq \boldsymbol{0})$ は無数にあります。そこで、固有値 λ に対する固有ベクトルの全体に零ベクトルを加えたベクトルの集合を W としてみます。すると W は V の１つの**部分空間**（§2-6）になります。この W を固有値 λ に対する**固有空間**といいます。

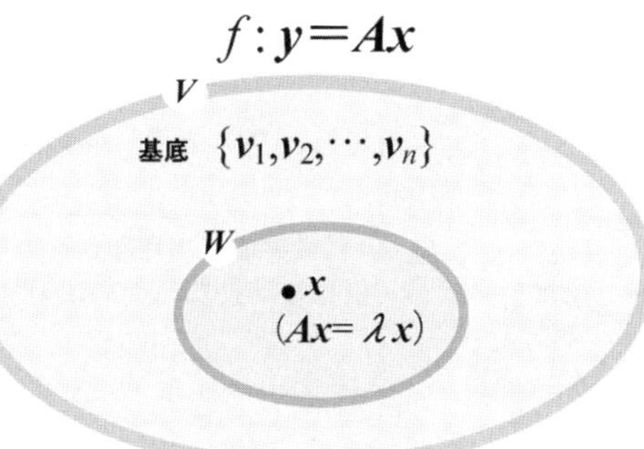

第8章 行列の固有値

8-2 固有方程式

n 次正方行列 A と n 次の単位行列 E に対し、

$$|\lambda E - A| = 0 \quad \cdots ①$$

を行列 A の**固有方程式**という。

レッスン

$A=(a_{ij})$ として①を成分表示すると、次のようになります。

$$|\lambda E - A| = \begin{vmatrix} \lambda - a_{11} & -a_{12} & \cdots & -a_{1n} \\ -a_{21} & \lambda - a_{22} & \cdots & -a_{2n} \\ \vdots & \vdots & \vdots & \vdots \\ -a_{n1} & -a_{n2} & \cdots & \lambda - a_{nn} \end{vmatrix} = 0$$

行列式の定義から、これは次のように λ についての **n 次方程式**になりますね。

$$\lambda^n + b_{n-1}\lambda^{n-1} + b_{n-2}\lambda^{n-2} + \cdots + b_2\lambda^2 + b_1\lambda + b_0 = 0 \quad \cdots ②$$

ただし、$b_{n-1}, b_{n-2}, \cdots\cdots b_2, b_1, b_0$ **は定数**

「**代数学の基本定理**」（<MEMO>参照）によると、②は複素数の範囲で考えれば n 個の解をもちます。

〔**解説**〕 n 次元数ベクトル空間 V における１次変換 $f(\boldsymbol{x})=A\boldsymbol{x}$ を考えます。ただし、A は n 次正方行列とします。

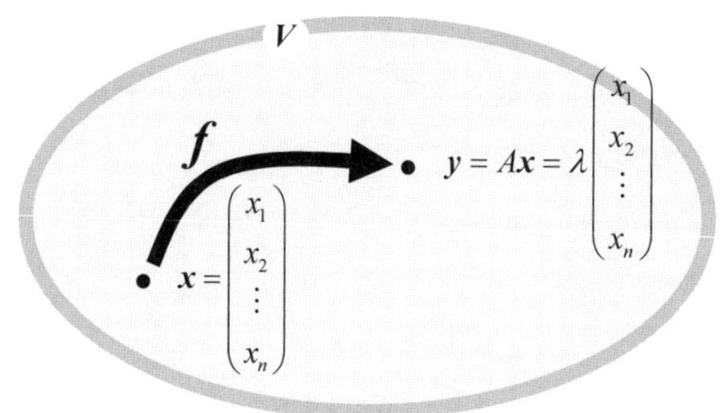

この１次変換 f に対して

$$A\boldsymbol{x}=\lambda\boldsymbol{x} \quad \cdots③$$

を満たす数 λ とベクトル $\boldsymbol{x}\neq\boldsymbol{0}$ が存在するとき、λ を A の**固有値**、$\boldsymbol{x}$ を固有値 λ に対する A の**固有ベクトル**といいました。

③を変形して次のように書いてみます。

$$A\boldsymbol{x}-\lambda\boldsymbol{x}=\boldsymbol{O} \quad \cdots④$$

ここで、$\lambda\boldsymbol{x}$ を単位行列 E を用いて $\lambda E\boldsymbol{x}$ と書けば、

$$A\boldsymbol{x}-\lambda\boldsymbol{x}=A\boldsymbol{x}-\lambda E\boldsymbol{x}=(A-\lambda E)\boldsymbol{x}$$

となります。したがって、④は次のように書けます。

$$(A-\lambda E)\boldsymbol{x}=\boldsymbol{O}$$

ここで、$(A-\lambda E)$ が逆行列をもつと $\boldsymbol{x}=\boldsymbol{0}$ となってしまうので、$\boldsymbol{x}\neq\boldsymbol{0}$ である $\boldsymbol{x}$ が存在するための条件は $(A-\lambda E)$ が逆行列をもたないこと、つまり、 $|A-\lambda E|=0$ となります。

これは、次の式と同値です。

$$|\lambda E-A|=0 \quad \cdots①$$

行列 A の固有値 λ は①を満たすので①を**固有方程式**といいます。

● 固有値の存在

固有方程式①は**レッスン**で示したように、λについてのn次方程式②になります。したがって、**複素数の範囲で考えれば行列Aの固有値λは重複度を入れて「n個」存在します。**ただし、**実数の範囲に限定すれば「n個より少なくなる」ことがあります**。

例えば、固有方程式①、つまり②が次の場合に固有値がどうなるかを調べてみましょう。

(1) $\lambda^3-2\lambda^2-\lambda+2=0$ の場合、

$\lambda^3-2\lambda^2-\lambda+2=(\lambda-1)(\lambda+1)(\lambda-2)=0$ より

固有値はすべて実数で、$1,2,-1$ の3つです。

(2) $\lambda^3-\lambda^2+\lambda-1=0$ の場合、

$\lambda^3-\lambda^2+\lambda-1=(\lambda-1)(\lambda-i)(\lambda+i)=0$ より

固有値は実数1と虚数$\pm i$ のあわせて3つです。

(3) $\lambda^2+1=0$ の場合、

$\lambda^2+1=(\lambda-i)(\lambda+i)=0$ より

固有値は虚数$\pm i$で、実数の固有値は存在しません。

(注) 例えば、$A=\begin{pmatrix}1 & -1\\ 1 & 1\end{pmatrix}$の固有値は虚数で固有ベクトルの成分も虚数になります（前節§8-1）。この場合、固有ベクトルは2次元数ベクトルですが、成分が複素数の世界なので、これを図示しようとすると4次元の世界が必要になります。

上記の例でわかるように、行列の固有値を問題にするときは複素数の範囲で考えるべきですが、話が少しややこしくなるので、本書では、ベクトルや行列Aの成分a_{ij}、固有値λは基本的には実数として話を進めることにします。

● 固有多項式

固有方程式①の左辺は行列式の定義により λ についての多項式となるので、これを行列 A の**固有多項式（特性多項式）**と呼び、$f_A(\lambda)$ と書くことにします。

$$f_A(\lambda) = |\lambda E - A| = \begin{vmatrix} \lambda - a_{11} & -a_{12} & \cdots & -a_{1n} \\ -a_{21} & \lambda - a_{22} & \cdots & -a_{2n} \\ \vdots & \vdots & \vdots & \vdots \\ -a_{n1} & -a_{n2} & \cdots & \lambda - a_{nn} \end{vmatrix}$$

$$= \lambda^n + b_{n-1}\lambda^{n-1} + b_{n-2}\lambda^{n-2} + \cdots + b_2\lambda^2 + b_1\lambda + b_0$$

このとき、行列 A の固有方程式①は $f_A(\lambda) = 0$ と書けます。

なお、実際に固有値を求めるとき、固有多項式を展開して、

$$\lambda^n + b_{n-1}\lambda^{n-1} + b_{n-2}\lambda^{n-2} + \cdots + b_2\lambda^2 + b_1\lambda + b_0 = 0$$

としてから、この方程式を解こうとすると困難なことがあります。実際には、行列式の性質（第 4 章）を利用して固有値を求めることになります。次の例で調べてみましょう。

<MEMO> 代数学の基本定理

$a_0, a_1, a_2, \cdots, a_n$ を複素数（$a_n \neq 0$）とするとき、方程式 $a_n x^n + a_{n-1}x^{n-1} + \cdots + a_2 x^2 + a_1 x + a_0 = 0$ を「**n 次の代数方程式**」といいます。ガウスが 1797 年に「n 次の代数方程式は少なくとも 1 つの解をもつ」（**代数学の基本定理**）ことを証明しました。このことから「**n 次の代数方程式は複素数の範囲で n 個の解をもつ**」ことが導かれます。したがって、n 次の整式は必ず n 個の 1 次式に因数分解されることがわかります。

$$a_n x^n + a_{n-1}x^{n-1} + \cdots + a_2 x^2 + a_1 x + a_0 = a_n(x-\alpha_1)(x-\alpha_2)\cdots(x-\alpha_n)。$$

（注）「n 個の解」の n は重解の重複度も入れてあります。

〔例〕 次の行列 A と B の固有値と固有ベクトルを求めてみましょう。

(1) $A=\begin{pmatrix}4&2&1\\-1&1&-1\\-2&-2&1\end{pmatrix}$ (2) $A=\begin{pmatrix}2&0&-1\\3&1&-3\\-4&4&1\end{pmatrix}$

(解) (1) まずは、固有方程式を利用して固有値を求めます。

$$f_A(\lambda)=|\lambda E-A|=\begin{vmatrix}\lambda-4&-2&-1\\1&\lambda-1&1\\2&2&\lambda-1\end{vmatrix}$$

1行に2行と3行を加える

$$=\begin{vmatrix}\lambda-1&\lambda-1&\lambda-1\\1&\lambda-1&1\\2&2&\lambda-1\end{vmatrix}$$

1行目のλ－1を外に出す

$$=(\lambda-1)\begin{vmatrix}1&1&1\\1&\lambda-1&1\\2&2&\lambda-1\end{vmatrix}$$

2行目から1行目を引き、

3行目から2×（1行目）を引く

$$=(\lambda-1)\begin{vmatrix}1&1&1\\0&\lambda-2&0\\0&0&\lambda-3\end{vmatrix}$$

$$=(\lambda-1)\begin{vmatrix}\lambda-2&0\\0&\lambda-3\end{vmatrix}=(\lambda-1)(\lambda-2)(\lambda-3)=0 \quad \therefore\ \lambda=1,2,3$$

次に各固有値に対する行列 A の固有ベクトル $\boldsymbol{x}=\begin{pmatrix}x_1\\x_2\\x_3\end{pmatrix}$ を求めます。

(イ) 固有値 $\lambda=1$ に対する行列 A の固有ベクトル

$$\begin{pmatrix}4&2&1\\-1&1&-1\\-2&-2&1\end{pmatrix}\begin{pmatrix}x_1\\x_2\\x_3\end{pmatrix}=1\times\begin{pmatrix}x_1\\x_2\\x_3\end{pmatrix} \quad \text{より} \begin{cases}3x_1+2x_2+x_3=0\\-x_1\qquad\ -x_3=0\\-2x_1-2x_2\qquad=0\end{cases}$$

この連立方程式の解は

$$x_2 = -x_1,\ x_3 = -x_1$$

よって、固有ベクトルは、

$$\boldsymbol{x} = \begin{pmatrix} x_1 \\ x_2 \\ x_3 \end{pmatrix} = \begin{pmatrix} x_1 \\ -x_1 \\ -x_1 \end{pmatrix} = t\begin{pmatrix} 1 \\ -1 \\ -1 \end{pmatrix} \quad (t \neq 0)$$

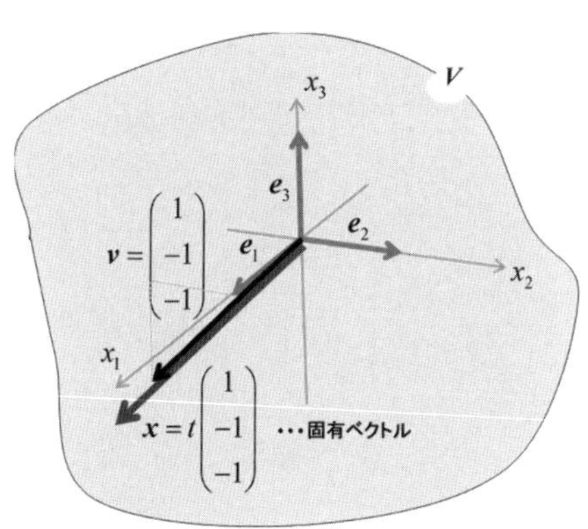

(ロ)　固有値$\lambda = 2$に対する行列Aの固有ベクトル

$$\begin{pmatrix} 4 & 2 & 1 \\ -1 & 1 & -1 \\ -2 & -2 & 1 \end{pmatrix}\begin{pmatrix} x_1 \\ x_2 \\ x_3 \end{pmatrix} = 2 \times \begin{pmatrix} x_1 \\ x_2 \\ x_3 \end{pmatrix} \quad \text{より} \quad \begin{cases} 2x_1 + 2x_2 + x_3 = 0 \\ -x_1 - x_2 - x_3 = 0 \\ -2x_1 - 2x_2 - x_3 = 0 \end{cases}$$

この連立方程式の解は　$x_2 = -x_1$, $x_3 = 0$

よって、固有ベクトルは、

$$\boldsymbol{x} = \begin{pmatrix} x_1 \\ x_2 \\ x_3 \end{pmatrix} = \begin{pmatrix} x_1 \\ -x_1 \\ 0 \end{pmatrix} = t\begin{pmatrix} 1 \\ -1 \\ 0 \end{pmatrix} \quad (t \neq 0)$$

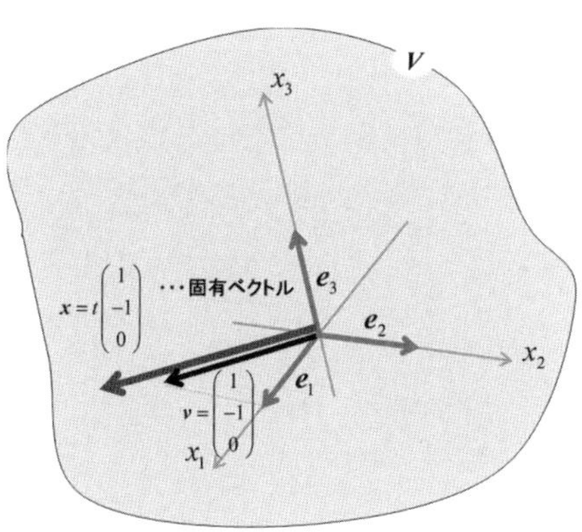

(ハ)　固有値$\lambda = 3$に対する行列Aの固有ベクトル

$$\begin{pmatrix} 4 & 2 & 1 \\ -1 & 1 & -1 \\ -2 & -2 & 1 \end{pmatrix}\begin{pmatrix} x_1 \\ x_2 \\ x_3 \end{pmatrix} = 3 \times \begin{pmatrix} x_1 \\ x_2 \\ x_3 \end{pmatrix} \quad \text{より} \quad \begin{cases} x_1 + 2x_2 + x_3 = 0 \\ -x_1 - 2x_2 - x_3 = 0 \\ -2x_1 - 2x_2 - 2x_3 = 0 \end{cases}$$

この連立方程式の解は　$x_3 = -x_1$, $x_2 = 0$

よって、固有ベクトルは、

$$\mathbf{x} = \begin{pmatrix} x_1 \\ x_2 \\ x_3 \end{pmatrix} = \begin{pmatrix} x_1 \\ 0 \\ -x_1 \end{pmatrix} = t\begin{pmatrix} 1 \\ 0 \\ -1 \end{pmatrix} \quad (t \neq 0)$$

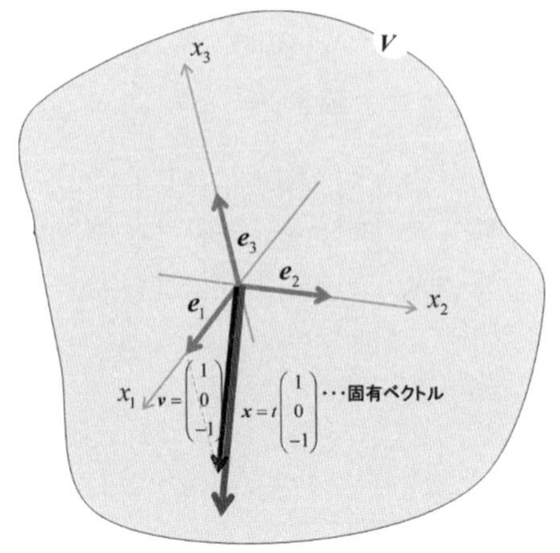

(2) まずは、固有方程式を利用して固有値を求めます。

$$f_A(\lambda) = |\lambda E - A| = \begin{vmatrix} \lambda-2 & 0 & 1 \\ -3 & \lambda-1 & 3 \\ 4 & -4 & \lambda-1 \end{vmatrix}$$

3 列＋2 列を 1 列に加える

$$= \begin{vmatrix} \lambda-1 & 0 & 1 \\ \lambda-1 & \lambda-1 & 3 \\ \lambda-1 & -4 & \lambda-1 \end{vmatrix}$$

$$= (\lambda-1)\begin{vmatrix} 1 & 0 & 1 \\ 1 & \lambda-1 & 3 \\ 1 & -4 & \lambda-1 \end{vmatrix}$$

(1 行)×(-1)を 2 行、3 行に加える

$$= (\lambda-1)\begin{vmatrix} 1 & 0 & 1 \\ 0 & \lambda-1 & 2 \\ 0 & -4 & \lambda-2 \end{vmatrix} = (\lambda-1)(\lambda^2 - 3\lambda + 10) = 0$$

よって、$\lambda = 1, \dfrac{3 \pm \sqrt{31}i}{2}$　ゆえに、実数の固有値は 1 となります。

これに対する行列 A の固有ベクトルは、

$$\begin{pmatrix} 2 & 0 & -1 \\ 3 & 1 & -3 \\ -4 & 4 & 1 \end{pmatrix}\begin{pmatrix} x_1 \\ x_2 \\ x_3 \end{pmatrix} = 1 \times \begin{pmatrix} x_1 \\ x_2 \\ x_3 \end{pmatrix} \quad \text{より} \quad \begin{cases} x_1 - x_3 = 0 \\ 3x_1 - 3x_3 = 0 \\ -4x_1 + 4x_2 = 0 \end{cases}$$

この連立方程式の解は　$x_1 = x_2 = x_3$

よって、固有ベクトルは、

$$\boldsymbol{x} = \begin{pmatrix} x_1 \\ x_2 \\ x_3 \end{pmatrix} = \begin{pmatrix} x_1 \\ x_1 \\ x_1 \end{pmatrix} = \begin{pmatrix} t \\ t \\ t \end{pmatrix} \quad (t \neq 0)$$

（注）　固有値 $\dfrac{3 \pm \sqrt{39}i}{2}$ からも固有ベクトルが求まりますが、ここでは省略します。

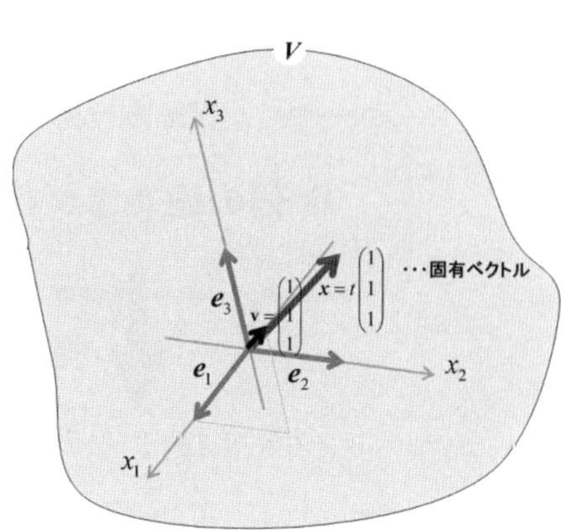

＜MEMO＞　解の公式は４次方程式まで

「解の公式」は４次方程式までつくられています。５次以上の方程式については、解の公式が代数的演算（加減乗除と n 乗根の範囲内の演算）ではつくれないことをアーベル（1802–1829）、およびガロア（1811–1832）らが証明しています。３次、４次の方程式については解の公式がたしかにつくられていますが、２次方程式の解の公式に比べて実用的とはいえません。

なお、アーベルは貧困による結核のため、ガロアは決闘により、ともに若くして命を落としました。

第8章　行列の固有値

8-3 固有値と固有ベクトルの性質

正方行列 A の相異なる固有値に対応する固有ベクトルは1次独立である。

レッスン

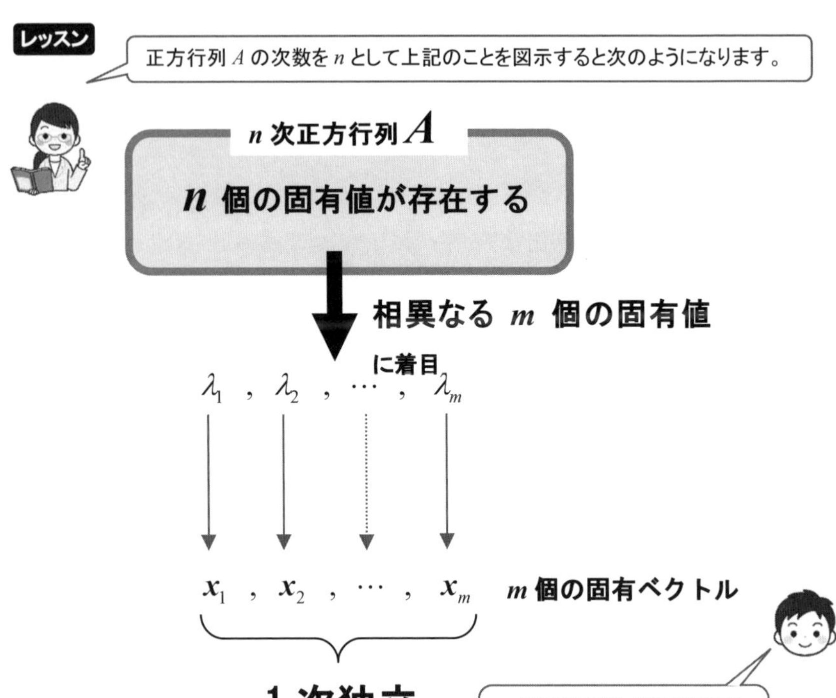

〔**解説**〕 n 次正方行列 A の相異なる固有値は複素数の範囲で考えれば n 個存在します。この n 個の固有値の中から相異なる m 個の固有値を選び λ_1、λ_2、……、λ_m とすれば、これらの固有値に対応する固有ベクトル

$\boldsymbol{x}_1, \boldsymbol{x}_2, \cdots, \boldsymbol{x}_m$ は必ず1次独立になります。次の例でこのことを確認してみましょう。

（注） このことの正しさを一般的に示すには、m 個の固有ベクトルが一次独立でない、つまり、1次従属だとして矛盾を導く方法（背理法）を使うといいでしょう。

〔例〕 $A = \begin{pmatrix} 4 & 2 & 1 \\ -1 & 1 & -1 \\ -2 & -2 & 1 \end{pmatrix}$ のとき　　（§8-2の〔例〕(1)と同じ）

$$f_A(\lambda) = |\lambda E - A| = \begin{vmatrix} \lambda - 4 & -2 & -1 \\ 1 & \lambda - 1 & 1 \\ 2 & 2 & \lambda - 1 \end{vmatrix} = (\lambda - 1)(\lambda - 2)(\lambda - 3) = 0$$ より、

固有値は1,2,3と相異なります。

それぞれの固有ベクトルは順に

$$\boldsymbol{x}_1 = t\begin{pmatrix} 1 \\ -1 \\ -1 \end{pmatrix} \ (t \neq 0), \quad \boldsymbol{x}_2 = t\begin{pmatrix} 1 \\ -1 \\ 0 \end{pmatrix} \ (t \neq 0), \quad \boldsymbol{x}_3 = t\begin{pmatrix} 1 \\ 0 \\ -1 \end{pmatrix} \ (t \neq 0)$$

となります。

この $\boldsymbol{x}_1, \boldsymbol{x}_2, \boldsymbol{x}_3$ は1次独立です。なぜならば、$a\boldsymbol{x}_1 + b\boldsymbol{x}_2 + c\boldsymbol{x}_3 = 0$ であれば、これを満たす a、b、c は $a = b = c = 0$ のみであることが成立するからです。

また、右図からも $\boldsymbol{x}_1, \boldsymbol{x}_2, \boldsymbol{x}_3$ が1次独立であることがわかります（3つのベクトルが同一平面上にないので）。

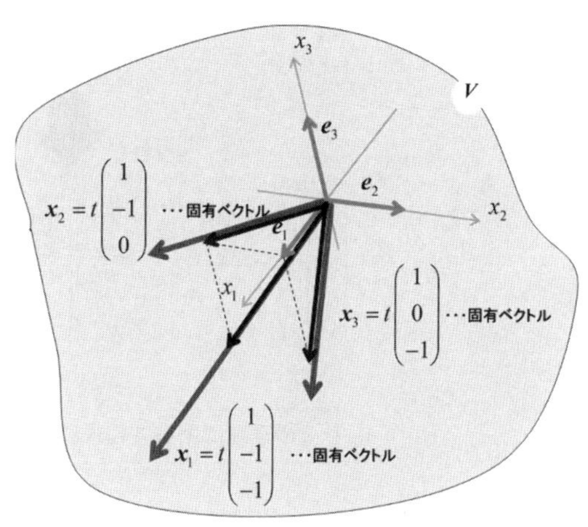

第8章 行列の固有値

8-4 行列の対角化（その1）

n 次正方行列 $A=(a_{ij})$ の相異なる n 個の固有値を $\lambda_1, \lambda_2, \cdots, \lambda_n$ とし、これに対応する固有ベクトルを $\boldsymbol{x}_1, \boldsymbol{x}_2, \cdots, \boldsymbol{x}_n$ とする。行列 P を $\boldsymbol{x}_1, \boldsymbol{x}_2, \cdots, \boldsymbol{x}_n$ を列ベクトルとする n 次正方行列 $P=(\boldsymbol{x}_1 \ \ \boldsymbol{x}_2 \ \ \cdots \ \ \boldsymbol{x}_n)$ とすれば、

$$P^{-1}AP=\begin{pmatrix} \lambda_1 & 0 & \cdots & 0 \\ 0 & \lambda_2 & \cdots & 0 \\ \vdots & \vdots & \vdots & \vdots \\ 0 & 0 & \cdots & \lambda_n \end{pmatrix} \quad \cdots①$$

レッスン

上記のことを成分を使って丁寧に表現すると次のようになります。

$\lambda_1, \lambda_2, \cdots, \lambda_n$ **に対応する** $A=(a_{ij})$ **の固有ベクトル**

$$\boldsymbol{x}_1=\begin{pmatrix} x_{11} \\ x_{21} \\ \vdots \\ x_{n1} \end{pmatrix}, \boldsymbol{x}_2=\begin{pmatrix} x_{12} \\ x_{22} \\ \vdots \\ x_{n2} \end{pmatrix}, \cdots, \boldsymbol{x}_n=\begin{pmatrix} x_{1n} \\ x_{2n} \\ \vdots \\ x_{nn} \end{pmatrix} \qquad P=\begin{pmatrix} x_{11} & x_{12} & \cdots & x_{1n} \\ x_{21} & x_{22} & \cdots & x_{2n} \\ \vdots & \vdots & \vdots & \vdots \\ x_{n1} & x_{n2} & \cdots & x_{nn} \end{pmatrix}$$

$$\begin{pmatrix} x_{11} & x_{12} & \cdots & x_{1n} \\ x_{21} & x_{22} & \cdots & x_{2n} \\ \vdots & \vdots & \vdots & \vdots \\ x_{n1} & x_{n2} & \cdots & x_{nn} \end{pmatrix}^{-1} \begin{pmatrix} a_{11} & a_{12} & \cdots & a_{1n} \\ a_{21} & a_{22} & \cdots & a_{2n} \\ \vdots & \vdots & \vdots & \vdots \\ a_{n1} & a_{n2} & \cdots & a_{nn} \end{pmatrix} \begin{pmatrix} x_{11} & x_{12} & \cdots & x_{1n} \\ x_{21} & x_{22} & \cdots & x_{2n} \\ \vdots & \vdots & \vdots & \vdots \\ x_{n1} & x_{n2} & \cdots & x_{nn} \end{pmatrix} = \begin{pmatrix} \lambda_1 & 0 & \cdots & 0 \\ 0 & \lambda_2 & \cdots & 0 \\ \vdots & \vdots & \vdots & \vdots \\ 0 & 0 & \cdots & \lambda_n \end{pmatrix}$$

この理論は固有方程式に重解がない場合ですね。

〔**解説**〕　ここで紹介した原理は行列の**対角化**と呼ばれるものです。つまり、行列 A に対して適当な行列 P を用いて $P^{-1}AP$ を**対角行列**に変形させることです。また、行列 A が $P^{-1}AP$ によって対角化されるとき、行列 A は**対角化可能**であるといいます。

n 次正方行列はすべて対角化可能というわけではありません。n 次正方行列 A が対角化可能である場合の１つとして A が相異なる n 個の固有値をもつときがあります。つまり

「n 次正方行列 A が相異なる n 個の固有値をもつ」⇒「A が対角化可能」

が成立します。

$n=3$ のときに①の成立を調べてみましょう。行列やベクトルを成分表示するので目がチカチカしますが、しばらく我慢してください。

3 次正方行列 $A=\begin{pmatrix} a_{11} & a_{12} & a_{13} \\ a_{21} & a_{22} & a_{23} \\ a_{31} & a_{32} & a_{33} \end{pmatrix}$ の相異なる 3 個の固有値を $\lambda_1, \lambda_2, \lambda_3$、これに対応する固有ベクトルを $\boldsymbol{x}_1, \boldsymbol{x}_2, \boldsymbol{x}_3$ とします。このとき、前節より $\boldsymbol{x}_1, \boldsymbol{x}_2, \boldsymbol{x}_3$ は 1 次独立となります。

$$\boldsymbol{x}_1=\begin{pmatrix} x_{11} \\ x_{21} \\ x_{31} \end{pmatrix}, \boldsymbol{x}_2=\begin{pmatrix} x_{12} \\ x_{22} \\ x_{32} \end{pmatrix}, \boldsymbol{x}_3=\begin{pmatrix} x_{13} \\ x_{23} \\ x_{33} \end{pmatrix}、\ P=(\boldsymbol{x}_1\ \boldsymbol{x}_2\ \boldsymbol{x}_3)=\begin{pmatrix} x_{11} & x_{12} & x_{13} \\ x_{21} & x_{22} & x_{23} \\ x_{31} & x_{32} & x_{33} \end{pmatrix}$$

とすると、3 次正方行列 A の 3 つの列ベクトルが 1 次独立なので、行列 P の階数は 3 です。したがって、行列 P は逆行列 P^{-1} をもちます（§5-4）。

また、$A\boldsymbol{x}_1=\lambda_1\boldsymbol{x}_1, A\boldsymbol{x}_2=\lambda_2\boldsymbol{x}_2, A\boldsymbol{x}_3=\lambda_3\boldsymbol{x}_3$ より次の式が成立します。

$$A\boldsymbol{x}_1=\begin{pmatrix} a_{11} & a_{12} & a_{13} \\ a_{21} & a_{22} & a_{23} \\ a_{31} & a_{32} & a_{33} \end{pmatrix}\begin{pmatrix} x_{11} \\ x_{21} \\ x_{31} \end{pmatrix}=\begin{pmatrix} a_{11}x_{11}+a_{12}x_{21}+a_{13}x_{31} \\ a_{21}x_{11}+a_{22}x_{21}+a_{23}x_{31} \\ a_{31}x_{11}+a_{32}x_{21}+a_{33}x_{31} \end{pmatrix}=\begin{pmatrix} \lambda_1 x_{11} \\ \lambda_1 x_{21} \\ \lambda_1 x_{31} \end{pmatrix}$$

$$A\boldsymbol{x}_2 = \begin{pmatrix} a_{11} & a_{12} & a_{13} \\ a_{21} & a_{22} & a_{23} \\ a_{31} & a_{32} & a_{33} \end{pmatrix} \begin{pmatrix} x_{12} \\ x_{22} \\ x_{32} \end{pmatrix} = \begin{pmatrix} a_{11}x_{12} + a_{12}x_{22} + a_{13}x_{32} \\ a_{21}x_{12} + a_{22}x_{22} + a_{23}x_{32} \\ a_{31}x_{12} + a_{32}x_{22} + a_{33}x_{32} \end{pmatrix} = \begin{pmatrix} \lambda_2 x_{12} \\ \lambda_2 x_{22} \\ \lambda_2 x_{32} \end{pmatrix}$$

$$A\boldsymbol{x}_3 = \begin{pmatrix} a_{11} & a_{12} & a_{13} \\ a_{21} & a_{22} & a_{23} \\ a_{31} & a_{32} & a_{33} \end{pmatrix} \begin{pmatrix} x_{13} \\ x_{23} \\ x_{33} \end{pmatrix} = \begin{pmatrix} a_{11}x_{13} + a_{12}x_{23} + a_{13}x_{33} \\ a_{21}x_{13} + a_{22}x_{23} + a_{23}x_{33} \\ a_{31}x_{13} + a_{32}x_{23} + a_{33}x_{33} \end{pmatrix} = \begin{pmatrix} \lambda_3 x_{13} \\ \lambda_3 x_{23} \\ \lambda_3 x_{33} \end{pmatrix}$$

ゆえに、

$$AP = \begin{pmatrix} a_{11} & a_{12} & a_{13} \\ a_{21} & a_{22} & a_{23} \\ a_{31} & a_{32} & a_{33} \end{pmatrix} \begin{pmatrix} x_{11} & x_{12} & x_{13} \\ x_{21} & x_{22} & x_{23} \\ x_{31} & x_{32} & x_{33} \end{pmatrix}$$

$$= \begin{pmatrix} a_{11}x_{11} + a_{12}x_{21} + a_{13}x_{31} & a_{11}x_{12} + a_{12}x_{22} + a_{13}x_{32} & a_{11}x_{13} + a_{12}x_{23} + a_{13}x_{33} \\ a_{21}x_{11} + a_{22}x_{21} + a_{23}x_{31} & a_{21}x_{12} + a_{22}x_{22} + a_{23}x_{32} & a_{21}x_{13} + a_{22}x_{23} + a_{23}x_{33} \\ a_{31}x_{11} + a_{32}x_{21} + a_{33}x_{31} & a_{31}x_{12} + a_{32}x_{22} + a_{33}x_{32} & a_{31}x_{13} + a_{32}x_{23} + a_{33}x_{33} \end{pmatrix}$$

$$= \begin{pmatrix} \lambda_1 x_{11} & \lambda_2 x_{12} & \lambda_3 x_{13} \\ \lambda_1 x_{21} & \lambda_2 x_{22} & \lambda_3 x_{23} \\ \lambda_1 x_{31} & \lambda_3 x_{32} & \lambda_3 x_{33} \end{pmatrix}$$

$$= \begin{pmatrix} x_{11} & x_{12} & x_{13} \\ x_{21} & x_{22} & x_{23} \\ x_{31} & x_{32} & x_{33} \end{pmatrix} \begin{pmatrix} \lambda_1 & 0 & 0 \\ 0 & \lambda_2 & 0 \\ 0 & 0 & \lambda_3 \end{pmatrix}$$

$$= P \begin{pmatrix} \lambda_1 & 0 & 0 \\ 0 & \lambda_2 & 0 \\ 0 & 0 & \lambda_3 \end{pmatrix}$$

つまり、$AP = P \begin{pmatrix} \lambda_1 & 0 & 0 \\ 0 & \lambda_2 & 0 \\ 0 & 0 & \lambda_3 \end{pmatrix}$

この式の両辺に P^{-1} を左から掛けると　$P^{-1}AP=\begin{pmatrix}\lambda_1 & 0 & 0\\ 0 & \lambda_2 & 0\\ 0 & 0 & \lambda_3\end{pmatrix}$ と

なります。

以上、行列やベクトルを成分表示して $n=3$ の場合に①が成立することを示しましたが、n が他の数の場合でも同じように説明できます。しかし、かなり表現が複雑になります。

そこで、行列やベクトルを成分表示しないで、そのままの表現で①を説明してみることにします。極めて簡潔になります。このような表現も知っておくととても便利です。

$$\boldsymbol{x}_1=\begin{pmatrix}x_{11}\\ x_{21}\\ x_{31}\end{pmatrix},\boldsymbol{x}_2=\begin{pmatrix}x_{12}\\ x_{22}\\ x_{32}\end{pmatrix},\boldsymbol{x}_3=\begin{pmatrix}x_{13}\\ x_{23}\\ x_{33}\end{pmatrix}、P=(\boldsymbol{x}_1\ \ \boldsymbol{x}_2\ \ \boldsymbol{x}_3)=\begin{pmatrix}x_{11} & x_{12} & x_{13}\\ x_{21} & x_{22} & x_{23}\\ x_{31} & x_{32} & x_{33}\end{pmatrix}$$

とすると、

$$AP=A(\boldsymbol{x}_1\ \ \boldsymbol{x}_2\ \ \boldsymbol{x}_3)=\left(A\boldsymbol{x}_1\ \ A\boldsymbol{x}_2\ \ A\boldsymbol{x}_3\right)=\left(\lambda_1\boldsymbol{x}_1\ \ \ \lambda_2\boldsymbol{x}_2\ \ \ \lambda_3\boldsymbol{x}_3\right)$$

$$=\left(\boldsymbol{x}_1\ \ \ \boldsymbol{x}_2\ \ \ \boldsymbol{x}_3\right)\begin{pmatrix}\lambda_1 & 0 & 0\\ 0 & \lambda_2 & 0\\ 0 & 0 & \lambda_3\end{pmatrix}=P\begin{pmatrix}\lambda_1 & 0 & 0\\ 0 & \lambda_2 & 0\\ 0 & 0 & \lambda_3\end{pmatrix}$$

つまり、　$AP=P\begin{pmatrix}\lambda_1 & 0 & 0\\ 0 & \lambda_2 & 0\\ 0 & 0 & \lambda_3\end{pmatrix}$

この式の両辺に P^{-1} を左から掛けると　$P^{-1}AP=\begin{pmatrix}\lambda_1 & 0 & 0\\ 0 & \lambda_2 & 0\\ 0 & 0 & \lambda_3\end{pmatrix}$

〔例 1〕 $A=\begin{pmatrix}1 & 3\\ 4 & 2\end{pmatrix}$ のとき

$$|\lambda E-A|=\begin{vmatrix}\lambda-1 & -3\\ -4 & \lambda-2\end{vmatrix}=(\lambda-1)(\lambda-2)-12=(\lambda-5)(\lambda+2)=0$$

より、固有値は 5,-2

固有値 $\lambda_1=5$ に対する行列 A の固有ベクトルは $\boldsymbol{x}_1=s\begin{pmatrix}3\\ 4\end{pmatrix}$ $s\neq 0$

固有値 $\lambda_1=-2$ に対する行列 A の固有ベクトルは $\boldsymbol{x}_2=t\begin{pmatrix}1\\ -1\end{pmatrix}$ $t\neq 0$

行列 P を $\boldsymbol{x}_1,\boldsymbol{x}_2$ を列ベクトルとする行列とします。つまり、

$$P=\begin{pmatrix}\boldsymbol{x}_1 & \boldsymbol{x}_2\end{pmatrix}=\begin{pmatrix}3 & 1\\ 4 & -1\end{pmatrix}$$

このとき、$P^{-1}=\dfrac{1}{7}\begin{pmatrix}1 & 1\\ 4 & -3\end{pmatrix}$

すると、

$$P^{-1}AP=\frac{1}{7}\begin{pmatrix}1 & 1\\ 4 & -3\end{pmatrix}\begin{pmatrix}1 & 3\\ 4 & 2\end{pmatrix}\begin{pmatrix}3 & 1\\ 4 & -1\end{pmatrix}$$

$$=\frac{1}{7}\begin{pmatrix}5 & 5\\ -8 & 6\end{pmatrix}\begin{pmatrix}3 & 1\\ 4 & -1\end{pmatrix}=\frac{1}{7}\begin{pmatrix}35 & 0\\ 0 & -14\end{pmatrix}=\begin{pmatrix}5 & 0\\ 0 & -2\end{pmatrix}$$

〔例 2〕 $A=\begin{pmatrix}4 & 2 & 1\\ -1 & 1 & -1\\ -2 & -2 & 1\end{pmatrix}$ のとき

$$f_A(\lambda)=|\lambda E-A|=\begin{vmatrix}\lambda-4 & -2 & -1\\ 1 & \lambda-1 & 1\\ 2 & 2 & \lambda-1\end{vmatrix}=(\lambda-1)(\lambda-2)(\lambda-3)=0$$ より、

固有値は 1,2,3 となり異なります。それぞれの固有ベクトルは順に

$$\boldsymbol{x}_1 = s\begin{pmatrix} 1 \\ -1 \\ -1 \end{pmatrix} \quad (s \neq 0)、\quad \boldsymbol{x}_2 = t\begin{pmatrix} 1 \\ -1 \\ 0 \end{pmatrix} \quad (t \neq 0)、\quad \boldsymbol{x}_3 = q\begin{pmatrix} 1 \\ 0 \\ -1 \end{pmatrix} \quad (q \neq 0)$$

行列 P を $\boldsymbol{x}_1, \boldsymbol{x}_2, \boldsymbol{x}_3$ を列ベクトルとする行列とします。つまり、

$$P = \begin{pmatrix} \boldsymbol{x}_1 & \boldsymbol{x}_2 & \boldsymbol{x}_3 \end{pmatrix} = \begin{pmatrix} 1 & 1 & 1 \\ -1 & -1 & 0 \\ -1 & 0 & -1 \end{pmatrix}$$

このとき、$P^{-1} = \begin{pmatrix} -1 & -1 & -1 \\ 1 & 0 & 1 \\ 1 & 1 & 0 \end{pmatrix}$ …… （§3-10）

すると、
$$P^{-1}AP = \begin{pmatrix} -1 & -1 & -1 \\ 1 & 0 & 1 \\ 1 & 1 & 0 \end{pmatrix}\begin{pmatrix} 4 & 2 & 1 \\ -1 & 1 & -1 \\ -2 & -2 & 1 \end{pmatrix}\begin{pmatrix} 1 & 1 & 1 \\ -1 & -1 & 0 \\ -1 & 0 & 1 \end{pmatrix}$$
$$= \begin{pmatrix} -1 & -1 & -1 \\ 2 & 0 & 2 \\ 3 & 3 & 0 \end{pmatrix}\begin{pmatrix} 1 & 1 & 1 \\ -1 & -1 & 0 \\ -1 & 0 & -1 \end{pmatrix} = \begin{pmatrix} 1 & 0 & 0 \\ 0 & 2 & 0 \\ 0 & 0 & 3 \end{pmatrix}$$

行列 P を作成するとき、$\boldsymbol{x}_1, \boldsymbol{x}_2, \boldsymbol{x}_3$ の順に列ベクトルを採用したので、対角行列に表われる固有値の順序も $\lambda_1, \lambda_2, \lambda_3$ の順になっています。採用する固有ベクトルの順序を変えれば、固有値の順序もその順になります。なお、行列 P を作成するときの固有ベクトルは例 1、例 2 ともに $s = t(= q) = 1$ を採用しましたが、他の s, t, q の値を採用しても得られる対角行列は同じになります。

8-5 行列の対角化（その2）

n 次正方行列 $A=(a_{ij})$ の固有値 $\lambda_1,\lambda_2,\cdots,\lambda_n$ に等しいものがあっても、1次独立な固有ベクトル $\boldsymbol{x}_1,\boldsymbol{x}_2,\cdots,\boldsymbol{x}_n$ を n 個つくれれば、これら n 個の固有ベクトルを列ベクトルとする行列 $P=(\boldsymbol{x}_1\ \ \boldsymbol{x}_2\ \ \cdots\ \ \boldsymbol{x}_n)$ に対して、

$$P^{-1}AP=\begin{pmatrix}\lambda_1 & 0 & \cdots & 0\\ 0 & \lambda_2 & \cdots & 0\\ \vdots & \vdots & \vdots & \vdots\\ 0 & 0 & \cdots & \lambda_n\end{pmatrix}\quad\cdots①$$

レッスン

上記のことを成分を使って丁寧に表現すると次のようになります。

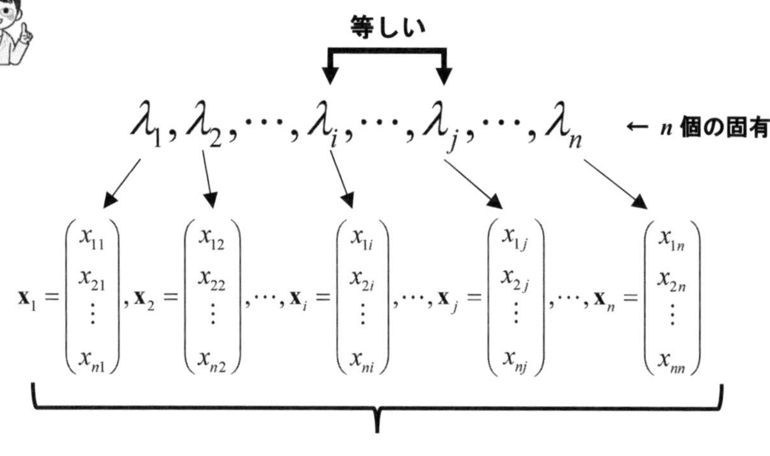

$$P^{-1}AP = \begin{pmatrix} \lambda_1 & 0 & \cdots & 0 \\ 0 & \lambda_2 & \cdots & 0 \\ \vdots & \vdots & \vdots & \vdots \\ 0 & 0 & \cdots & \lambda_n \end{pmatrix}$$

固有方程式に重解があっても対角化が可能なことがあるのか。

ただし、$P = \begin{pmatrix} \boldsymbol{x}_1 & \boldsymbol{x}_2 & \cdots & \boldsymbol{x}_n \end{pmatrix} = \begin{pmatrix} x_{11} & x_{12} & \cdots & x_{1n} \\ x_{21} & x_{22} & \cdots & x_{2n} \\ \vdots & \vdots & \vdots & \vdots \\ x_{n1} & x_{n2} & \cdots & x_{nn} \end{pmatrix}$

〔解説〕 n 次正方行列 A の固有方程式 $|\lambda E - A| = 0$ は λ についての n 次方程式なので、複素数の範囲で考えるとその解 λ は n 個あります。しかし、それらが相異なるとは限りません（重根の場合があるため）。すると、前節の定理は使えなくなります。しかし、重根である固有値から得られる固有ベクトルが複数の１次独立なベクトルの和で表わされ、他の固有値の固有ベクトルと併せて全体として１次独立な n 個のベクトルを見いだせれば、行列 A は**対角化可能**であるといえます。このことを、3 次の正方行列を例にして調べてみましょう。

3 次の正方行列 A の固有値が $\lambda_1, \lambda_1, \lambda_3$ $(\lambda_1 = \lambda_2)$ である場合を想定してみます。ここで、λ_1 の固有ベクトル $\boldsymbol{x}_1$ が１次独立な２つのベクトル $\boldsymbol{x}'_1, \boldsymbol{x}'_2$ を用いて $\boldsymbol{x}_1 = \boldsymbol{x}'_1 + \boldsymbol{x}'_2$ と書くことができ、$A\boldsymbol{x}'_1 = \lambda_1 \boldsymbol{x}'_1$、$A\boldsymbol{x}'_2 = \lambda_1 \boldsymbol{x}'_2$ を満たし、λ_3 の固有ベクトル $\boldsymbol{x}_3$ と $\boldsymbol{x}'_1, \boldsymbol{x}'_2$ を併せた $\boldsymbol{x}'_1, \boldsymbol{x}'_2, \boldsymbol{x}_3$ が１次独立になったとしましょう。このときは

$$\boldsymbol{x}'_1 = \begin{pmatrix} x_{11} \\ x_{21} \\ x_{31} \end{pmatrix}, \boldsymbol{x}'_2 = \begin{pmatrix} x_{12} \\ x_{22} \\ x_{32} \end{pmatrix}, \boldsymbol{x}_3 = \begin{pmatrix} x_{13} \\ x_{23} \\ x_{33} \end{pmatrix}、P = (\boldsymbol{x}'_1\ \boldsymbol{x}'_2\ \boldsymbol{x}_3) = \begin{pmatrix} x_{11} & x_{12} & x_{13} \\ x_{21} & x_{22} & x_{23} \\ x_{31} & x_{32} & x_{33} \end{pmatrix}$$

とすると、A は P を用いて次のように対角化できます。

$$AP = A(\boldsymbol{x}_1' \ \boldsymbol{x}_2' \ \boldsymbol{x}_3) = \left(A\boldsymbol{x}_1' \ A\boldsymbol{x}_2' \ A\boldsymbol{x}_3\right) = \left(\lambda_1\boldsymbol{x}_1' \ \ \lambda_1\boldsymbol{x}_2' \ \ \lambda_3\boldsymbol{x}_3\right)$$
$$= \left(\boldsymbol{x}_1' \ \ \boldsymbol{x}_2' \ \ \boldsymbol{x}_3\right)\begin{pmatrix} \lambda_1 & 0 & 0 \\ 0 & \lambda_1 & 0 \\ 0 & 0 & \lambda_3 \end{pmatrix} = P\begin{pmatrix} \lambda_1 & 0 & 0 \\ 0 & \lambda_1 & 0 \\ 0 & 0 & \lambda_3 \end{pmatrix}$$

つまり、　$AP = P\begin{pmatrix} \lambda_1 & 0 & 0 \\ 0 & \lambda_1 & 0 \\ 0 & 0 & \lambda_3 \end{pmatrix}$

この式の両辺に P^{-1} を左から掛けると　$P^{-1}AP = \begin{pmatrix} \lambda_1 & 0 & 0 \\ 0 & \lambda_1 & 0 \\ 0 & 0 & \lambda_3 \end{pmatrix}$

したがって、この行列 A は対角化可能になります。

以上、3 次の正方行列の例でしたが、この考えは一般の n 次の正方行列にもあてはまります。

〔例 1〕　$A = \begin{pmatrix} 2 & -1 & -1 \\ -1 & 2 & 1 \\ 1 & -1 & 0 \end{pmatrix}$ の対角化に挑戦

$$f_A(\lambda) = |\lambda E - A| = \begin{vmatrix} \lambda-2 & 1 & 1 \\ 1 & \lambda-2 & -1 \\ -1 & 1 & \lambda \end{vmatrix} = \lambda^3 - 4\lambda^2 + 5\lambda - 2 = (\lambda-1)^2(\lambda-2) = 0$$

より、固有値は 1（重根）,2 となります。

(1)　固有値 1 に対応する固有ベクトル $\boldsymbol{x}_1 = \begin{pmatrix} a \\ b \\ c \end{pmatrix}$ を求める

$$\begin{pmatrix} 2 & -1 & -1 \\ -1 & 2 & 1 \\ 1 & -1 & 0 \end{pmatrix}\begin{pmatrix} a \\ b \\ c \end{pmatrix} = 1\times\begin{pmatrix} a \\ b \\ c \end{pmatrix}$$ より　$a-b-c=0$ を得ます。

したがって、$\boldsymbol{x}_1 = \begin{pmatrix} a \\ b \\ c \end{pmatrix} = \begin{pmatrix} b+c \\ b \\ c \end{pmatrix} = \begin{pmatrix} b \\ b \\ 0 \end{pmatrix} + \begin{pmatrix} c \\ 0 \\ c \end{pmatrix} = b\begin{pmatrix} 1 \\ 1 \\ 0 \end{pmatrix} + c\begin{pmatrix} 1 \\ 0 \\ 1 \end{pmatrix}$

ここで、$\boldsymbol{x}_1' = b\begin{pmatrix} 1 \\ 1 \\ 0 \end{pmatrix}$　$(b \neq 0)$、　$\boldsymbol{x}_2' = c\begin{pmatrix} 1 \\ 0 \\ 1 \end{pmatrix}$　$(c \neq 0)$　とすると

$$\begin{pmatrix} 2 & -1 & -1 \\ -1 & 2 & 1 \\ 1 & -1 & 0 \end{pmatrix}\begin{pmatrix} 1 \\ 1 \\ 0 \end{pmatrix} = 1\times\begin{pmatrix} 1 \\ 1 \\ 0 \end{pmatrix}、\begin{pmatrix} 2 & -1 & -1 \\ -1 & 2 & 1 \\ 1 & -1 & 0 \end{pmatrix}\begin{pmatrix} 1 \\ 0 \\ 1 \end{pmatrix} = 1\times\begin{pmatrix} 1 \\ 0 \\ 1 \end{pmatrix}$$

となり、$\boldsymbol{x}_1', \boldsymbol{x}_2'$ はそれぞれが固有値 1 の固有ベクトルとなります。

(2)　固有値 2 に対応する固有ベクトル $\boldsymbol{x}_3 = \begin{pmatrix} a \\ b \\ c \end{pmatrix}$ を求める

$$\begin{pmatrix} 2 & -1 & -1 \\ -1 & 2 & 1 \\ 1 & -1 & 0 \end{pmatrix}\begin{pmatrix} a \\ b \\ c \end{pmatrix} = 2\times\begin{pmatrix} a \\ b \\ c \end{pmatrix}$$ より $\begin{cases} b+c=0 \\ a=c \\ a-b=2c \end{cases}$ を得ます。

これを解いて　$\mathbf{x}_3 = \begin{pmatrix} a \\ b \\ c \end{pmatrix} = \begin{pmatrix} c \\ -c \\ c \end{pmatrix} = c\begin{pmatrix} 1 \\ -1 \\ 1 \end{pmatrix}$　$(c \neq 0)$

(1)、(2) で求めた固有値 1 に対する固有ベクトル $\boldsymbol{x}_1', \boldsymbol{x}_2'$ と固有値 2 に対する固有ベクトル $\boldsymbol{x}_3$ をあわせた 3 つの固有ベクトル $\boldsymbol{x}_1', \boldsymbol{x}_2', \boldsymbol{x}_3$ は 1 次独立です（$s\boldsymbol{x}_1' + t\boldsymbol{x}_2' + u\boldsymbol{x}_3 = \boldsymbol{0}$ とすると $s=t=u=0$ になるからです）。

ここで、行列 P を行列 A の固有ベクトル $\boldsymbol{x}'_1, \boldsymbol{x}'_2, \boldsymbol{x}_3$ を列ベクトルとする行列とします。つまり

$$P = \begin{pmatrix} \boldsymbol{x}'_1 & \boldsymbol{x}'_2 & \boldsymbol{x}_3 \end{pmatrix} = \begin{pmatrix} 1 & 1 & 1 \\ 1 & 0 & -1 \\ 0 & 1 & 1 \end{pmatrix}$$

このとき、$P^{-1} = \begin{pmatrix} 1 & 0 & -1 \\ -1 & 1 & 2 \\ 1 & -1 & -1 \end{pmatrix}$

すると、 $P^{-1}AP = \begin{pmatrix} 1 & 0 & -1 \\ -1 & 1 & 2 \\ 1 & -1 & -1 \end{pmatrix} \begin{pmatrix} 2 & -1 & -1 \\ -1 & 2 & 1 \\ 1 & -1 & 0 \end{pmatrix} \begin{pmatrix} 1 & 1 & 1 \\ 1 & 0 & -1 \\ 0 & 1 & 1 \end{pmatrix}$

$$= \begin{pmatrix} 1 & 0 & -1 \\ -1 & 1 & 2 \\ 1 & -1 & -1 \end{pmatrix} \begin{pmatrix} 1 & 1 & 2 \\ 1 & 0 & -2 \\ 0 & 1 & 2 \end{pmatrix} = \begin{pmatrix} 1 & 0 & 0 \\ 0 & 1 & 0 \\ 0 & 0 & 2 \end{pmatrix}$$

〔例 2〕 $A = \begin{pmatrix} -2 & -2 & -1 \\ 2 & 1 & 2 \\ 1 & 2 & 0 \end{pmatrix}$ の対角化に挑戦

$$f_A(\lambda) = |\lambda E - A| = \begin{vmatrix} \lambda+2 & 2 & 1 \\ -2 & \lambda-1 & -2 \\ -1 & 2 & \lambda \end{vmatrix} = \lambda^3 + \lambda^2 - \lambda - 1 = (\lambda-1)(\lambda+1)^2 = 0$$

より、固有値は－1（重根）,1 となります。

(1)　固有値 1 に対応する固有ベクトルを $\boldsymbol{x}_1 = \begin{pmatrix} a \\ b \\ c \end{pmatrix}$ を求める

$$\begin{pmatrix} -2 & -2 & -1 \\ 2 & 1 & 2 \\ 1 & 2 & 0 \end{pmatrix}\begin{pmatrix} a \\ b \\ c \end{pmatrix} = 1 \times \begin{pmatrix} a \\ b \\ c \end{pmatrix} \quad \text{より} \quad \begin{cases} 3a+2b+c=0 \\ a+c=0 \\ a+2b=c \end{cases} \quad \text{を得ます。}$$

これを解いて　$\boldsymbol{x}_1 = \begin{pmatrix} a \\ b \\ c \end{pmatrix} = \begin{pmatrix} a \\ -a \\ -a \end{pmatrix} = a\begin{pmatrix} 1 \\ -1 \\ -1 \end{pmatrix} \quad (a \neq 0)$

(2)　固有値－1（重根）に対応する固有ベクトル $\boldsymbol{x}_2 = \begin{pmatrix} a \\ b \\ c \end{pmatrix}$ を求める

$$\begin{pmatrix} -2 & -2 & -1 \\ 2 & 1 & 2 \\ 1 & 2 & 0 \end{pmatrix}\begin{pmatrix} a \\ b \\ c \end{pmatrix} = (-1) \times \begin{pmatrix} a \\ b \\ c \end{pmatrix} \quad \text{より} \begin{cases} a+2b+c=0 \\ 2a+2b+2c=0 \\ a+2b+c=0 \end{cases} \quad \text{を得ます。}$$

これを解いて　$\boldsymbol{x}_2 = \begin{pmatrix} a \\ b \\ c \end{pmatrix} = \begin{pmatrix} a \\ 0 \\ -a \end{pmatrix} = a\begin{pmatrix} 1 \\ 0 \\ -1 \end{pmatrix} \quad (a \neq 0)$

この $\boldsymbol{x}_2$ からは、$\boldsymbol{x}_2 = \boldsymbol{x}'_2 + \boldsymbol{x}'_3$ となる１次独立な２つのベクトル $\boldsymbol{x}'_2, \boldsymbol{x}'_3$ を見出すことはできません。したがって、(1)、(2)から得られる１次独立なベクトルは２個のみであり、３個に至りません。したがって、本節の定理は使えません。

例１、例２からわかるように、n 次の正方行列の固有値に重根からなる固有値がある場合でも、n 個の１次独立な固有ベクトルを見出せれば対角化可能ですが、n 個未満しか固有ベクトルを見出せなければ対角化の保障はできません。

8-6 実対称行列の固有値と固有ベクトル

成分が実数である対称行列を**実対称行列**という。実対称行列の固有値と固有ベクトルは次の性質をもっている。

(1) 実対称行列の固有値はすべて実数である。

(2) 実対称行列の異なる固有値に対応する固有ベクトルは直交する。

レッスン

対称行列とはその名の通り対称の位置(下図)にある成分が等しい行列です。

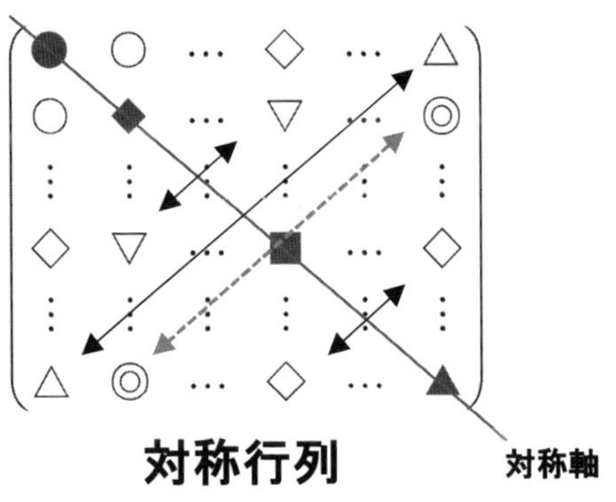

対称行列 A を $A=(a_{ij})$ と成分表示すれば $a_{ij}=a_{ji}$ を満たしているのですね。

$$A=\begin{pmatrix} a_{11} & a_{12} & \cdots & a_{1i} & \cdots & a_{1n} \\ a_{21} & a_{22} & \cdots & a_{2i} & \cdots & a_{2n} \\ \vdots & \vdots & \vdots & \vdots & \vdots & \vdots \\ a_{i1} & a_{i2} & \cdots & a_{ii} & \cdots & a_{in} \\ \vdots & \vdots & \vdots & \vdots & \vdots & \vdots \\ a_{n1} & a_{n2} & \cdots & a_{ni} & \cdots & a_{nn} \end{pmatrix}$$ ただし、$a_{ij}=a_{ji}$

対称行列は自分が自分の転置行列に等しい行列ともいえます。

$$A \text{ が対称行列} \iff A = {}^t A$$

$$\begin{pmatrix} a_{11} & a_{12} & \cdots & a_{1i} & \cdots & a_{1n} \\ a_{21} & a_{22} & \cdots & a_{2i} & \cdots & a_{2n} \\ \vdots & \vdots & \vdots & \vdots & \vdots & \vdots \\ a_{i1} & a_{i2} & \cdots & a_{ii} & \cdots & a_{in} \\ \vdots & \vdots & \vdots & \vdots & \vdots & \vdots \\ a_{n1} & a_{n2} & \cdots & a_{ni} & \cdots & a_{nn} \end{pmatrix} = \begin{pmatrix} a_{11} & a_{21} & \cdots & a_{i1} & \cdots & a_{n1} \\ a_{12} & a_{22} & \cdots & a_{i2} & \cdots & a_{n2} \\ \vdots & \vdots & \vdots & \vdots & \vdots & \vdots \\ a_{1i} & a_{2i} & \cdots & a_{ii} & \cdots & a_{ni} \\ \vdots & \vdots & \vdots & \vdots & \vdots & \vdots \\ a_{1n} & a_{2n} & \cdots & a_{in} & \cdots & a_{nn} \end{pmatrix}$$

実対称行列というのは成分がすべて実数である対称行列のことですね。

成分がすべて実数である行列でも、その固有値は実数とは限りません。
けれども、実対称行列の場合は固有値は必ず実数になります。

A ····実対称行列

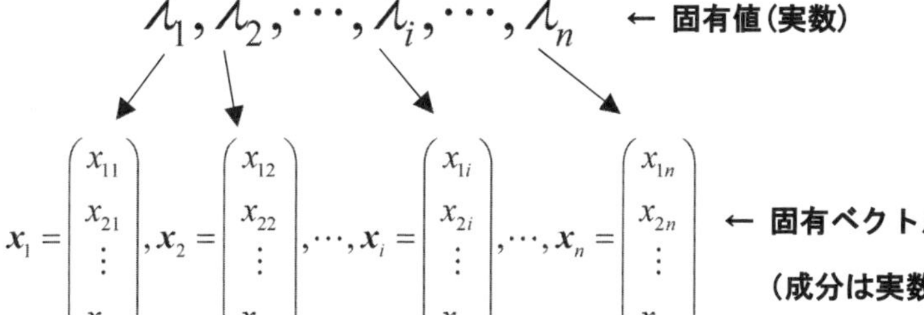

$\lambda_1, \lambda_2, \cdots, \lambda_i, \cdots, \lambda_n$
← 固有値（実数）
$\boldsymbol{x}_1 = \begin{pmatrix} x_{11} \\ x_{21} \\ \vdots \\ x_{n1} \end{pmatrix}, \boldsymbol{x}_2 = \begin{pmatrix} x_{12} \\ x_{22} \\ \vdots \\ x_{n2} \end{pmatrix}, \cdots, \boldsymbol{x}_i = \begin{pmatrix} x_{1i} \\ x_{2i} \\ \vdots \\ x_{ni} \end{pmatrix}, \cdots, \boldsymbol{x}_n = \begin{pmatrix} x_{1n} \\ x_{2n} \\ \vdots \\ x_{nn} \end{pmatrix}$
← 固有ベクトル
（成分は実数）

実対称行列の場合は固有値は必ず実数になりますが、さらに、異なる固有値に対応する固有ベクトルは垂直になります。

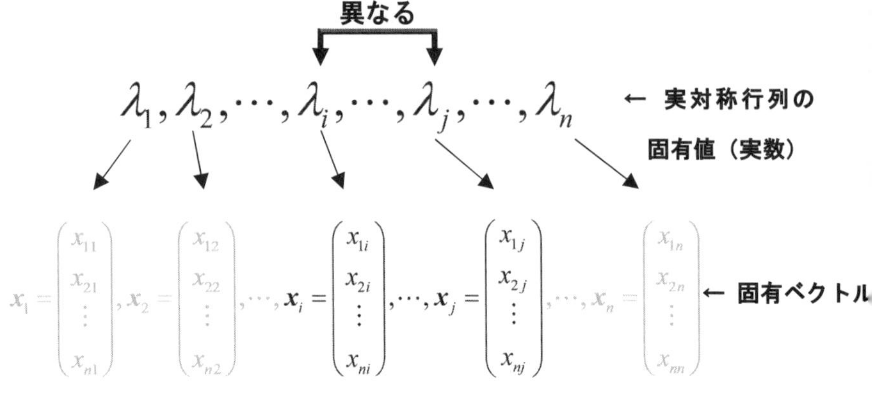

$$\boldsymbol{x}_i \perp \boldsymbol{x}_j \quad \text{（垂直）}$$

〔解説〕 実対称行列は行列としては特殊ですが、いろいろな分野で顔を出す、利用価値の高い行列です。しかも扱いやすい性質をもっています。とくに、(1)、(2)の性質は行列を対角化するときに、極めて重要な役割を演じます。まずは、成立理由を調べてみましょう。

● (1)の成立について

ここでは、簡単のために下記の3次の正方行列Aについて、その成立を確認します。任意のn次実対称行列についても同様に確かめることができます。

$$A=\begin{pmatrix} a_{11} & a_{12} & a_{13} \\ a_{21} & a_{22} & a_{23} \\ a_{31} & a_{32} & a_{33} \end{pmatrix},\ a_{ij}=a_{ji}\ ,\ a_{ij}\in R$$

とし、A の固有値の１つをλとします。いまのところλと、このλに対応する固有ベクトル $\boldsymbol{x}=\begin{pmatrix} x_1 \\ x_2 \\ x_3 \end{pmatrix}\neq 0$ の成分 x_1, x_2, x_3 は実数かどうかがわかりませんので、複素数として考えます。

固有値、固有ベクトルの関係を表わした $\begin{pmatrix} a_{11} & a_{12} & a_{13} \\ a_{21} & a_{22} & a_{23} \\ a_{31} & a_{32} & a_{33} \end{pmatrix}\begin{pmatrix} x_1 \\ x_2 \\ x_3 \end{pmatrix}=\lambda\begin{pmatrix} x_1 \\ x_2 \\ x_3 \end{pmatrix}$

を展開すると次の式を得ます。

$$\begin{aligned} a_{11}x_1+a_{12}x_2+a_{13}x_3&=\lambda x_1 \\ a_{21}x_1+a_{22}x_2+a_{23}x_3&=\lambda x_2 \\ a_{31}x_1+a_{32}x_2+a_{33}x_3&=\lambda x_3 \end{aligned} \quad \cdots ①$$

①の各式に、それぞれ、共役複素数 $\overline{x_1}, \overline{x_2}, \overline{x_3}$ をかけて辺々加えると、

$$\begin{aligned} &(a_{11}x_1+a_{12}x_2+a_{13}x_3)\overline{x_1} \\ &+(a_{21}x_1+a_{22}x_2+a_{23}x_3)\overline{x_2} \\ &+(a_{31}x_1+a_{32}x_2+a_{33}x_3)\overline{x_3}=\lambda(x_1\overline{x_1}+x_2\overline{x_2}+x_3\overline{x_3}) \end{aligned} \quad \cdots ②$$

を得ます。

ここで、　$x_1\overline{x_1}+x_2\overline{x_2}+x_3\overline{x_3}=|x_1|^2+|x_2|^2+|x_3|^2>0 \quad (\because\ \boldsymbol{x}\neq 0)$

（注）　$z\overline{z}=|z|^2\geqq 0$ は実数。ただし、z は複素数

また、②の左辺を整理すると次のようになります。

$$\begin{aligned} &(a_{11}x_1\overline{x_1}+a_{22}x_2\overline{x_2}+a_{33}x_3\overline{x_3}) \\ &+(a_{12}x_2\overline{x_1}+a_{21}x_1\overline{x_2})+(a_{13}x_3\overline{x_1}+a_{31}x_1\overline{x_3})+(a_{23}x_3\overline{x_2}+a_{32}x_2\overline{x_3}) \end{aligned} \quad \cdots ③$$

ここで、a_{ij} は実数であることより、③式の第 1 項は実数となります。また $a_{ij}=a_{ji}$ より③の第 2 項は $a_{12}(x_2\overline{x_1}+x_1\overline{x_2})$ と書けます。ここで、

$$\overline{x_2\overline{x_1}+x_1\overline{x_2}}=\overline{x_2\overline{x_1}}+\overline{x_1\overline{x_2}}=\overline{x_2}\overline{\overline{x_1}}+\overline{x_1}\overline{\overline{x_2}}=\overline{x_2}x_1+\overline{x_1}x_2=x_2\overline{x_1}+x_1\overline{x_2}$$

より、$a_{12}(x_2\overline{x_1}+x_1\overline{x_2})$、つまり、③式の第 2 項は実数となります。

（注）　$\overline{z}=z$ を満たす複素数 z は実数

同様にして③式の第 3 項、第 4 項も実数となり、つまりは、②の左辺である③は実数であることがわかります。

したがって、②は「実数＝λ×実数」となり、**λは実数**であることがわかります。

また、固有値が実数であるとき、実行列の固有ベクトルの成分を求める連立 1 次方程式の解に虚数が顔を出す余地はありません。

●　(2)の成立について

実対称行列 A の異なる固有値を λ_1,λ_2 とし、これらの固有値に対応する固有ベクトルを $\boldsymbol{x}_1=\begin{pmatrix}x_{11}\\x_{21}\\\vdots\\x_{n1}\end{pmatrix},\boldsymbol{x}_2=\begin{pmatrix}x_{12}\\x_{22}\\\vdots\\x_{n2}\end{pmatrix}$ とします。すると、$\boldsymbol{x}_1$ と $\boldsymbol{x}_2$ の内積 $\boldsymbol{x}_1\cdot\boldsymbol{x}_2$ は $\boldsymbol{x}_1\cdot\boldsymbol{x}_2={}^t\boldsymbol{x}_1\,\boldsymbol{x}_2$ と書けます。なぜならば、

$${}^t\boldsymbol{x}_1\,\boldsymbol{x}_2=\begin{pmatrix}x_{11} & x_{21} & \cdots & x_{n1}\end{pmatrix}\begin{pmatrix}x_{12}\\x_{22}\\\vdots\\x_{n2}\end{pmatrix}=x_{11}x_{12}+x_{21}x_{22}+\cdots+x_{n1}x_{n2}$$

となり、この式の右辺は内積 $\boldsymbol{x}_1\cdot\boldsymbol{x}_2$ を表わすからです。

このことと、$A\boldsymbol{x}_1 = \lambda_1 \boldsymbol{x}_1$, $A\boldsymbol{x}_2 = \lambda_2 \boldsymbol{x}_2$ より次の式が成立します。

$$\lambda_2(\boldsymbol{x}_1 \bullet \boldsymbol{x}_2) = \lambda_2 {}^t\boldsymbol{x}_1\, \boldsymbol{x}_2 = {}^t\boldsymbol{x}_1(\lambda_2 \boldsymbol{x}_2) = {}^t\boldsymbol{x}_1(A\boldsymbol{x}_2) = {}^t\boldsymbol{x}_1 {}^tA\boldsymbol{x}_2 = ({}^t\boldsymbol{x}_1 {}^tA)\boldsymbol{x}_2$$
$$= {}^t(A\boldsymbol{x}_1)\boldsymbol{x}_2 = {}^t(\lambda_1 \boldsymbol{x}_1)\boldsymbol{x}_2 = \lambda_1 {}^t\boldsymbol{x}_1 \boldsymbol{x}_2 = \lambda_1(\boldsymbol{x}_1 \bullet \boldsymbol{x}_2)$$

ゆえに　$(\lambda_2 - \lambda_1)(\boldsymbol{x}_1 \bullet \boldsymbol{x}_2) = 0$

ここで、$\lambda_2 \neq \lambda_1$　なので　$\boldsymbol{x}_1 \bullet \boldsymbol{x}_2 = 0$

したがって、$\boldsymbol{x}_1 \neq \boldsymbol{0}$, $\boldsymbol{x}_2 \neq \boldsymbol{0}$　より　$\boldsymbol{x}_1 \perp \boldsymbol{x}_2$　となります。

実対称行列 A の異なる固有値を λ_1, λ_2 としましたが、一般に、λ_i, λ_j の場合でも、これらの固有値に対応する固有ベクトル $\boldsymbol{x}_i$, $\boldsymbol{x}_j$ は同じ論法で直交することがわかります。

（注）　${}^t(AB) = {}^tB\,{}^tA \cdots$ §3-5

〔例〕　$A = \begin{pmatrix} 3 & 2 & 0 \\ 2 & 2 & 2 \\ 0 & 2 & 1 \end{pmatrix}$ の固有値、固有ベクトルを求めよう。

$$f_A(\lambda) = |\lambda E - A| = \begin{vmatrix} \lambda-3 & -2 & 0 \\ -2 & \lambda-2 & -2 \\ 0 & -2 & \lambda-1 \end{vmatrix} = \lambda^3 - 6\lambda^2 + 3\lambda + 10 = (\lambda+1)(\lambda-2)(\lambda-5) = 0$$

より、固有値は $-1, 2, 5$ となります。

(1)　固有値－1 に対応する固有ベクトル $\boldsymbol{x}_1 = \begin{pmatrix} a \\ b \\ c \end{pmatrix}$ を求める

$$\begin{pmatrix} 3 & 2 & 0 \\ 2 & 2 & 2 \\ 0 & 2 & 1 \end{pmatrix}\begin{pmatrix} a \\ b \\ c \end{pmatrix} = -1 \times \begin{pmatrix} a \\ b \\ c \end{pmatrix} \quad \text{より} \quad \begin{cases} 3a + 2b = -a \\ 2a + 2b + 2c = -b \\ 2b + c = -c \end{cases} \quad \text{を得ます。}$$

第8章 行列の固有値

これを解いて　$\boldsymbol{x}_1=\begin{pmatrix}a\\b\\c\end{pmatrix}=\begin{pmatrix}a\\-2a\\2a\end{pmatrix}=a\begin{pmatrix}1\\-2\\2\end{pmatrix}$　$(a\neq 0)$

(2)　固有値 2 に対応する固有ベクトル $\boldsymbol{x}_2=\begin{pmatrix}a\\b\\c\end{pmatrix}$ を求める

$\begin{pmatrix}3&2&0\\2&2&2\\0&2&1\end{pmatrix}\begin{pmatrix}a\\b\\c\end{pmatrix}=2\times\begin{pmatrix}a\\b\\c\end{pmatrix}$　より　$\begin{cases}3a+2b=2a\\2a+2b+2c=2b\\2b+c=2c\end{cases}$　を得ます。

これを解いて　$\boldsymbol{x}_2=\begin{pmatrix}a\\b\\c\end{pmatrix}=\begin{pmatrix}-2b\\b\\2b\end{pmatrix}=b\begin{pmatrix}-2\\1\\2\end{pmatrix}$　$(b\neq 0)$

(3)　固有値 5 に対応する固有ベクトル $\boldsymbol{x}_3=\begin{pmatrix}a\\b\\c\end{pmatrix}$ を求める

$\begin{pmatrix}3&2&0\\2&2&2\\0&2&1\end{pmatrix}\begin{pmatrix}a\\b\\c\end{pmatrix}=5\times\begin{pmatrix}a\\b\\c\end{pmatrix}$　より　$\begin{cases}3a+2b=5a\\2a+2b+2c=5b\\2b+c=5c\end{cases}$　を得ます。

これを解いて　$\boldsymbol{x}_3=\begin{pmatrix}a\\b\\c\end{pmatrix}=\begin{pmatrix}2c\\2c\\c\end{pmatrix}=c\begin{pmatrix}2\\2\\1\end{pmatrix}$　$(c\neq 0)$

(1)、(2)、(3) で求めた固有値 1 に対する固有ベクトル $\boldsymbol{x}_1,\boldsymbol{x}_2,\boldsymbol{x}_3$ の内積を調べてみましょう。

$$\boldsymbol{x}_1 \cdot \boldsymbol{x}_2 = {}^t\boldsymbol{x}_1\boldsymbol{x}_2 = \begin{pmatrix} 1 & -2 & 2 \end{pmatrix}\begin{pmatrix} -2 \\ 1 \\ 2 \end{pmatrix} = 1\times(-2)+(-2)\times 1+2\times 2=0 \quad \therefore \ \boldsymbol{x}_1 \perp \boldsymbol{x}_2$$

$$\boldsymbol{x}_1 \cdot \boldsymbol{x}_3 = {}^t\boldsymbol{x}_1\boldsymbol{x}_2 = \begin{pmatrix} 1 & -2 & 2 \end{pmatrix}\begin{pmatrix} 2 \\ 2 \\ 1 \end{pmatrix} = 1\times 2+(-2)\times 2+2\times 1=0 \quad \therefore \ \boldsymbol{x}_1 \perp \boldsymbol{x}_3$$

$$\boldsymbol{x}_2 \cdot \boldsymbol{x}_3 = {}^t\boldsymbol{x}_1\boldsymbol{x}_2 = \begin{pmatrix} -2 & 1 & 2 \end{pmatrix}\begin{pmatrix} 2 \\ 2 \\ 1 \end{pmatrix} = (-2)\times 2+1\times 2+2\times 1=0 \quad \therefore \ \boldsymbol{x}_2 \perp \boldsymbol{x}_3$$

以上のことから、実対称行列$A=\begin{pmatrix} 3 & 2 & 0 \\ 2 & 2 & 2 \\ 0 & 2 & 1 \end{pmatrix}$の固有値は実数で、対応する固有ベクトルはお互いに直交していることがわかります。

なお、実対称行列は重解λをもつ場合があります。このときも、λは実数ですが、これをk重解とすると、この重なったk個の固有値からk個の１次独立な固有ベクトルを必ず導き出すことができます（ここが一般の行列とは違うところです）。しかも、重解とそうでない固有値から得られる合計n個の固有ベクトルは１次独立となります。

そこで、「**グラムシュミットの直交化法**」（§2-12）を利用すると、n個の固有ベクトルのどの２つもお互いに直交させることができます。

8-7 直交行列とその性質

${}^tPP=E$ を満たす正方行列 P を**直交行列**という。直交行列 P は次の同値関係を満たす。

$${}^tP\,P=E \iff P\,{}^tP=E \iff P^{-1}={}^tP$$

なお、直交行列を使った1次変換を**直交変換**という。

レッスン

直交行列の正体を行ベクトル、列ベクトルで見ると次のようになります。

$$P=\begin{pmatrix} p_{11} & p_{12} & p_{13} \\ p_{21} & p_{22} & p_{23} \\ p_{31} & p_{23} & p_{33} \end{pmatrix} \quad \cdots \text{ 直交行列}$$

(i) 

 (ii)

- **P の列ベクトル同士が互いに直交**
- **P の列ベクトルはすべて単位ベクトル**

(iii)

- **P の行ベクトル同士が互いに直交**
- **P の行ベクトルはすべて単位ベクトル**

列や行のベクトル同士の直交が直交行列の名前の由来ですね。

〔**解説**〕　正方行列 P とその転置行列 ${}^tP$ の積が単位行列 E となる行列 P を**直交行列**といいます。つまり、${}^tPP=E$ を満たす行列 P のことです。しかし、このように定義されても「直交」との結びつきが見えません。そこで、行列 P を成分表示して「${}^tPP=E$」と「直交」との関係を探ってみましょう。

● なぜ「${}^tPP=E$」が「直交」と結びつくのか

$$P=\begin{pmatrix} p_{11} & p_{12} & p_{13} \\ p_{21} & p_{22} & p_{23} \\ p_{31} & p_{23} & p_{33} \end{pmatrix}、\quad \boldsymbol{x}_1=\begin{pmatrix} p_{11} \\ p_{21} \\ p_{31} \end{pmatrix}, \boldsymbol{x}_2=\begin{pmatrix} p_{12} \\ p_{22} \\ p_{23} \end{pmatrix}, \boldsymbol{x}_3=\begin{pmatrix} p_{13} \\ p_{23} \\ p_{33} \end{pmatrix}$$

として ${}^tPP=E$ を成分表示してみます。

$${}^tPP=\begin{pmatrix} p_{11} & p_{21} & p_{31} \\ p_{12} & p_{22} & p_{32} \\ p_{13} & p_{23} & p_{33} \end{pmatrix}\begin{pmatrix} p_{11} & p_{12} & p_{13} \\ p_{21} & p_{22} & p_{23} \\ p_{31} & p_{32} & p_{33} \end{pmatrix}$$

$$=\begin{pmatrix} p_{11}p_{11}+p_{21}p_{21}+p_{31}p_{31} & p_{11}p_{12}+p_{21}p_{22}+p_{31}p_{32} & p_{11}p_{13}+p_{21}p_{23}+p_{31}p_{33} \\ p_{12}p_{11}+p_{22}p_{21}+p_{32}p_{31} & p_{12}p_{12}+p_{22}p_{22}+p_{32}p_{32} & p_{12}p_{13}+p_{22}p_{23}+p_{32}p_{33} \\ p_{13}p_{11}+p_{23}p_{21}+p_{33}p_{31} & p_{13}p_{12}+p_{23}p_{22}+p_{33}p_{32} & p_{13}p_{13}+p_{23}p_{23}+p_{33}p_{33} \end{pmatrix}$$

$$=\begin{pmatrix} \boldsymbol{x}_1\cdot\boldsymbol{x}_1 & \boldsymbol{x}_1\cdot\boldsymbol{x}_2 & \boldsymbol{x}_1\cdot\boldsymbol{x}_3 \\ \boldsymbol{x}_2\cdot\boldsymbol{x}_1 & \boldsymbol{x}_2\cdot\boldsymbol{x}_2 & \boldsymbol{x}_2\cdot\boldsymbol{x}_3 \\ \boldsymbol{x}_3\cdot\boldsymbol{x}_1 & \boldsymbol{x}_3\cdot\boldsymbol{x}_2 & \boldsymbol{x}_3\cdot\boldsymbol{x}_3 \end{pmatrix}=\begin{pmatrix} 1 & 0 & 0 \\ 0 & 1 & 0 \\ 0 & 0 & 1 \end{pmatrix}$$

（注）　$\boldsymbol{x}_1\cdot\boldsymbol{x}_2={}^t\boldsymbol{x}_1\,\boldsymbol{x}_2=\begin{pmatrix} p_{11} & p_{21} & p_{31} \end{pmatrix}\begin{pmatrix} p_{12} \\ p_{22} \\ p_{23} \end{pmatrix}=p_{11}p_{12}+p_{21}p_{22}+p_{31}p_{23}$

他も同様です。

このことから、次の関係が導き出されます。

$\boldsymbol{x}_i\cdot\boldsymbol{x}_j=0 \quad (i\neq j\ ,\ i,j=1,2,3)$ …①

$\boldsymbol{x}_i\cdot\boldsymbol{x}_i=\|x_i\|^2=1 \quad (i=1,2,3)$ …②

①より、　$\boldsymbol{x}_1\perp\boldsymbol{x}_2\ ,\ \boldsymbol{x}_1\perp\boldsymbol{x}_3\ ,\ \boldsymbol{x}_2\perp\boldsymbol{x}_3$ …③

②より　$\|\boldsymbol{x}_1\| = \|\boldsymbol{x}_2\| = \|\boldsymbol{x}_3\| = 1$　…④

がそれぞれ導き出されます。

逆に③、④より ${}^tPP = E$ が導き出されます。したがって、本節の冒頭にある「レッスン」図の同値関係(ⅰ)の成立がわかります。

同様にして ${}^tPP = E$ と同値な $P\,{}^tP = E$ を使って(ⅱ)の同値関係が導かれます。その結果(ⅲ)の同値関係がわかります。

以上、3 次の直交行列を例にしましたが、このことは n 次の直交行列の場合にも当てはまります。なお、直交行列という名称からすれば、直交行列はその行ベクトル同士や列ベクトル同士が直交している行列とだけ受けとられるかもしれませんが、さらに行ベクトルや列ベクトルが「単位行列である」という条件がついていることにも注意しましょう。

● 同値の理由は式変形でも簡単にわかる

次の３つの事柄が同値であることを調べてみましょう。

$${}^tPP = E \iff P\,{}^tP = E \iff P^{-1} = {}^tP$$

(1) ${}^tPP = E \iff P^{-1} = {}^tP$ について

${}^tPP = E$ ならば　$|{}^tPP| = |{}^tP||P| = |E| = 1$　ゆえに　$|P| \neq 0$ となり

逆行列 P^{-1} が存在します。ゆえに　${}^tPPP^{-1} = EP^{-1}$　よって ${}^tP = P^{-1}$

逆に　$P^{-1} = {}^tP$　ならば　$P^{-1}P = {}^tPP$　ゆえに　${}^tPP = E$

(2)　$P\,{}^tP = E \iff P^{-1} = {}^tP$

$P\,{}^tP = E$ ならば $|P\,{}^tP| = |P||{}^tP| = |E| = 1$　ゆえに　$|P| \neq 0$ となり

逆行列 P^{-1} が存在します。ゆえに　$P^{-1}P\,{}^tP = P^{-1}E$　よって ${}^tP = P^{-1}$

逆に $P^{-1}={}^tP$ ならば $PP^{-1}=P\,{}^tP$ ゆえに $E=P\,{}^tP$ を得ます。

(1)、(2) より ${}^tP\,P=E \Leftrightarrow P\,{}^tP=E$ がいえます。

〔例 1〕 $E=\begin{pmatrix}1&0&0\\0&1&0\\0&0&1\end{pmatrix}$ など単位行列は直交行列です。

なぜならば、${}^tE\,E=EE=E$

〔例 2〕 $A=\begin{pmatrix}0&1&0\\1&0&0\\0&0&1\end{pmatrix}$ は直交行列です。

なぜならば、

$${}^tAA={}^t\begin{pmatrix}0&1&0\\1&0&0\\0&0&1\end{pmatrix}\begin{pmatrix}0&1&0\\1&0&0\\0&0&1\end{pmatrix}=\begin{pmatrix}0&1&0\\1&0&0\\0&0&1\end{pmatrix}\begin{pmatrix}0&1&0\\1&0&0\\0&0&1\end{pmatrix}$$

$$=\begin{pmatrix}1&0&0\\0&1&0\\0&0&1\end{pmatrix}=E$$

<MEMO> 直交行列の逆行列を求めるには転置行列を求めればよい

直交行列 P は $P^{-1}={}^tP$ を満たすので、直交行列の逆行列を求めるにはその転置行列を求めればよいことになります。一般に、逆行列を求めるのは大変なことなので、これは非常にありがたい性質です。このことは次節で利用しますので、また、紹介します。

直交行列の逆行列は自分自身の転置行列

後で使います。

8-8 実対称行列の対角化

実対称行列 A はその固有値、固有ベクトルからつくられる直交行列 P を用いれば $P^{-1}={}^tP$ なので $P^{-1}AP={}^tP\,A\,P$ によって対角化できる。

レッスン

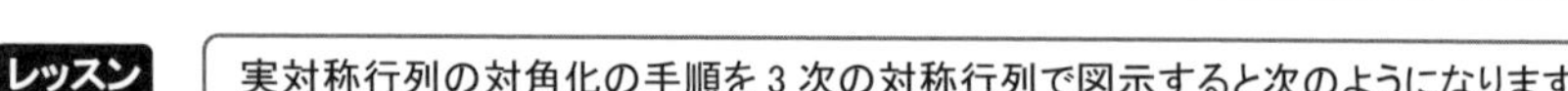

実対称行列の対角化の手順を 3 次の対称行列で図示すると次のようになります。

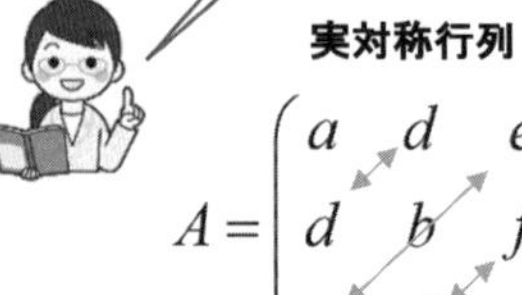

実対称行列

$$A=\begin{pmatrix} a & d & e \\ d & b & f \\ e & f & c \end{pmatrix}$$

固有値 $\lambda_1, \lambda_2, \lambda_3$

直交行列

$$P=\begin{pmatrix} p_{11} & p_{12} & p_{13} \\ p_{21} & p_{22} & p_{23} \\ p_{31} & p_{32} & p_{33} \end{pmatrix}$$

左から順に正規化された $\lambda_1, \lambda_2, \lambda_3$ の固有ベクトル

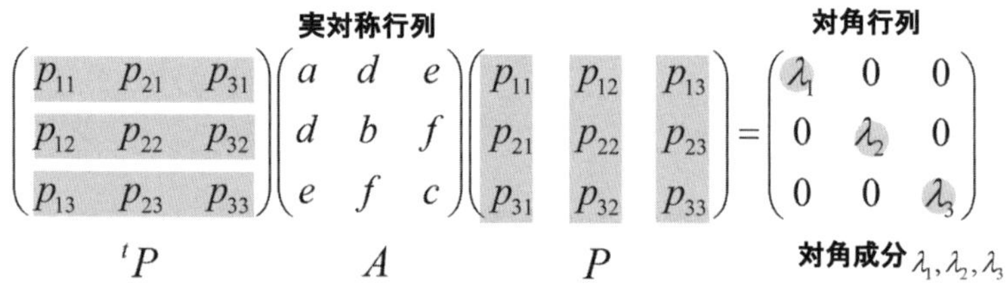

実対称行列　**対角行列**

$$\begin{pmatrix} p_{11} & p_{21} & p_{31} \\ p_{12} & p_{22} & p_{32} \\ p_{13} & p_{23} & p_{33} \end{pmatrix}\begin{pmatrix} a & d & e \\ d & b & f \\ e & f & c \end{pmatrix}\begin{pmatrix} p_{11} & p_{12} & p_{13} \\ p_{21} & p_{22} & p_{23} \\ p_{31} & p_{32} & p_{33} \end{pmatrix}=\begin{pmatrix} \lambda_1 & 0 & 0 \\ 0 & \lambda_2 & 0 \\ 0 & 0 & \lambda_3 \end{pmatrix}$$

$${}^tP \qquad A \qquad P$$

対角成分 $\lambda_1, \lambda_2, \lambda_3$

逆行列を使わないで対角化できるので、ありがたい！

〔解説〕　n 次の正方行列は n 個の異なる固有値をもてば対角化できますが（§8-4）、固有値が重根の場合は対角化できないこともあります。これに対して、実対称行列 A は必ず対角化できます。しかも、直交行列を使うことによって、逆行列を使わずに対角化できます。

対称行列を対角化する手順をフローチャート風にまとめておきます。

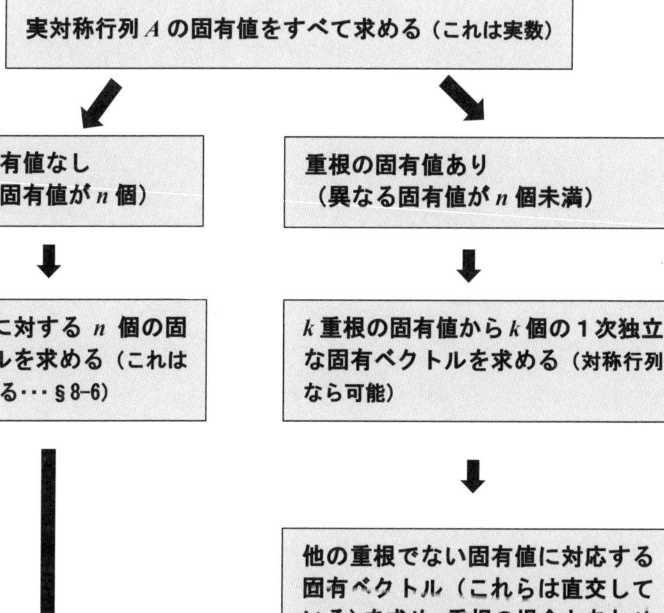

実対称行列 A の固有値をすべて求める（これは実数）

重根の固有値なし（異なる固有値が n 個）

各固有値に対する n 個の固有ベクトルを求める（これは直交している…§8-6）

重根の固有値あり（異なる固有値が n 個未満）

k 重根の固有値から k 個の1次独立な固有ベクトルを求める（対称行列なら可能）

他の重根でない固有値に対応する固有ベクトル（これらは直交している）を求め、重根の場合とあわせた合計 n 個の固有ベクトルを直交化する（グラムシュミットの直交化法などを用いる）

n 個の固有ベクトルを正規化（単位ベクトル化）したベクトル $u_1, u_2, \cdots, u_n$ を列ベクトルとする直交行列 $P=(u_1\ u_2\ \cdots\ u_n)$ をつくる

$P^{-1}AP={}^tP\,A\,P=$ 対角行列（対角成分は A の固有値）

以下に、実対称行列がこの手順により対角化できることを実例で確認しておきましょう（k 重根の固有値から k 個の1次独立なベクトルをつくれることについての成立理由はややこしいので省略します）。

〔例1〕　重根の固有値がない場合（対称行列の固有値がすべて異なる場合）

$A=\begin{pmatrix}3&2&0\\2&2&2\\0&2&1\end{pmatrix}$ の固有値、固有ベクトルを求めると、

$$f_A(\lambda)=|\lambda E-A|=\begin{vmatrix}\lambda-3&-2&0\\-2&\lambda-2&-2\\0&-2&\lambda-1\end{vmatrix}=\lambda^3-6\lambda^2+3\lambda+10=(\lambda+1)(\lambda-2)(\lambda-5)=0$$

より、固有値は$-1,2,5$となりすべて異なります。

(1)　固有値－1に対応する固有ベクトルは　$\boldsymbol{x}_1=\begin{pmatrix}t\\-2t\\2t\end{pmatrix}$　$(t\neq 0)$

よって $\boldsymbol{x}_1$ を正規化したベクトルを $\boldsymbol{u}_1$ とすると　$\boldsymbol{u}_1=\begin{pmatrix}1/3\\-2/3\\2/3\end{pmatrix}$

（注）　$\boldsymbol{u}_1$ の分母の3は $\|x_1\|=\sqrt{t^2+(-2t)^2+(2t)^2}=3|t|$ の3を利用

(2)　固有値2に対応する固有ベクトルは　$\boldsymbol{x}_2=\begin{pmatrix}-2t\\t\\2t\end{pmatrix}$　$(t\neq 0)$

よって $\boldsymbol{x}_2$ を正規化したベクトルを $\boldsymbol{u}_2$ とすると　$\boldsymbol{u}_2=\begin{pmatrix}-2/3\\1/3\\2/3\end{pmatrix}$

(3)　固有値5に対応する固有ベクトルは　$\boldsymbol{x}_3=\begin{pmatrix}2t\\2t\\t\end{pmatrix}$ $(t\neq 0)$

よって$\boldsymbol{x}_3$を正規化したベクトルを$\boldsymbol{u}_3$とすると　$\boldsymbol{u}_3=\begin{pmatrix}2/3\\2/3\\1/3\end{pmatrix}$

(1)、(2)、(3)で求めた$\boldsymbol{u}_1,\boldsymbol{u}_2,\boldsymbol{u}_3$を列ベクトルとする行列を$P$とします。つまり、

$$P=\begin{pmatrix}\boldsymbol{u}_1 & \boldsymbol{u}_2 & \boldsymbol{u}_3\end{pmatrix}=\begin{pmatrix}1/3 & -2/3 & 2/3\\-2/3 & 1/3 & 2/3\\2/3 & 2/3 & 1/3\end{pmatrix}$$

このとき、

$$\begin{aligned}{}^tPAP &= {}^t\begin{pmatrix}\boldsymbol{u}_1 & \boldsymbol{u}_2 & \boldsymbol{u}_3\end{pmatrix}A\begin{pmatrix}\boldsymbol{u}_1 & \boldsymbol{u}_2 & \boldsymbol{u}_3\end{pmatrix}\\
&=\begin{pmatrix}1/3 & -2/3 & 2/3\\-2/3 & 1/3 & 2/3\\2/3 & 2/3 & 1/3\end{pmatrix}\begin{pmatrix}3 & 2 & 0\\2 & 2 & 2\\0 & 2 & 1\end{pmatrix}\begin{pmatrix}1/3 & -2/3 & 2/3\\-2/3 & 1/3 & 2/3\\2/3 & 2/3 & 1/3\end{pmatrix}\\
&=\begin{pmatrix}-1 & 0 & 0\\0 & 2 & 0\\0 & 0 & 5\end{pmatrix}\end{aligned}$$

まさしく、対称行列Aは直交行列Pによって対角化され対角成分は行列Aの固有値になっています。

〔例2〕　重根の固有値がある場合（対称行列の固有値に等しいものがある場合）

$A=\begin{pmatrix}-2 & 2 & 2\\2 & 1 & 4\\2 & 4 & 1\end{pmatrix}$ の固有値、固有ベクトルを求めると、

$$f_A(\lambda)=\left|\lambda E-A\right|=\begin{vmatrix}\lambda+2 & -2 & -2\\ -2 & \lambda-1 & -4\\ -2 & -4 & \lambda-1\end{vmatrix}=\lambda^3-27\lambda-54=(\lambda+3)^2(\lambda-6)=0$$

より、固有値は6,−3（重根）となります。

(1)　固有値6に対応する固有ベクトルは　$\boldsymbol{x}_1=\begin{pmatrix}t\\2t\\2t\end{pmatrix}$　$(t\neq 0)$

よって $\boldsymbol{x}_1$ を正規化したベクトルを $\boldsymbol{u}_1$ とすると　$\boldsymbol{u}_1=\begin{pmatrix}1/3\\2/3\\2/3\end{pmatrix}$

（注）　$\boldsymbol{u}_1$ の分母の3は $\|x_1\|=\sqrt{t^2+(2t)^2+(2t)^2}=3|t|$ の3を利用

(2)　固有値−3（重根）に対応する固有ベクトルは

$$\boldsymbol{x}_2=\begin{pmatrix}-2s-2t\\s\\t\end{pmatrix}=\begin{pmatrix}-2s\\s\\0\end{pmatrix}+\begin{pmatrix}-2t\\0\\t\end{pmatrix}=s\begin{pmatrix}-2\\1\\0\end{pmatrix}+t\begin{pmatrix}-2\\0\\1\end{pmatrix}\quad(s,t\neq 0)$$

ここで、$\boldsymbol{x}'_2=s\begin{pmatrix}-2\\1\\0\end{pmatrix}$、$\boldsymbol{x}'_3=t\begin{pmatrix}-2\\0\\1\end{pmatrix}$ とすると、$\boldsymbol{x}'_2,\boldsymbol{x}'_3$ は1次独立ですが、直交はしていません。そこで、グラムシュミットの直交化法（§2-12）を用いて $\boldsymbol{x}'_2,\boldsymbol{x}'_3$ を正規直交化し、これを $\boldsymbol{u}_2,\boldsymbol{u}_3$ とします。

$$\boldsymbol{u}_2=\begin{pmatrix}-2/\sqrt{5}\\1/\sqrt{5}\\0\end{pmatrix}、\boldsymbol{u}_3=\begin{pmatrix}-2/\sqrt{45}\\-4/\sqrt{45}\\5/\sqrt{45}\end{pmatrix}$$

すると、$\boldsymbol{u}_1,\boldsymbol{u}_2,\boldsymbol{u}_3$ はどの２つも直交する正規化（単位ベクトル化）さ

れたベクトルになります。そこで、$\boldsymbol{u}_1, \boldsymbol{u}_2, \boldsymbol{u}_3$ を列ベクトルとする直交行列を P とします。

$$\text{つまり、} P = \begin{pmatrix} \boldsymbol{u}_1 & \boldsymbol{u}_2 & \boldsymbol{u}_3 \end{pmatrix} = \begin{pmatrix} 1/3 & -2/\sqrt{5} & -2/\sqrt{45} \\ 2/3 & 1/\sqrt{5} & -4/\sqrt{45} \\ 2/3 & 0 & 5/\sqrt{45} \end{pmatrix}$$

このとき、

$$\begin{aligned} {}^tPAP &= {}^t\begin{pmatrix} \boldsymbol{u}_1 & \boldsymbol{u}_2 & \boldsymbol{u}_3 \end{pmatrix} A \begin{pmatrix} \boldsymbol{u}_1 & \boldsymbol{u}_2 & \boldsymbol{u}_3 \end{pmatrix} \\ &= \begin{pmatrix} 1/3 & 2/3 & 2/3 \\ -2/\sqrt{5} & 1/\sqrt{5} & 0 \\ -2/\sqrt{45} & -4/\sqrt{45} & 5/\sqrt{45} \end{pmatrix} \begin{pmatrix} -2 & 2 & 2 \\ 2 & 1 & 4 \\ 2 & 4 & 1 \end{pmatrix} \begin{pmatrix} 1/3 & -2/\sqrt{5} & -2/\sqrt{45} \\ 2/3 & 1/\sqrt{5} & -4/\sqrt{45} \\ 2/3 & 0 & 5/\sqrt{45} \end{pmatrix} \\ &= \begin{pmatrix} 6 & 0 & 0 \\ 0 & -3 & 0 \\ 0 & 0 & -3 \end{pmatrix} \end{aligned}$$

まさしく、対称行列 A は直交行列 P によって対角化され対角成分は行列 A の固有値になっています。

<MEMO>　直交変換

直交行列 P を表現行列とする１次変換 f を**直交変換**といいます。直交変換 f はベクトルの長さを変えない変換となります。つまり、

$$\|f(\boldsymbol{x})\| = \|P\boldsymbol{x}\| = \|\boldsymbol{x}\|$$

となります。

8-9　2次形式と直交変換

2次形式は**直交変換**（直交行列を表現行列とする1次変換）によって標準形に変形できる。

$$ax_1^{\ 2}+2hx_1x_2+bx_2^{\ 2} \quad \to \quad py_1^{\ 2}+qy_2^{\ 2}$$

$$ax_1^{\ 2}+bx_2^{\ 2}+cx_3^{\ 2}+2fx_2x_3+2gx_3x_1+2hx_1x_2 \ \to \ py_1^{\ 2}+qy_2^{\ 2}+ry_3^{\ 2}$$

レッスン

3文字 x_1, x_2, x_3 についての2次形式を直交変換を用いて標準形に直す原理を紹介しましょう。n 文字の2次形式の場合もこれと同様です。

$$ax_1^{\ 2}+bx_2^{\ 2}+cx_3^{\ 2}+2fx_2x_3+2gx_3x_1+2hx_1x_2$$

$$=\begin{pmatrix} x_1 & x_2 & x_3 \end{pmatrix}\begin{pmatrix} a & h & g \\ h & b & f \\ g & f & c \end{pmatrix}\begin{pmatrix} x_1 \\ x_2 \\ x_3 \end{pmatrix}$$

$$={}^t\boldsymbol{x}A\boldsymbol{x}$$

ここでベクトル $\boldsymbol{x}$ に直交変換　$\boldsymbol{x}=P\boldsymbol{y}$ を行なう。（次ページのただし書き参照）

$$={}^t\boldsymbol{y}\begin{pmatrix} \lambda_1 & 0 & 0 \\ 0 & \lambda_2 & 0 \\ 0 & 0 & \lambda_3 \end{pmatrix}\boldsymbol{y}$$

$$=\lambda_1y_1^{\ 2}+\lambda_2y_2^{\ 2}+\lambda_3y_3^{\ 2}$$

直交変換の威力はスゴイ。

ただし、

$$A=\begin{pmatrix} a & h & g \\ h & b & f \\ g & f & c \end{pmatrix}$$ ··· **対称行列(2次形式を表わす行列)**

$$P=\begin{pmatrix} \square & \square & \square \\ \square & \square & \square \\ \square & \square & \square \end{pmatrix}$$ ··· **対称行列 A の固有値 $\lambda_1, \lambda_2, \lambda_3$ に対応する固有ベクトルからつくられた直交行列（§8-7)**

直交変換 $\boldsymbol{x}=P\boldsymbol{y}$ 、$\boldsymbol{x}=\begin{pmatrix} x_1 \\ x_2 \\ x_3 \end{pmatrix}$, $\boldsymbol{y}=\begin{pmatrix} y_1 \\ y_2 \\ y_3 \end{pmatrix}$

〔解説〕 例えば $ax^2+2hxy+by^2$ は x、y についての**2次形式**(**2次の同次式**)、$ax^2+by^2+cz^2+2fyz+2gzx+2hxy$ は x、y、z についての2次形式（2次の同次式）といいます。なお、2次形式の中で次のような特殊なもの ax^2+by^2 、$ax^2+by^2+cz^2$ を2次形式の**標準形**といいます。

2次形式は対称行列を用いて次のように表わされます。

$$ax^2+2hxy+by^2=\begin{pmatrix} x & y \end{pmatrix}\begin{pmatrix} a & h \\ h & b \end{pmatrix}\begin{pmatrix} x \\ y \end{pmatrix}$$

$$ax^2+by^2+cz^2+2fyz+2gzx+2hxy=\begin{pmatrix} x & y & z \end{pmatrix}\begin{pmatrix} a & h & g \\ h & b & f \\ g & f & c \end{pmatrix}\begin{pmatrix} x \\ y \\ z \end{pmatrix}$$

ここで、$x, y, z, \cdots$ のかわりに $x_1, x_2, x_3, \cdots$ を用いれば上記の2次形式は次のように表現できます。こうすることによって、n 文字に拡張したときの2次形式の表現が簡単になります。このとき、例えば、3文字

x、y、z を使った上記の 2 次形式は次のように表現できます。

$$ax_1{}^2 + bx_2{}^2 + cx_3{}^2 + 2fx_2x_3 + 2gx_3x_1 + 2hx_1x_2 = \begin{pmatrix} x_1 & x_2 & x_3 \end{pmatrix} \begin{pmatrix} a & h & g \\ h & b & f \\ g & f & c \end{pmatrix} \begin{pmatrix} x_1 \\ x_2 \\ x_3 \end{pmatrix}$$

●2 次形式の標準化

2 次形式を行列で表現したとき、使われた対称行列を A とすれば、2 次形式の特徴はすべて A に集約されます。そこで、この対称行列 A を **2 次形式を表わす行列**といいます。また、A を使った 2 次形式は ${}^t\boldsymbol{x}A\boldsymbol{x}$ と書けますが、これを $A(\boldsymbol{x}, \boldsymbol{x})$ という記号で表わすことにします。つまり、

$$A(\boldsymbol{x}, \boldsymbol{x}) = {}^t\boldsymbol{x}A\boldsymbol{x} \quad \cdots①$$

2 次形式を表わす行列 A は対称行列なので、これが実対称行列であれば、A の固有値、固有ベクトルをもとに直交行列 P を作成することができます（§8-8）。この P をもとにした直交変換

$$\boldsymbol{x} = P\boldsymbol{y}$$

を 2 次形式①に施せば $A(\boldsymbol{x}, \boldsymbol{x}) = {}^t\boldsymbol{x}A\boldsymbol{x}$ は次のように変形されます。

$${}^t\boldsymbol{x}A\boldsymbol{x} = {}^t(P\boldsymbol{y})A(P\boldsymbol{y}) = ({}^t\boldsymbol{y}\,{}^tP)A(P\boldsymbol{y}) = {}^t\boldsymbol{y}({}^tPAP)\boldsymbol{y}$$

ここで、上式右端における ${}^tPAP$ は行列 A の固有値を対角成分とする対角行列なので、例えば、3 文字についての 2 次形式の場合、

$${}^t\boldsymbol{y}({}^tPAP)\boldsymbol{y} = {}^t\boldsymbol{y}\begin{pmatrix} \lambda_1 & 0 & 0 \\ 0 & \lambda_2 & 0 \\ 0 & 0 & \lambda_3 \end{pmatrix}\boldsymbol{y} = \lambda_1 y_1{}^2 + \lambda_2 y_2{}^2 + \lambda_3 y_3{}^2$$

となります。つまり、

$$A(\boldsymbol{x}, \boldsymbol{x}) = {}^t\boldsymbol{x}A\boldsymbol{x} = {}^t\boldsymbol{y}({}^tPAP)\boldsymbol{y} = \lambda_1 y_1{}^2 + \lambda_2 y_2{}^2 + \lambda_3 y_3{}^2$$

が成立します。これは、2 次形式 $A(\boldsymbol{x}, \boldsymbol{x}) = {}^t\boldsymbol{x}A\boldsymbol{x}$ が直交変換によって標準形 $\lambda_1 y_1{}^2 + \lambda_2 y_2{}^2 + \lambda_3 y_3{}^2$ に変形されたことを意味します（レッスン図）。

このことは n 文字についての 2 次形式の場合も同様です。

〔例 1〕 2 次形式 $3x_1^{\ 2}+2x_2^{\ 2}+x_3^{\ 2}+4x_1x_2+4x_2x_3$ を標準化しよう

$A=\begin{pmatrix}3&2&0\\2&2&2\\0&2&1\end{pmatrix}$, $\boldsymbol{x}=\begin{pmatrix}x_1\\x_2\\x_3\end{pmatrix}$ とすると、与えられた 2 次形式は

$$A(\boldsymbol{x},\boldsymbol{x})={}^t\boldsymbol{x}A\boldsymbol{x}$$

と書けます。ここで、実対称行列 A の固有値、固有ベクトルをもとに作成した直交行列を P とすると $P=\begin{pmatrix}1/3&-2/3&2/3\\-2/3&1/3&2/3\\2/3&2/3&1/3\end{pmatrix}$ となり、

$$ {}^tPAP=\begin{pmatrix}1/3&-2/3&2/3\\-2/3&1/3&2/3\\2/3&2/3&1/3\end{pmatrix}\begin{pmatrix}3&2&0\\2&2&2\\0&2&1\end{pmatrix}\begin{pmatrix}1/3&-2/3&2/3\\-2/3&1/3&2/3\\2/3&2/3&1/3\end{pmatrix}=\begin{pmatrix}-1&0&0\\0&2&0\\0&0&5\end{pmatrix}$$

を得ます。したがって、

$A(\boldsymbol{x},\boldsymbol{x})={}^t\boldsymbol{x}A\boldsymbol{x}$ に直交変換 $\boldsymbol{x}=P\boldsymbol{y}$, $\boldsymbol{x}=\begin{pmatrix}x_1\\x_2\\x_3\end{pmatrix}$, $\boldsymbol{y}=\begin{pmatrix}y_1\\y_2\\y_3\end{pmatrix}$ を行なえば、

$$A(\boldsymbol{x},\boldsymbol{x})={}^t\boldsymbol{x}A\boldsymbol{x}={}^t\boldsymbol{y}({}^tPAP)\boldsymbol{y}=\begin{pmatrix}y_1&y_2&y_3\end{pmatrix}\begin{pmatrix}-1&0&0\\0&2&0\\0&0&5\end{pmatrix}\begin{pmatrix}y_1\\y_2\\y_3\end{pmatrix}$$

$$=-y_1^{\ 2}+2y_2^{\ 2}+5y_3^{\ 2}$$

となります。これが求める標準形です。

第8章 行列の固有値

〔例 2〕 $-2x_1^2+x_2^2+x_3^2+4x_1x_2+8x_2x_3+4x_3x_1$ を標準化しよう。

$A=\begin{pmatrix}-2&2&2\\2&1&4\\2&4&1\end{pmatrix}$, $\boldsymbol{x}=\begin{pmatrix}x_1\\x_2\\x_3\end{pmatrix}$ とすると、与えられた 2 次形式は

$$A(\boldsymbol{x},\boldsymbol{x})={}^t\boldsymbol{x}A\boldsymbol{x}$$

と書けます。ここで、実対称行列 A の固有値、固有ベクトルをもとに作成した直交行列を P とすると $P=\begin{pmatrix}1/3&-2/\sqrt{5}&-2/\sqrt{45}\\2/3&1/\sqrt{5}&-4/\sqrt{45}\\2/3&0&5/\sqrt{45}\end{pmatrix}$ となり、

$${}^tPAP=\begin{pmatrix}1/3&2/3&2/3\\-2/\sqrt{5}&1/\sqrt{5}&0\\-2/\sqrt{45}&-4/\sqrt{45}&5/\sqrt{45}\end{pmatrix}\begin{pmatrix}-2&2&2\\2&1&4\\2&4&1\end{pmatrix}\begin{pmatrix}1/3&-2/\sqrt{5}&-2/\sqrt{45}\\2/3&1/\sqrt{5}&-4/\sqrt{45}\\2/3&0&5/\sqrt{45}\end{pmatrix}$$
$$=\begin{pmatrix}6&0&0\\0&-3&0\\0&0&-3\end{pmatrix}$$

を得ます。したがって、$A(\boldsymbol{x},\boldsymbol{x})={}^t\boldsymbol{x}A\boldsymbol{x}$ に直交変換

$\boldsymbol{x}=P\boldsymbol{y}$, $\boldsymbol{x}=\begin{pmatrix}x_1\\x_2\\x_3\end{pmatrix}$, $\boldsymbol{y}=\begin{pmatrix}y_1\\y_2\\y_3\end{pmatrix}$ を行なえば、

$$A(\boldsymbol{x},\boldsymbol{x})={}^t\boldsymbol{x}A\boldsymbol{x}={}^t\boldsymbol{y}({}^tPAP)\boldsymbol{y}=\begin{pmatrix}y_1&y_2&y_3\end{pmatrix}\begin{pmatrix}6&0&0\\0&-3&0\\0&0&-3\end{pmatrix}\begin{pmatrix}y_1\\y_2\\y_3\end{pmatrix}$$
$$=6y_1^2-3y_2^2-3y_3^2$$

となります。これが求める標準形です。

〔**例 3**〕 2 次形式 $x_1^{\ 2}-4x_1x_2+x_2^{\ 2}$ を標準化しよう。

$A=\begin{pmatrix}1 & -2\\ -2 & 1\end{pmatrix}$, $\boldsymbol{x}=\begin{pmatrix}x_1\\ x_2\end{pmatrix}$ とすると、与えられた 2 次形式は

$$A(\boldsymbol{x},\boldsymbol{x})={}^t\boldsymbol{x}A\boldsymbol{x}$$

と書けます。ここで、行列 A の固有値 $-1, 3$ であり、これらに対応する固有ベクトルを正規化したベクトル $\boldsymbol{u}_1=\begin{pmatrix}1/\sqrt{2}\\ 1/\sqrt{2}\end{pmatrix}$ 、$\boldsymbol{u}_2=\begin{pmatrix}1/\sqrt{2}\\ -1/\sqrt{2}\end{pmatrix}$ をもとに作成した直交行列を P とすると $P=\begin{pmatrix}1/\sqrt{2} & 1/\sqrt{2}\\ 1/\sqrt{2} & -1/\sqrt{2}\end{pmatrix}$ となります。

よって、 $${}^tPAP=\begin{pmatrix}1/\sqrt{2} & 1/\sqrt{2}\\ 1/\sqrt{2} & -1/\sqrt{2}\end{pmatrix}\begin{pmatrix}1 & -2\\ -2 & 1\end{pmatrix}\begin{pmatrix}1/\sqrt{2} & 1/\sqrt{2}\\ 1/\sqrt{2} & -1/\sqrt{2}\end{pmatrix}=\begin{pmatrix}-1 & 0\\ 0 & 3\end{pmatrix}$$

したがって、$A(\boldsymbol{x},\boldsymbol{x})={}^t\boldsymbol{x}A\boldsymbol{x}$ に直交変換 $\boldsymbol{x}=P\boldsymbol{y}$, $\boldsymbol{x}=\begin{pmatrix}x_1\\ x_2\end{pmatrix}$, $\boldsymbol{y}=\begin{pmatrix}y_1\\ y_2\end{pmatrix}$

を行なえば、

$$A(\boldsymbol{x},\boldsymbol{x})={}^t\boldsymbol{x}A\boldsymbol{x}={}^t\boldsymbol{y}({}^tPAP)\boldsymbol{y}=\begin{pmatrix}y_1 & y_2\end{pmatrix}\begin{pmatrix}-1 & 0\\ 0 & 3\end{pmatrix}\begin{pmatrix}y_1\\ y_2\end{pmatrix}=-y_1^{\ 2}+3y_2^{\ 2}$$

となります。これが求める標準形です。

例えば与えられた 2 次形式の値を 1、つまり $x_1^{\ 2}-4x_1x_2+x_2^{\ 2}=1\cdots$① とすると、これは 2 次方程式となり 2 次曲線を表わします。これに、上記の直交変換を行なうと $-y_1^{\ 2}+3y_2^{\ 2}=1$、つまり、$\dfrac{y_1^{\ 2}}{1^2}-\dfrac{y_2^{\ 2}}{\left(\dfrac{1}{\sqrt{3}}\right)^2}=-1$

となり、①が表わす図形は双曲線であることがわかります。

8-10 ケイリー・ハミルトンの定理

n 次の正方行列 A の固有方程式を

$$f_A(\lambda) = \lambda^n + b_{n-1}\lambda^{n-1} + \cdots + b_1\lambda + b_0 = 0$$

とすれば、

$$f_A(A) = A^n + b_{n-1}A^{n-1} + \cdots + b_1 A + b_0 E = O$$

が成立する。

レッスン

行列 A の固有方程式 $f_A(\lambda) = |\lambda E - A| = 0$ は λ についての n 次方程式でしたね。

$$f_A(\lambda) = |\lambda E - A| = \begin{vmatrix} \lambda - a_{11} & -a_{12} & \cdots & -a_{1n} \\ -a_{21} & \lambda - a_{22} & \cdots & -a_{2n} \\ \vdots & \vdots & \ddots & \vdots \\ -a_{n1} & -a_{n2} & \cdots & \lambda - a_{nn} \end{vmatrix}$$

$$= \lambda^n + b_{n-1}\lambda^{n-1} + \cdots + b_1\lambda + b_0 = 0$$

ケイリー・ハミルトンの定理は、この行列 A の固有方程式の λ に強引に行列 A を代入し、定数項 b_0 は b_0E に、0(零)は O(零行列)に変えても成り立つということですね。

$$f_A(\lambda) = \lambda^n + b_{n-1}\lambda^{n-1} + \cdots + b_1\lambda + b_0 = 0$$

$$f_A(A) = A^n + c_{n-1}A^{n-1} + \cdots + c_1 A + c_0 E = O$$

〔解説〕　ケイリー・ハミルトンの定理の成立理由を任意の n 次正方行列 A について調べるのは大変です。そこで、ここでは、2 次の正方行列 A についてのみ調べることにします。

$A=\begin{pmatrix} a & b \\ c & d \end{pmatrix}$ とすると、A の固有方程式は、

$$f_A(\lambda)=\begin{vmatrix} \lambda-a & -b \\ -c & \lambda-d \end{vmatrix}=(\lambda-a)(\lambda-d)-bc=\lambda^2-(a+d)\lambda+(ad-bc)=0$$

となります。ここで、固有多項式 $f_A(\lambda)=\lambda^2-(a+d)\lambda+(ad-bc)$ の λ に A を代入して計算すると

$$\begin{aligned} f_A(A)&=A^2-(a+d)A+(ad-bc)E \\ &=\begin{pmatrix} a & b \\ c & d \end{pmatrix}\begin{pmatrix} a & b \\ c & d \end{pmatrix}-(a+d)\begin{pmatrix} a & b \\ c & d \end{pmatrix}+(ad-bc)\begin{pmatrix} 1 & 0 \\ 0 & 1 \end{pmatrix} \\ &=\begin{pmatrix} a^2+bc & ab+bd \\ ca+cd & cb+d^2 \end{pmatrix}-\begin{pmatrix} a^2+ad & ab+bd \\ ac+cd & ad+d^2 \end{pmatrix}+\begin{pmatrix} ad-bc & 0 \\ 0 & ad-bc \end{pmatrix} \\ &=\begin{pmatrix} 0 & 0 \\ 0 & 0 \end{pmatrix}=O \end{aligned}$$

よって、ケイリー・ハミルトンの定理は 2 次の正方行列について成り立ちます。3 次の場合も同様に示せますが、計算が大変です。

〔例 1〕　$A=\begin{pmatrix} 1 & 2 \\ 3 & 4 \end{pmatrix}$ のとき

行列 A の固有方程式は

$$f_A(\lambda)=\begin{vmatrix} \lambda-1 & -2 \\ -3 & \lambda-4 \end{vmatrix}=(\lambda-1)(\lambda-4)-6=\lambda^2-5\lambda-2=0$$

よって、　$f_A(A)=A^2-5A-2E=O$

〔例 2〕 $A=\begin{pmatrix}3&2&0\\2&2&2\\0&2&1\end{pmatrix}$ のとき

行列 A の固有方程式は

$$f_A(\lambda)=|\lambda E-A|=\begin{vmatrix}\lambda-3&-2&0\\-2&\lambda-2&-2\\0&-2&\lambda-1\end{vmatrix}=\lambda^3-6\lambda^2+3\lambda+10=0$$

よって、$f_A(A)=A^3-6A^2+3A+10E=O$

〔例 3〕 ケイリー･ハミルトンの定理を使って A^n を求める

(1) $A=\begin{pmatrix}1&2\\3&4\end{pmatrix}$ のとき A^4 を求めてみよう

〔例 1〕より $A^2-5A-2E=O$ よって、$A^2=5A+2E$

ゆえに、$A^4=(A^2)^2=(5A+2E)(5A+2E)=25A^2+20A+4E$

$$=25(5A+2E)+20A+4E=95A+54E=\begin{pmatrix}149&190\\285&434\end{pmatrix}$$

(2) $A=\begin{pmatrix}3&2&0\\2&2&2\\0&2&1\end{pmatrix}$ のとき A^3 を求めてみよう

〔例 2〕より $A^3-6A^2+3A+10E=O$ よって、

$$A^3=6A^2-3A-10E=6\begin{pmatrix}3&2&0\\2&2&2\\0&2&1\end{pmatrix}\begin{pmatrix}3&2&0\\2&2&2\\0&2&1\end{pmatrix}-3\begin{pmatrix}3&2&0\\2&2&2\\0&2&1\end{pmatrix}-10\begin{pmatrix}1&0&0\\0&1&0\\0&0&1\end{pmatrix}$$

$$=6\begin{pmatrix}13&10&4\\10&12&6\\4&6&5\end{pmatrix}-3\begin{pmatrix}3&2&0\\2&2&2\\0&2&1\end{pmatrix}-10\begin{pmatrix}1&0&0\\0&1&0\\0&0&1\end{pmatrix}=\begin{pmatrix}59&54&24\\54&56&30\\24&30&17\end{pmatrix}$$

〔例 4〕 ケイリー･ハミルトンの定理を使って A^{-1} を求める

行列 A の逆行列を求める公式（§4-13）はありますが、実際に求めるとなると大変です。ケイリー･ハミルトンの定理からも求められることを知っておくと便利でしょう。

(1)　$A=\begin{pmatrix}1 & 2\\ 3 & 4\end{pmatrix}$ のとき A の逆行列 A^{-1} を求めてみよう。

〔例 1〕より $A^2-5A-2E=O$　　よって、$A^2-5A=2E$

これを変形すると、　$\dfrac{1}{2}(A-5E)A=E$

ゆえに、$A^{-1}=\dfrac{1}{2}(A-5E)=\dfrac{1}{2}\begin{pmatrix}-4 & 2\\ 3 & -1\end{pmatrix}$

(注)　$BA=E$ であれば、$A^{-1}=B$

(2)　$A=\begin{pmatrix}3 & 2 & 0\\ 2 & 2 & 2\\ 0 & 2 & 1\end{pmatrix}$ のとき A の逆行列 A^{-1} を求めてみよう。

〔例 2〕より $A^3-6A^2+3A+10E=O$　よって、$A^3-6A^2+3A=-10E$

これを変形すると、$-\dfrac{1}{10}(A^2-6A+3)A=E$　ゆえに、

$$A^{-1}=-\frac{1}{10}(A^2-6A+3E)$$

$$=-\frac{1}{10}\left(\begin{pmatrix}13 & 10 & 4\\ 10 & 12 & 6\\ 4 & 6 & 5\end{pmatrix}+\begin{pmatrix}-18 & -12 & 0\\ -12 & -12 & -12\\ 0 & -12 & -6\end{pmatrix}+\begin{pmatrix}3 & 0 & 0\\ 0 & 3 & 0\\ 0 & 0 & 3\end{pmatrix}\right)$$

$$=-\frac{1}{10}\begin{pmatrix}-2 & -2 & 4\\ -2 & 3 & -6\\ 4 & -6 & 2\end{pmatrix}$$

<MEMO> 複素行列

$m\times n$ 行列 $A=(a_{ij})$ においてすべての成分 a_{ij} が実数である行列を**実行列**といいます。本書では実行列を前提に線形代数の説明をしてきました。この実行列に対し、すべての成分 a_{ij} が複素数である行列を**複素行列**といいます。実数は複素数の一部ですから、実行列の集合は複素行列の集合の部分集合になります。そのため、複素行列で成り立つことは実行列でも成り立ちますが、実行列で成り立つことが複素行列で成り立つとは限りません。

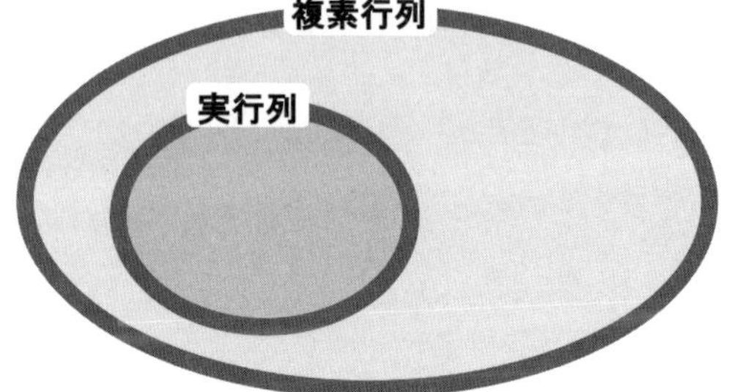

例えば、実対称行列の固有値は実数といえますが、複素数の世界で考えた対称行列の固有値は必ずしも実数とはいえません。このことは、次の行列 A を見ればわかります。

$$A=\begin{pmatrix} i & 1 \\ 1 & i \end{pmatrix}$$

この行列 A の固有方程式は次のようになります。

$$|\lambda E-A|=\begin{vmatrix} \lambda-i & -1 \\ -1 & \lambda-i \end{vmatrix}=(\lambda-i)^2-1=\lambda^2-2i\lambda-2=0$$

この解は、$\lambda=i\pm1$ となり、実数ではありません。

なお、参考までに固有ベクトルは次のようになります。ただし、α は複素数。$\lambda=i+1$ の固有ベクトル $\begin{pmatrix} \alpha \\ \alpha \end{pmatrix}$ 、$\lambda=i-1$ の固有ベクトル $\begin{pmatrix} \alpha \\ -\alpha \end{pmatrix}$

付録

① Excelによる行列・行列式の計算

② $D=a_{i1}A_{i1}+a_{i2}A_{i2}+\cdots+a_{in}A_{in}$ の成立理由

（注） 付録に掲載したマイクロソフトExcelのバージョンはExcel2309です。

付録① Excelによる行列・行列式の計算

行列、行列式の計算を手計算で行なうことは大変なので、Excelを電卓のように扱って行列、行列式の計算の補助に使う方法を紹介します。

§1 行列の和、差、定数倍

行列の和、差、定数倍について、Excelに特別な関数が用意されているわけではありません。計算したい行列のセル範囲を指定し、数式バーに計算方法を入力するだけです。

〔和の計算〕

① 2つの行列A、Bの成分を入力します。

P1 ▾ ✕ ✓ *fx*

	A	B	C	D	E	F	G	H
1								
2		行列A				加法$A+B$		
3		1	-2	4				
4		2	5	-3				
5		3	1	2				
6								
7								
8		行列B				減法$A-B$		
9		3	2	0				
10		1	-4	1				
11		1	1	5				
12								
13								
14		スカラーk				行列kA		
15		5						
16								
17								

② $A+B$の計算結果を表示するセル範囲F3:H5を選択します。

F3 ▾ ✕ ✓ *fx*

	A	B	C	D	E	F	G	H	I
1									
2		行列A				加法$A+B$			
3		1	-2	4					
4		2	5	-3					
5		3	1	2					
6									
7									
8		行列B				減法$A-B$			
9		3	2	0					
10		1	-4	1					
11		1	1	5					
12									
13									
14		スカラーk				行列kA			
15		5							
16									
17									

③　数式バー(または、F3セル)に「=B3:D5+B9:D11」と入力し **Ctrl**、**Shift**、**Enter** キーを同時に押します。

④　計算結果が表示されます。

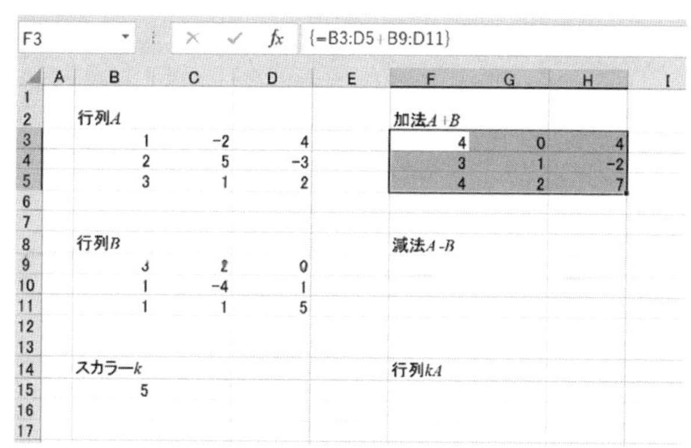

〔差の計算〕

行列の差も同様です。つまり計算した結果を表示するセル範囲(この例では F9 から H11 まで)を指定し、数式バー（または、F9セル)に

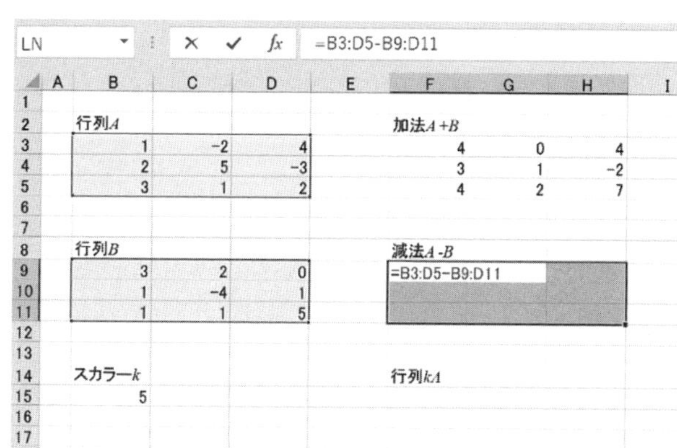

「=B3:D5-B9:D11」と入力し **Ctrl**、**Shift**、**Enter** キーを同時に押します。すると、計算結果が表示されます。

F9 | fx | {=B3:D5-B9:D11}

	A	B	C	D	E	F	G	H	I
1									
2		行列A				加法$A+B$			
3		1	-2	4		4	0	4	
4		2	5	-3		3	1	-2	
5		3	1	2		4	2	7	
6									
7									
8		行列B				減法$A-B$			
9		3	2	0		-2	-4	4	
10		1	-4	1		1	9	-4	
11		1	1	5		2	0	-3	
12									
13									
14		スカラーk				行列kA			
15		5							
16									
17									

〔定数倍の計算〕

行列 A の k 倍も同様です。つまり計算した結果を表示するセル範囲（この例ではF15からH17まで）を指定し、数式バー（または、F15セル）に「=B15*B3:D5」と入力し **Ctrl**、**Shift**、**Enter** キーを同時に押します。

すると、計算結果が表示されます。

LN | fx | =B15*B3:D5

	A	B	C	D	E	F	G	H
1								
2		行列A				加法$A+B$		
3		1	-2	4		4	0	4
4		2	5	-3		3	1	-2
5		3	1	2		4	2	7
6								
7								
8		行列B				減法$A-B$		
9		3	2	0		-2	-4	4
10		1	-4	1		1	9	-4
11		1	1	5		2	0	-3
12								
13								
14		スカラーk				行列kA		
15		5				=B15*B3:D5		
16								
17								
18								

F15 | fx | {=B15*B3:D5}

	A	B	C	D	E	F	G	H
1								
2		行列A				加法$A+B$		
3		1	-2	4		4	0	4
4		2	5	-3		3	1	-2
5		3	1	2		4	2	7
6								
7								
8		行列B				減法$A-B$		
9		3	2	0		-2	-4	4
10		1	-4	1		1	9	-4
11		1	1	5		2	0	-3
12								
13								
14		スカラーk				行列kA		
15		5				5	-10	20
16						10	25	-15
17						15	5	10

§2　行列の積

$m \times n$ 行列 A と $n \times l$ 行列 B の積 AB は、**MMULT** 関数を利用します。

〔積の計算〕

①　2つの行列 A、B の成分を入力します。

E34　×　✓　fx

	A	B	C	D	E	F	G
1							
2		行列*A*				行列*B*	
3		1	−2	4		3	2
4		2	5	−3		1	−4
5		3	1	2		−5	1
6		4	6	7			
7							
8		積*A B*					
9							
10							
11							
12							
13							

②　積 AB の計算結果を表示するセル範囲 B9:C12 を選択します。

ここでは 4×3 行列 A と 3×2 行列 B の積なので、AB は 4×2 行列となります。

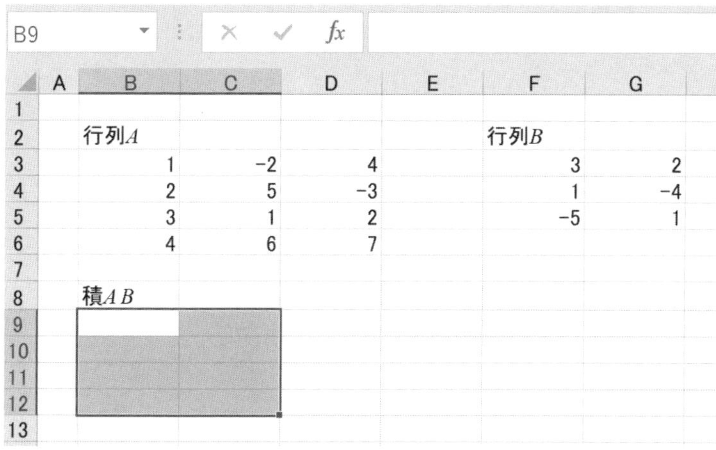

B9　×　✓　fx

	A	B	C	D	E	F	G
1							
2		行列*A*				行列*B*	
3		1	−2	4		3	2
4		2	5	−3		1	−4
5		3	1	2		−5	1
6		4	6	7			
7							
8		積*A B*					
9							
10							
11							
12							
13							

付録

③ 数式バー（または、B9 セル）に「=MMULT(B3:D6,F3:G5)」と入力し、**Ctrl**、**Shift**、**Enter** キーを同時に押します。

MDETERM　×　✓　fx　=MMULT(B3:D6,F3:G5)

	A	B	C	D	E	F	G
1							
2		行列A				行列B	
3		1	−2	4		3	2
4		2	5	−3		1	−4
5		3	1	2		−5	1
6		4	6	7			
7							
8		積AB					
9		=MMULT(B3:D6,F3:G5)					
10							
11							
12							
13							

④ 計算結果が表示されます。

B9　×　✓　fx　{=MMULT(B3:D6,F3:G5)}

	A	B	C	D	E	F	G
1							
2		行列A				行列B	
3		1	−2	4		3	2
4		2	5	−3		1	−4
5		3	1	2		−5	1
6		4	6	7			
7							
8		積AB					
9		−19	14				
10		26	−19				
11		0	4				
12		−17	−9				
13							

§3　逆行列

正方行列 A の逆行列 A^{-1} を求めるには **MINVERSE** 関数を利用します。

〔逆行列の計算〕

①　行列 A の成分を入力します。

F21　　×　✓　fx

	A	B	C	D	E	F	G	H
1								
2		行列A				逆行列A^{-1}		
3		1	−1	2				
4		2	−1	7				
5		1	−1	3				
6								

②　行列 A の逆行列 A^{-1} を表示するセル範囲 F3:H5 を選択します。

F3　　×　✓　fx

	A	B	C	D	E	F	G	H
1								
2		行列A				逆行列A^{-1}		
3		1	−1	2				
4		2	−1	7				
5		1	−1	3				
6								

③　数式バー（または、F3 セル）に「=MINVERSE(B3:D5)」と入力し、**Ctrl**、**Shift**、**Enter** キーを同時に押します。

MDETERM　　×　✓　fx　=MINVERSE(B3:D5)

	A	B	C	D	E	F	G	H
1								
2		行列A				逆行列A^{-1}		
3		1	−1	2		=MINVERSE(B3:D5)		
4		2	−1	7				
5		1	−1	3				
6								

④　逆行列が表示されます。

F3	{=MINVERSE(B3:D5)}						
	A	B	C	D	E	F	G	H

	A	B	C	D	E	F	G	H
1								
2		行列A				逆行列A^{-1}		
3		1	−1	2		4	1	−5
4		2	−1	7		1	1	−3
5		1	−1	3		−1	0	1
6								

なお、この行列の場合は逆行列が整数で表示されますが、一般には次のように小数表示になります。

M36

	A	B	C	D	E	F	G	H
1								
2		行列A				逆行列A^{-1}		
3		1	2	3		−0.27778	0.388889	0.055556
4		3	1	2		0.055556	−0.27778	0.388889
5		2	3	1		0.388889	0.055556	−0.27778
6								

（注）　正則でない行列、つまり、逆行列が存在しない行列の逆行列にこの関数を強引に利用すると、次のようなエラーが表示されます。

R35

	A	B	C	D	E	F	G	H
1								
2		行列A				逆行列A^{-1}		
3		1	2	3		#NUM!	#NUM!	#NUM!
4		1	2	3		#NUM!	#NUM!	#NUM!
5		2	3	1		#NUM!	#NUM!	#NUM!
6								

§4　転置行列

$m \times n$ 行列 A の転置行列を求めるには TRANSPOSE 関数を利用します。

〔転置行列の計算〕

①　行列 A の成分を入力します。

E27　fx

	A	B	C	D	E	F	G	H
1								
2		行列A				転置行列 ᵗA		
3		1	-2	4				
4		2	5	-3				
5		3	1	2				
6		4	6	7				
7								

②　A の転置行列を表示するセル範囲を指定し、数式バー(または、F3 セル)に「=TRASNSPOSE(B3:D6)」と入力し **Ctrl**、**Shift**、**Enter** キーを同時に押します。

(注)　行列 A が $m \times n$ 行列であれば、転置行列 ${}^tA$ は $n \times m$ 行列となります。

MDETERM　fx　=TRANSPOSE(B3:D6)

	A	B	C	D	E	F	G	H	I
1									
2		行列A				転置行列 ᵗA			
3		1	-2	4		=TRANSPOSE(B3:D6)			
4		2	5	-3					
5		3	1	2					
6		4	6	7					
7									

③　計算結果が表示されます。

F3　fx　{=TRANSPOSE(B3:D6)}

	A	B	C	D	E	F	G	H	I
1									
2		行列A				転置行列 ᵗA			
3		1	-2	4		1	2	3	4
4		2	5	-3		-2	5	1	6
5		3	1	2		4	-3	2	7
6		4	6	7					
7									

§5 行列式の計算

正方行列 A の行列式の値を求めるには **MDETERM** 関数を利用します。

〔行列式の計算〕

① 行列 A の成分を入力します。

I28 | fx

	A	B	C	D	E	F	G
1							
2		行列A				行列式$\|A\|$	
3		1	−1	2			
4		2	4	7			
5		1	−1	3			
6							

② 行列 A の行列式 $|A|$ の値を表示するセル F3 を選択し、このセル(または、数式バー)に「=MDETERM(B3:D5)」と入力し **Enter** キーを同時に押します。

MDETERM | fx | =MDETERM(B3:D5)

	A	B	C	D	E	F	G
1							
2		行列A				行列式$\|A\|$	
3		1	−1	2		=MDETERM(B3:D5)	
4		2	4	7			
5		1	−1	3			
6							

③ 行列式の値が表示されます。

R35 | fx

	A	B	C	D	E	F	G
1							
2		行列A				行列式$\|A\|$	
3		1	−1	2		6	
4		2	4	7			
5		1	−1	3			
6							

付録② $D=a_{i1}A_{i1}+a_{i2}A_{i2}+\cdots+a_{in}A_{in}$ の成立理由

置換を用いて定義された n 次の行列式

$$D=\left|a_{ij}\right|=\begin{vmatrix} a_{11} & a_{12} & \cdots & a_{1j} & \cdots & a_{1n} \\ a_{21} & a_{22} & \cdots & a_{2j} & \cdots & a_{2n} \\ \vdots & \vdots & \vdots & \vdots & \vdots & \vdots \\ a_{i1} & a_{i2} & \cdots & a_{ij} & \cdots & a_{in} \\ \vdots & \vdots & \vdots & \vdots & \vdots & \vdots \\ a_{n1} & a_{n2} & \cdots & a_{nj} & \cdots & a_{nn} \end{vmatrix} \quad \cdots\cdot①$$

は $(n-1)$ 次の小行列式 D_{ij} を用いて、

$$D=a_{i1}(-1)^{i+1}D_{i1}+a_{i2}(-1)^{i+2}D_{i2}+\cdots+a_{in}(-1)^{i+n}D_{in} \quad \cdots②$$

と書けます（§4-11）。その理由を調べてみましょう。

置換を用いた行列式の定義（§4-5）より

$$\begin{aligned} D &= \sum_{(p,q,\cdots,s)\in S_n} \mathrm{sgn}(p,q,\cdots,s)a_{1p}a_{2q}\cdots a_{ns} \\ &= \sum_{(1,q,\cdots,s)\in S_n} \mathrm{sgn}(1,q,\cdots,s)a_{11}a_{2q}\cdots a_{ns} \\ &\quad + \sum_{(2,q,\cdots,s)\in S_n} \mathrm{sgn}(2,q,\cdots,s)a_{12}a_{2q}\cdots a_{ns} \\ &\quad + \cdots\cdots\cdots\cdots\cdots \\ &\quad + \sum_{(n,q,\cdots,s)\in S_n} \mathrm{sgn}(n,q,\cdots,s)a_{1n}a_{2q}\cdots a_{ns} \end{aligned}$$

付録

$$
\begin{aligned}
&= a_{11} \sum_{(1,q,\cdots,s)\in S_n} \mathrm{sgn}(1,q,\cdots,s) a_{2q} \cdots a_{ns} \\
&\quad + a_{12} \sum_{(2,q,\cdots,s)\in S_n} \mathrm{sgn}(2,q,\cdots,s) a_{2q} \cdots a_{ns} \\
&\quad + \cdots\cdots\cdots\cdots\cdots \\
&\quad + a_{1n} \sum_{(n,q,\cdots,s)\in S_n} \mathrm{sgn}(n,q,\cdots,s) a_{2q} \cdots a_{ns}
\end{aligned}
$$

となります。よって、行列式 D を展開して整理したときの要素 a_{11} の係数は次のように書けます。

$$
\sum_{(1,q,\cdots,s)\in S_n} \mathrm{sgn}(1,q,\cdots,s) a_{2q} \cdots a_{ns} = \begin{vmatrix} a_{22} & \cdots & a_{2n} \\ \vdots & \vdots & \vdots \\ a_{n2} & \cdots & a_{nn} \end{vmatrix}
$$

この式の右辺はまさしく D_{11} です。したがって、

「行列式 D を展開して整理したときの要素 a_{11} の係数は D_{11}」 ････③

が成立します。

次に行列式 D を置換を用いた行列式の定義（§4-5）で展開し、その後、第 i 行目の要素 $a_{i1}, a_{i2}, \cdots, a_{ij}, \cdots, a_{in}$ に着目して整理した式を

$$
D = a_{i1}q_1 + a_{i2}q_2 + \cdots + a_{ij}q_j + \cdots + a_{in}q_n \quad \cdots\cdot ④
$$

とし a_{ij} の係数 q_j を求めてみます。

①の行列式 D の第 i 行をすぐ上の行と交換する操作を $(i-1)$ 回繰り返し、第 j 列をすぐ左の列と交換する操作を $(j-1)$ 回繰り返すと行列式 D は次のように変形されます。

$$D=\begin{vmatrix} a_{11} & a_{12} & \cdots & a_{1j} & \cdots & a_{1n} \\ a_{21} & a_{22} & \cdots & a_{2j} & \cdots & a_{2n} \\ \vdots & \vdots & \vdots & \vdots & \vdots & \vdots \\ a_{i1} & a_{i2} & \cdots & a_{ij} & \cdots & a_{in} \\ \vdots & \vdots & \vdots & \vdots & \vdots & \vdots \\ a_{n1} & a_{n2} & \cdots & a_{nj} & \cdots & a_{nn} \end{vmatrix} = (-1)^{i+j}\begin{vmatrix} a_{ij} & a_{i1} & a_{i2} & \cdots & \cdots & a_{in} \\ a_{1j} & a_{11} & a_{12} & \cdots & \cdots & a_{1n} \\ a_{2j} & a_{21} & a_{22} & \cdots & \cdots & a_{2n} \\ \vdots & \vdots & \vdots & \vdots & \vdots & \vdots \\ \vdots & \vdots & \vdots & \vdots & \vdots & \vdots \\ a_{nj} & a_{n1} & a_{n2} & \cdots & \cdots & a_{nn} \end{vmatrix}$$

・・・⑤

（注）　２つの行、または列を交換すると行列式の符号が変わります（§□□）。上式では、行宇と列を合計$(i-1+j-1)$回交換したので、行列式Ｄの符号は$(-1)^{(i-1)+(j-1)}$に変化しますが、これを$(-1)^{(i-1)+(j-1)}=(-1)^{i+j-2}=(-1)^{i+j}$により簡素化しました。

ここで、⑤式右辺の$(-1)^{i+j}$部分を取り去った行列式をBとします。

$$B=\begin{vmatrix} b_{11} & b_{12} & b_{13} & \cdots & \cdots & b_{1n} \\ b_{21} & b_{22} & b_{23} & \cdots & \cdots & b_{2n} \\ b_{31} & b_{32} & b_{33} & \cdots & \cdots & b_{3n} \\ \vdots & \vdots & \vdots & \vdots & \vdots & \vdots \\ \vdots & \vdots & \vdots & \vdots & \vdots & \vdots \\ b_{n1} & b_{n2} & b_{n3} & \cdots & \cdots & b_{nn} \end{vmatrix} = \begin{vmatrix} a_{ij} & a_{i1} & a_{i2} & \cdots & \cdots & a_{in} \\ a_{1j} & a_{11} & a_{12} & \cdots & \cdots & a_{1n} \\ a_{2j} & a_{21} & a_{22} & \cdots & \cdots & a_{2n} \\ \vdots & \vdots & \vdots & \vdots & \vdots & \vdots \\ \vdots & \vdots & \vdots & \vdots & \vdots & \vdots \\ a_{nj} & a_{n1} & a_{n2} & \cdots & \cdots & a_{nn} \end{vmatrix}$$

すると、⑤は次のように書けます。

$D=(-1)^{i+j}B$　・・・・⑥

この⑥より、行列式Dを展開して整理したとき次のことがいえます。

行列式Dにおけるa_{ij}の係数q_j

＝$(-1)^{i+j}$×行列式Bを展開して整理したときのb_{11}の係数　・・・・⑦

なぜならば、$b_{11}=a_{ij}$でb_{11}の係数にはa_{ij}が含まれないからです。

ここで、行列式Bのb_{11}の係数は③より

付録

行列式 B における第 1 行第 1 列を取り去った小行列式

ところがこれは、行列式 D から i 行 j 列を取り去ってできる $(n-1)$ 次の小行列式 D_{ij} と同じです。

したがって、⑦から次の⑧が導かれます。

行列式 D における a_{ij} の係数 $q_j=(-1)^{i+j}\times D_{ij}$ ‥‥ ⑧

よって、④は次のように書くことができます。

$$D=a_{i1}q_1+a_{i2}q_2+\cdots+a_{in}q_n=a_{i1}(-1)^{i+1}D_{i1}+a_{i2}(-1)^{i+2}D_{i2}+\cdots+a_{in}(-1)^{i+n}D_{in}$$

つまり、②式を得ます。

ここで、$A_{ij}=(-1)^{i+j}D_{ij}$ と書けば付録のタイトルである次の式を得ます。

$$D=a_{i1}A_{i1}+a_{i2}A_{i2}+\cdots+a_{in}A_{in}$$

涌井良幸（わくい　よしゆき）
1950年東京生まれ。東京教育大学（現・筑波大学）数学科を卒業後、高等学校の教職に就く。教職退職後は、サイエンスライターとして著作活動に専念。著書に、『直観的にわかる 道具としての微分積分』『道具としてのベイズ統計』（以上、日本実業出版社）、『数学教師が教える やさしい論理学』『高校生からわかるフーリエ解析』『高校生からわかるベクトル解析』（以上、ベレ出版）などがある。

直観的にわかる
道具としての線形代数

2023年12月20日　初版発行

著　者　涌井良幸
発行者　杉本淳一

発行所　株式会社日本実業出版社　東京都新宿区市谷本村町3-29 〒162-0845
編集部　☎03-3268-5651
営業部　☎03-3268-5161　振　替　00170-1-25349
https://www.njg.co.jp/

印刷・製本／リーブルテック

ISBN 978-4-534-06069-3　Printed in JAPAN